高 等 职 业 教 育 教 材

固体废物资源化技术

路 鹏 主编

曹奇光 赵秋利 副主编

化学工业出版社

·北 京·

内 容 简 介

本书主要介绍固体废物资源化技术领域的方法与技术。介绍了固废的概念、来源、性质，典型的处理方法，包括收集运输、预处理、焚烧处理、生化处理、填埋处置、危险废物处理、市政污泥处理等具体处理与资源化内容。对于原理部分的介绍，力求简明扼要，使初学者掌握基础知识和基本方法。在介绍原理的同时，对一些新的资源化技术选取典型案例进行详细阐述，以利于读者把握实际固体废弃物资源化过程。对于案例的选取，则尽量选择正在运行的企业与处理设施，以提高所讲授知识的实用性。

本书为高等职业教育环境保护类专业师生的教材，也可供从事固体废物处理的工程技术人员、管理人员参考。

图书在版编目（CIP）数据

固体废物资源化技术/路鹏主编；曹奇光，赵秋利副主编. —北京：化学工业出版社，2022.11
高等职业教育教材
ISBN 978-7-122-42191-3

Ⅰ.①固… Ⅱ.①路… ②曹… ③赵… Ⅲ.①固体废物利用-高等职业教育-教材 Ⅳ.①X705

中国版本图书馆 CIP 数据核字（2022）第 171669 号

责任编辑：王文峡　　　　　　　　　　　文字编辑：刘　璐
责任校对：边　涛　　　　　　　　　　　装帧设计：韩　飞

出版发行：化学工业出版社（北京市东城区青年湖南街 13 号　邮政编码 100011）
印　　装：大厂聚鑫印刷有限责任公司
787mm×1092mm　1/16　印张 14　字数 342 千字　2023 年 2 月北京第 1 版第 1 次印刷

购书咨询：010-64518888　　　　　　　售后服务：010-64518899
网　　址：http://www.cip.com.cn
凡购买本书，如有缺损质量问题，本社销售中心负责调换。

定　　价：45.00 元

前　言

随着国家综合实力的不断提升，工业生产能力和人民的消费能力也在稳步上升。在这一过程中，工业生产与消费领域产生的废弃物种类与数量也在不断增加。其中，固体废物对环境的威胁日益加剧。危害表现为占用土地，污染土壤、空气和水源，产生工程地质风险和环境卫生风险等多个方面。党的十八大规划了建设中国特色社会主义总布局，提出了建设生态文明的要求，而固体废物的处理与资源化是生态文明的现实体现。

固体废物的来源广泛、成分复杂、性质多样，使得其处理存在着一定难度。从时间顺序上存在着前处理、处理与处置三个阶段。从具体处理方式上又分为物理化学处理、热处理和填埋处置等。本书在教学内容把握上，以全流程、全方位的视角紧紧结合当前固体废物处理的发展方向，针对有机固体废物和危险废物处理与资源化的难点，全面展现了焚烧处理方法原理、工艺和污染物处理方法；新增有机废弃物的黑水虻处理案例和危险废物等离子体处理案例。对生活垃圾填埋场的渗滤液处理与处置给出了针对性工程化案例。同时，教材配有PPT、视频等媒体资源，具有较强的可读性和趣味性，也为授课提供了参考资源。

本书共8章，由学校老师、科研院所研究人员、企业专家共同协作完成。本书由路鹏担任主编，曹奇光、赵秋利担任副主编。其中，第1章由北京市城市管理研究院的韩莉编写，北京电子科技职业学院路鹏补充管理体系内容与现行管理标准，天津渤海职业技术学院褚文玮参与修改；第2章由北京市城市管理研究院的张宗正编写，路鹏与北京电子科技职业学院曹奇光补充收运系统和转运系统内容；第3章由曹奇光执笔完成，甘肃林业职业学院李春艳补充相关习题；第4章由路鹏执笔撰写，杨凌职业技术学院赵秋利老师补充习题内容；第5章由北京电子科技职业学院袁媛执笔编写，路鹏补充企业运行案例；第6章由路鹏编写，京环新能芦旭飞高工补充渗滤处理内容；第7章由中企国云环保科技有限公司任丽梅高级工程师撰写总体框架，路鹏与北京电子科技职业学院左佑执笔完成；第8章由北京电子科技职业学院李松编写，四川水利职业技术学院朴剑锐参与修改。北京电子科技职业学院张晓辉对习题进行补充，北京电子科技职业学院谢国莉对媒体内容进行筛选修正，全书由路鹏统稿，并完成各章图表的选择与精修。

本书的知识结构清晰、案例具体、实用性强，对固体废物资源化有针对性，适合大部分环境专业的学生阅读。随书附赠了视频、PPT素材，用于补充书中部分细节内容，方便读者学习和参考。

编　者

2022 年 4 月

目 录

二维码一览表

序号	二维码名称	文档类型	页码	序号	二维码名称	文档类型	页码
1	2-1 拖曳容器系统(简便方式)	avi	34	29	3-24 电选分离过程	avi	71
2	2-2 拖曳容器系统(交换模式)	avi	35	30	3-25 YD-4 型高压电选机	avi	72
3	2-3 固定容器系统	avi	35	31	3-26 带式筛	avi	74
4	2-4 大屯转运站	mp4	42	32	3-27 斜板运输分选机	avi	74
5	2-5 阿苏卫国中进料	mp4	42	33	3-28 反弹滚筒分选机	avi	74
6	3-1 高层住宅垃圾压实器	avi	50	34	3-29 光电分选过程	avi	74
7	3-2 水平压实器	avi	51	35	3-30 连续式重力浓缩池	avi	76
8	3-3 三向联合式压实器	avi	51	36	3-31 离心过滤机(圆筒型)	avi	77
9	3-4 回转式压实器	avi	51	37	3-32 离心过滤机(圆锥型)	avi	77
10	3-5 简摆颚式破碎机工作原理	mp4	59	38	4-1 炉排	avi	85
11	3-6 BJD 型破碎金属切屑的锤式破碎机	avi	59	39	4-2 回转焚烧炉	mp4	86
12	3-7 Hammer Mills 型锤式破碎机	avi	59	40	4-3 流化床焚烧炉	mp4	86
13	3-8 Novortor 型双转子锤式破碎机	avi	60	41	5-1 发酵系统流程	avi	113
14	3-9 Hazemag 型冲击式破碎机	avi	60	42	5-2 卧式回转圆筒形发酵仓	avi	114
15	3-10 Von Roll 型往复剪切式破碎机	avi	60	43	5-3 除臭设备	mp4	120
16	3-11 Lindemann 型剪切式破碎机(剪切机)	avi	61	44	6-1 卫生填埋场	avi	139
17	3-12 Lindemann 型剪切式破碎机(预压机)	avi	61	45	6-2 填埋操作	avi	140
18	3-13 旋转剪切式破碎机	avi	61	46	6-3 填埋场外观	avi	142
19	3-14 齿辊破碎机	avi	62	47	6-4 填埋场沼气收集井	avi	149
20	3-15 球磨机	avi	62	48	7-1 安全土地填埋场	avi	174
21	3-16 固定筛	mp4	66	49	8-1 连续式重力浓缩池	avi	194
22	3-17 滚筒筛	mp4	66	50	8-2 板框式压滤机	avi	195
23	3-18 振动筛	mp4	67	51	8-3 滤饼结构的变化	avi	195
24	3-19 重介质分选机构与原理	avi	68	52	8-4 电镀污泥水泥固化处理工艺流程	avi	196
25	3-20 隔膜跳汰分选机	avi	68	53	8-5 卫生填埋场	avi	197
26	3-21 卧式风力分选机	avi	69	54	8-6 流化床焚烧炉	mp4	203
27	3-22 立式曲折形风力分选机	avi	69	55	8-7 污泥热解流程	avi	206
28	3-23 滚筒式磁选机	avi	70	56	8-8 发酵系统流程	avi	209

1

绪　论

 导读导学

什么是固体废物？

固体废物如何进行分类？

固体废物对环境有哪些影响？

固体废物的处理处置技术有哪些？

知识目标： 掌握固体废物的概念、来源。了解固体废物的危害。

能力目标： 学会固体废物分类方法、能够对固体废物进行分类。

职业素养： 加强环境保护意识，建立固体废物源头减量理念。

固体废物是产生于社会生产和消费过程中的对所有者无使用价值的，并可能对环境造成有害影响的具有一定体积的固态或半固态物质。包括有固态包装物的气体与液体，如废制品、破损器皿、残次品、动物尸体、变质食品、人畜粪便等。还有来自环保工程的末端产物，包括从废气中分离出来的固体颗粒、生活垃圾焚烧底渣、生活污水处理厂的污泥。它的来源广泛、种类繁杂、总量庞大、处理难度大。

1.1　概述

2020 年 4 月 29 日，十三届全国人大常委会第十七次会议审议通过了修订后的《中华人民共和国固体废物污染环境防治法》（以下简称《固废法》），《固废法》对固体废物做了定义：固体废物，是指在生产、生活和其他活动中产生的丧失原有利用价值或者虽未丧失利用价值但被抛弃或者放弃的固态、半固态和置于容器中的气态物品、物质以及法律、行政法规规定纳入固体废物管理的物品、物质。经无害化加工处理，并且符合强制性国家产品质量标准，不会危害公众健康和生态安全，或者根据固体废物鉴别标准和鉴别程序认定为不属于固体废物的除外。

新修订的《固废法》把固体废物大致分为工业固体废物、生活垃圾、建筑垃圾、农业固体废物、危险废物等几类。

工业固体废物是指在工业生产活动中产生的固体废物。生活垃圾是指在日常生活中或者为日常生活提供服务的活动中产生的固体废物，以及法律、行政法规规定视为生活垃圾的固体废物。建筑垃圾是指建设单位、施工单位新建、改建、扩建和拆除各类建筑物、构筑物、管网等，以及居民装饰装修房屋过程中产生的弃土、弃料和其他固体废物。农业固体废物是指在农业生产活动中产生的固体废物。危险废物是指列入国家危险废物名录或者根据国家规定的危险废物鉴别标准和鉴别方法认定的具有危险特性的固体废物。

固体废物一般具有四个特点：

① 具有一定使用价值。固体废物虽然是被使用者丢弃的废物，但本身仍旧具有残存的使用价值，其部分作用在使用者手中已经发挥完毕，但仍存在一小部分的价值不曾被使用。

② 种类繁多成分复杂。随着工业化、现代化进程的加快，固体废物的种类和成分都在逐渐增多。例如，工业生产所产生的工业固体废物、医疗生产或医疗活动所产生的医疗废物、城镇居民生活过程中所产生的生活垃圾，以及一些特殊物品使用后所产生的固体废物等。

③ 具有双重价值。一些固体废物具有环境和资源的双重价值。例如，工业生产过程中的一些工业固体原材料，这种固体本身就属于一种资源。但在工业加工并对这种资源进行利用的过程中，会影响工厂周围居民的生活环境，并消耗环境中的这一类资源。

④ 由生产型废物到消费型废物的转化。伴随着现阶段的社会发展及相关部门的管控，固体废物中生产型固体废物呈现下降趋势，但城市固体废物却在不断增加。例如，生活中常见的生活垃圾、医疗活动过后的医疗废物等。

【思考与练习1.1】

1. 新修订的《固废法》把固体废物大致分为下列哪几种？（　　　）

A. 工业固体废物　B. 生活垃圾　C. 建筑垃圾　D. 农业固体废物　E. 危险废物

2. 下列选项中，哪个不是固体废物一般具有的特点？（　　　）

A. 资源和废物具有相对性

B. 固体废物扩散性大、滞留期短

C. 富集多种污染成分的终态，是污染环境的"源头"

D. 危害具有潜在性、长期性和灾难性

1.2　固体废物的来源、组成和性质

固体废物来自生产、消费过程以及环境保护工程的末端产物。为了便于系统化管理，可以按照行业对固体废物的来源进行划分，也可按照它们的环境危害和处理处置的难度进行划分。按照后端处理与处置的不同要求，可以从机械加工特性、生物降解性和热值方面对它的性质进行描述。

1.2.1　固体废物的来源和组成

(1) 工业固体废物

工业固体废物，就是在工业生产活动中产生的废弃物，常见的工业固体废物包括煤矸石、粉煤灰、炉渣、有色金属的冶金渣、钢渣等固体物质。对于大多数的工业固体废物来说，其一般都具有数量多、体积大以及成分复杂的特点，并且绝大部分都具有一定的毒性，

会对生态环境以及人体的身体机能产生较大的影响。

工业固体废物主要包括以下几类。

① 冶金工业固体废物。主要包括各种金属冶炼或加工过程中所产生的各种废渣，如高炉炼铁产生的高炉渣，平炉、转炉、电炉炼钢产生的钢渣，铜、镍、铅、锌等有色金属冶炼过程产生的有色金属渣，铁合金渣及提炼氧化铝时产生的赤泥等。

② 能源工业固体废物。主要包括燃煤电厂产生的粉煤灰、炉渣、烟道灰，采煤及洗煤过程中产生的煤矸石等。

③ 石油化学工业固体废物。主要包括石油及加工工业产生的油泥、焦油页岩渣、废催化剂、废有机溶剂等，化学工业生产过程中产生的硫铁矿渣、酸渣碱渣、盐泥、釜底泥、精（蒸）馏残渣以及医药和农药生产过程中产生的医药废物、废药品、废农药等。

④ 矿业固体废物。主要包括采矿废石和尾矿。废石是指各种金属、非金属矿山开采过程中从主矿上剥离下来的各种围岩，尾矿是指在选矿过程中提取精矿以后剩下的尾渣。

⑤ 轻工业固体废物。主要包括食品工业、造纸印刷工业、纺织印染工业、皮革工业等工业加工过程中产生的污泥、动物残物、废酸、废碱以及其他废物。

⑥ 其他工业固体废物。主要包括机加工过程产生的金属碎屑、电镀污泥、建筑废料以及其他工业加工过程产生的废渣等。

工业固体废物主要具有以下特点：

① 不易流动与扩散，没有很强的挥发性，具有长期性的特点。其影响主要是通过水体、大气和土壤进行的，很容易对环境造成长期持续性污染。

② 工业固体废物一般不会直接对环境造成污染，而是通过物理、化学、生物等方式间接地对环境造成污染与破坏。

③ 因工业固体废物对周边环境是间接影响的，因此其危害具有潜在性、隐秘性，但是是一个较缓慢的过程。

通常来说，工业固体废物造成的污染，通过其他污染形式能够得到体现，并且无法对污染和破坏产生的条件进行确定，所以人们很难对其进行察觉，导致工业固体废物污染难以引起人们的足够重视，以至于在开展相关工作时，无法通过对固体污染的分析开展科学有效的工作。

(2) 城市生活垃圾

城市生活垃圾，是指城市居民在日常生活中或为城市日常生活提供服务的活动中所产生的固体废物，其主要成分包括厨余垃圾、废纸、废塑料、废织物、废金属、废玻璃、陶瓷碎片、砖瓦渣土、粪便，以及废家具、废旧电器、庭院废物等。

城市生活垃圾主要产自城市居民家庭、城市商业、餐饮业、旅馆业、旅游业、服务业、市政环卫业、交通运输业、文教卫生业和行政事业单位、工业企业单位以及水处理污泥等。

城市生活垃圾成分构成复杂、性质多变，并且受到垃圾产生地的地理位置、气候条件、能源结构、社会经济水平、居民消费水平、生活习惯等方面因素的影响。

生活垃圾类别可分为可回收物、有害垃圾、厨余垃圾及其他垃圾，共4个大类。

① 可回收物。是指在日常生活中或者为日常生活提供服务的活动中产生的，已经失去原有全部或者部分使用价值，回收后经过再加工可以成为生产原料或者经过整理可以再利用的物品，主要包括废纸类、塑料类、玻璃类、金属类、电子废弃物类、织物类等。

② 有害垃圾。是指生活垃圾中的有毒有害物质，主要包括废电池（镉镍电池、氧化汞

电池、铅蓄电池等），废荧光灯管（日光灯管、节能灯等），废温度计，废血压计，废药品及其包装物，废油漆、溶剂及其包装物，废杀虫剂、消毒剂及其包装物，废胶片及废相纸等。

③ 厨余垃圾。是指家庭中产生的菜帮菜叶、瓜果皮核、剩菜剩饭、废弃食物等易腐性垃圾；从事餐饮经营活动的企业和机关、部队、学校、企业事业等单位集体食堂在食品加工、饮食服务、单位供餐等活动中产生的食物残渣、食品加工废料和废弃食用油脂；以及农贸市场、农产品批发市场产生的蔬菜瓜果垃圾、腐肉、肉碎骨、水产品、畜禽内脏等。其中，废弃食用油脂是指不可再食用的动植物油脂和油水混合物。

④ 其他垃圾。是指除厨余垃圾、可回收物、有害垃圾之外的生活垃圾，以及难以辨识类别的生活垃圾。

(3) 农业固体废物

农业固体废物是农业生产、农产品加工、畜禽养殖业和农村居民生活排放的废弃物的总称。农业固体废物主要来自于植物种植业、农副产品加工业、动物养殖业以及农村居民生活所产生的废物。按其来源分为：农田和果田残留物，如秸秆、残株、杂草、落叶、果实外壳、藤蔓、树枝和其他废物；农产品加工废弃物；牲畜、家禽粪便以及栏圈铺垫物；人粪尿以及生活废弃物。常见的农业固体废物有稻草、麦秸、玉米秸、稻壳、根茎、落叶、果皮、果核、羽毛、皮毛、畜禽粪便、死禽死畜、农村生活垃圾等。要对农业固体废物进行综合利用；不能利用的，按照国家有关环境保护规定收集、贮存、处置，防止污染环境。

农业固体废物来源广泛，种类复杂，主要来自种植业、养殖业、居民生活及农用塑料残膜等。

① 种植业固体废物。种植业固体废物是指农作物在种植、收割、交易、加工利用和食用等过程中产生的源自作物本身的固体废物，主要包括作物秸秆及蔬菜、瓜果等加工后的残渣等。据估计，地球上每年光合作用生产的生物质约 1500 亿吨，其中 11%（约 160 亿吨）来自于种植业，可作为人类食物或动物饲料的部分约占其中的 1/4（约为 40 亿吨）；在这 40 亿吨中，经过加工最后供人类直接食用的大约为 3.6 亿吨；因此，地球上每年生产的种植业固体废物约 135 亿吨。

我国各类种植业废物资源十分丰富，仅重要作物秸秆就有近 20 种，且产量巨大，年产约 7 亿吨，其中稻草为 2.3 亿吨，玉米秆为 2.2 亿吨，豆类和杂粮的作物秸秆为 1.0 亿吨，花生和薯类藤蔓、蔬菜废物等为 1.5 亿吨。此外还有大量的饼粕、酒糟、甜菜渣、蔗渣、废糖蜜、锯末、木屑、草和树叶等。资源化潜力巨大，如按现有发酵技术的产气率 $0.48m^3/kg$ 估算，每年可产生甲烷量约为 850 亿 m^3。

② 养殖业固体废物。养殖业固体废物指在畜禽养殖加工过程产生的固体废物，主要包括畜禽粪便、畜禽舍垫料、废饲料、散落的毛羽等固体废物以及含固率较高的畜禽养殖废水等。改革开放以来，随着我国人民生活水平的不断提高，对肉类、奶类和禽蛋类的消费需求量急剧增加，以每年 10% 以上的速度递增，由此带来了养殖业的快速发展。

畜禽养殖业规模的不断扩大，不可避免地会有养殖及加工生产废物的大量产生。调查显示，1999 年我国畜禽粪便产生总量约为 19 亿吨，是工业固体废物产生量的 2.4 倍，而畜禽粪便产生总量已高达 27 亿吨，是工业固体废物产生量的 3.4 倍。仅规模化养殖企业所排放的粪便量便占工业固体废物总量的 30%。而全国约 80% 的规模化畜禽养殖场没有污染治理设施，畜禽粪污一般未经任何处理即就地排放。畜禽养殖业已经成为农业污染的主要因素。

③ 农用塑料残膜。农用塑料残膜主要来源于以下几个方面：农膜（包括地膜和棚膜），

是应用最多、覆盖面积最大的一个品种，在农用塑料中，农膜产量约占 50%；编织袋（如化肥、种子和粮食的包装袋等）和网罩（包括遮阳网和风障）；农用水利管件，包括硬质和软质排水输水管道；渔业用塑料，主要有色网、鱼丝、缆绳、浮子以及鱼、虾、蟹等水产养殖大棚和网箱等；农用塑料板（片）材，广泛用于建造农舍、羊棚、马舍、仓库和灌溉容器等。

上述塑料制品的树脂品种多为聚乙烯树脂（如地膜和水管、绳索与网具），其次为聚丙烯树脂（如编织袋等），还有聚氯乙烯树脂（如排水软管、棚膜等）。国家统计局数据显示，2005 年我国农用塑料薄膜使用量达 176 万吨，已成为世界上农膜产量和使用量最大的国家，大致相当于世界其他国家总和的 1.6 倍。

④ 农村生活垃圾。农村生活垃圾是指在农村这一地域范畴内，在日常生活中或者为日常生活提供服务的活动中产生的固体废物。主要有两种类型，一是农民日常生活所产生的垃圾，主要来自农户家庭；二是集团性垃圾，主要来自学校、服务业、乡村办公场所和村镇商业、企业等单位。生活垃圾的成分主要是厨余垃圾（蛋壳、剩菜、煤灰等）、废织物、废塑料、废纸、陶瓷玻璃碎片、废电池以及其他废弃的生活用品及生产用品等。由于我国农村人口较多，因此农村生活垃圾的产生量和堆积量较大。

（4）危险废物

危险废物是固体废物的一种，亦称有毒有害废物，包括医疗垃圾、废树脂、药渣、含重金属污泥、酸和碱废物等。清洁生产是降低危险废物数量的最佳途径之一。凡是被列为危险废物的废物，其处理费用与一般废物相比将高几倍至几百倍甚至上千倍。在生产过程中不采用或少用有毒有害原料或可能产生有毒有害废物的原料，可以大幅度降低危险废物的产量。把有毒有害废物与一般废物分开收集与运输，也是降低危险废物产量的有效途径。已经产生的、必须单独处理的危险废物，其处理首先是通过物理、化学和生物方法，把危险废物中的有毒有害成分分离出来并加以利用，使之转化为无毒无害废物；其次是减容化，尽可能降低危险废物体积，如高静压压块或焚烧；再次是把危险废物中的有毒有害成分通过固化或稳定化，降低这些有毒有害成分的迁移能力，同时采取永久性措施加以贮存，如在安全填埋场中填埋。

危险废物的特性通常包括急性毒性、易燃性、反应性、腐蚀性、浸出毒性和疾病传染性。我国根据《固废法》制定了《国家危险废物名录》。它是危险废物环境管理的技术基础和关键依据，是落实固体废物污染环境防治法的配套规章，对加强危险废物污染防治、保障人民群众身体健康具有重要意义。《国家危险废物名录》的施行，进一步提高了危险废物属性判定和环境管理的精准性，推进了危险废物分级分类管理，切实提升危险废物环境管理水平。

《国家危险废物名录（2021 年版）》已于 2020 年 11 月 5 日经生态环境部部务会议审议通过，自 2021 年 1 月 1 日起施行。此次修订重点针对 2016 年版《国家危险废物名录》实施过程环境管理工作中反映的问题较为集中的废物进行修订，例如铅锌冶炼废物、煤焦化废物等。并且，通过细化类别的方式，确保列入《国家危险废物名录》的危险废物的准确性，推动危险废物精细化管理，例如，从《国家危险废物名录》中排除了脱墨渣等不具有危险特性的废物。另外，按照《固废法》关于"实施分级分类管理"的规定，在环境风险可控前提下，《国家危险废物名录》新增对一批危险废物在特定环节满足相关条件时实施豁免的管理。

《国家危险废物名录（2021 年版）》由正文、附表和附录三部分构成。

正文部分：增加了"第七条本名录根据实际情况实行动态调整"的内容，删除了 2016 年版《国家危险废物名录》中第三条和第四条规定。

附表部分：主要对部分危险废物类别进行了增减、合并以及表述的修改。《国家危险废物名录（2021 年版）》共计列入 467 种危险废物，较 2016 年版《国家危险废物名录》减少了 12 种。

附录部分：新增豁免 16 个种类危险废物，豁免的危险废物共计达到 32 个种类。

关于医疗废物，《国家危险废物名录（2021 年版）》不再简单规定"医疗废物属于危险废物"，而是在《国家危险废物名录（2021 年版）》附表中列出医疗废物有关种类，且规定"医疗废物分类按照《医疗废物分类目录》执行"。

关于废弃危险化学品，一是进一步明确了纳入危险废物环境管理的废弃危险化学品的范围。《危险化学品目录》中危险化学品并不是都具有环境危害特性，废弃危险化学品不能简单等同于危险废物，例如"液氧""液氮"等是仅具有"加压气体"物理危险性的危险化学品。二是进一步明确了废弃危险化学品纳入危险废物环境管理的要求。有些易燃易爆的危险化学品废弃后，其危险化学品属性并没有改变；危险化学品是否废弃，监管部门也难以界定。因此，《国家危险废物名录（2021 年版）》针对废弃危险化学品特别提出"被所有者申报废弃"，即危险化学品所有者应该向应急管理部门和生态环境部门申报废弃。

1.2.2　固体废物的性质与分类

固体废物的性质分为物理、化学、生物三个方面。

(1) 物理性质

① 粒径。对于固体废物的前处理，其粒径大小决定了使用设备的规格和容量，尤其是对于可回收资源化利用的固体废物而言，往往是个重要参数。通常粒径以粒径分布表示，因固体废物组成复杂、大小不等，且形状也不一样，因此，只能通过筛网的网"目"表示。

粒径用粒径分布来表示，采用筛分试验来获得，如图 1-1，取一定量的固体废物样品，

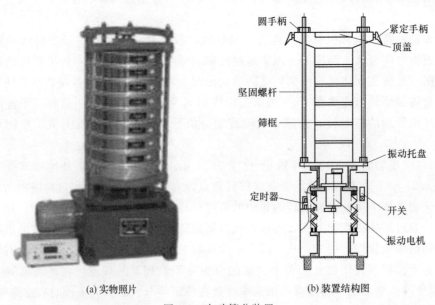

(a) 实物照片　　　　　　　　　(b) 装置结构图

图 1-1　自动筛分装置

准备一组筛孔尺寸覆盖整个粒径范围的标准筛子，将样品按次序以不同筛孔的筛面进行筛分，记录每一个筛面上的样品质量，此质量除以样品总质量即固体废物粒径位于前、后两个筛面孔径之间的质量分数，试验获得的各个粒径范围的质量分数即描述了固体废物的粒径分布。

② 含水率。固体废物的含水率对固体废物的处理影响很大。含水率是指固体废物在105℃下烘干至恒重后所失去的水分量，此值常以单位质量的样品所含水的质量分数来表示，即：

$$含水率（\%）=\frac{初始质量-烘干至恒重时质量}{干至恒重时初始质量}$$

③ 容积密度。容积密度又称为容重，指一定体积空间所容纳的废物质量，单位 kg/m^3。在固体废物的运输或贮存过程中起重要作用，由于废物的组成成分复杂，其求法都是以各组分的平均数来计算。典型废物的容积密度见表1-1。

表 1-1 典型废物的容积密度

成分	容积密度/(kg/m³)		成分	容积密度/(kg/m³)	
	范围	典型		范围	典型
食品废物	130～480	300	泥土、灰烬、石砖	320～1000	480
纸张	30～130	80	都市垃圾（未压缩）	90～180	130
塑料	30～130	60	都市垃圾（未压缩）	180～450	300
木材	130～320	160	污泥	1000～1200	1050
金属罐头瓶（盒）	50～160	90	废酸碱液	1000	1000

（2）化学性质

固体废物的组成主要包括水分、挥发分、固定碳和灰分。

① 挥发分。挥发分指样品干物质中，在还原性气氛中加热能转化为气态物质的部分。具体的实验过程是：称取某固体废物干燥样品，放在带盖的瓷坩埚中，在600℃±20℃温度下，隔绝空气恒温加热一段时间所散失的量即为挥发分。

② 灰分。灰分指样品干物质中，无法由燃烧反应转化为气态物质的残余物。具体的实验过程是：称取某固体废物干燥样品，将干燥后的样品放入电炉中，在800℃下灼烧2h，冷却后在105℃±5℃下干燥2h，冷却后的质量为灰分质量。

③ 固定碳。固定碳是指除去水分、挥发分及灰分后的可燃物。其表示方法为：

$$固定碳(\%)=100\%-（灰分+水分+挥发分）$$

④ 灰熔点。废物燃烧后产生的灰渣，在加热至某一温度时，会因熔融和烧结过程而转化为熔渣，此熔渣形成温度称为灰熔点。一般城市生活垃圾灰分的灰熔点是1100～1200℃。

⑤ 热值。热值为固体废物燃烧时所放出的热量，用以计算焚烧炉的能量平衡及估算辅助燃料所需量。垃圾的热值与有机物含量、成分等关系密切，通常，有机物含量越高，热值越高；含水率越高，热值越低。典型废物的热值如表1-2所示。

（3）生物性质

固体废物的生物性质的主要参数包括病毒、细菌、原生及后生动物、寄生虫卵等生物性污染物质的组成、含量，有机组成的生物降解能力，污染物质的生物转化能力等。

表 1-2 典型废物的热值

成分	单位热值/(kcal/kg)	成分	单位热值/(kcal/kg)
食品废物	1100	纺织品	4200
纸张	4000	皮革	4200
塑料	7800	橡胶	5600
木材	4500	庭院修剪物	1600
金属罐头瓶(盒)	200	泥土、灰烬、石砖	—

注：1cal≈4.18J。

固体废物的生物性质主要影响污染物的生物转化过程及无害化处理方式，如甲基汞污染、医疗废物的消毒处理等。

按照危害特征可以分为一般固体废物与危险废物，从燃烧特征上可以分为可燃废物和不可燃废物，可燃废物包括纸张、橡胶，不可燃废物有石块、玻璃等。按照化学组成可以分为有机废物与无机废物，按照外部形态可以分为固态废物和泥状废物。

1.2.3 固体废物产生量及治理现状

2020 年，全国 196 个大、中城市向社会发布了 2019 年固体废物污染环境防治信息。经统计，一般工业固体废物产生量为 13.8 亿吨，工业危险废物产生量为 4498.9 万吨，医疗废物产生量为 84.3 万吨，城市生活垃圾产生量为 23560.2 万吨。

(1) 一般工业固体废物

2019 年 196 个大、中城市一般工业固体废物产生量达 13.8 亿吨，综合利用量 8.5 亿吨，处置量 3.1 亿吨，贮存量 3.6 亿吨，倾倒丢弃量 4.2 万吨。一般工业固体废物综合利用量占利用处置及贮存总量的 55.9%，处置和贮存分别占比 20.4% 和 23.6%，综合利用仍然是处理一般工业固体废物的主要途径，部分城市对历史堆存的一般工业固体废物进行了有效的利用和处置。一般工业固体废物利用、处置等情况见图 1-2。

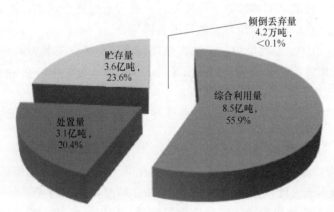

图 1-2 一般工业固体废物利用、处置等情况

2019 年各省（区、市）大、中城市发布的一般工业固体废物产生情况见图 1-3。一般工业固体废物产生量排在前三位的省（区、市）分别是陕西、山东、江苏。

196 个大、中城市中，一般工业固体废物产生量居前十位的城市见表 1-3。前十位城市产生的一般工业固体废物总量为 3.7 亿吨，占全部信息发布城市产生总量的 26.8%。

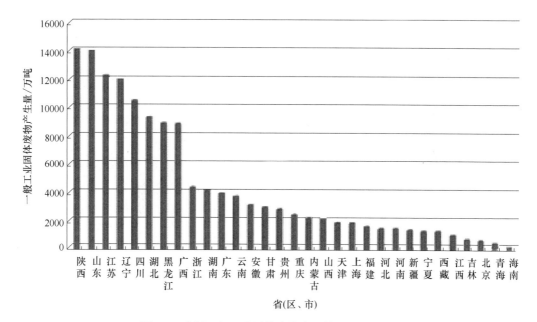

图1-3 全国一般工业固体废物产生情况（2019年）

表1-3 2019年一般工业固体废物产生量排名前十的城市

序号	城市名称	产生量/万吨	序号	城市名称	产生量/万吨
1	攀枝花（四川）	6283.7	6	太原（山西）	2901.9
2	辽阳（辽宁）	5037.6	7	本溪（辽宁）	2866.3
3	百色（广西）	4196.6	8	烟台（山东）	2852.5
4	榆林（陕西）	4113.5	9	苏州（江苏）	2763.7
5	昆明（云南）	3674.8	10	安康（陕西）	2678.7

2009～2019年，重点城市及模范城市的一般工业固体废物产生量、综合利用量、处置量及贮存量详见图1-4。

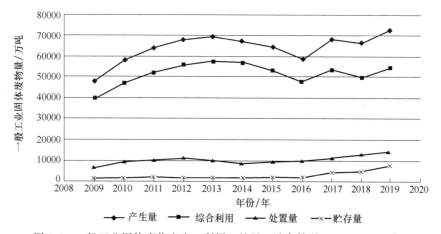

图1-4 一般工业固体废物产生、利用、处置、贮存情况（2009～2019年）

(2) 工业危险废物

2019年，196个大、中城市工业危险废物产生量达4498.9万吨，综合利用量2491.8万

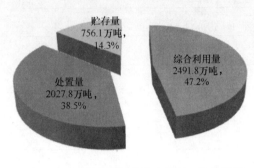

图 1-5　工业危险废物利用、处置、贮存情况

吨，处置量 2027.8 万吨，贮存量 756.1 万吨。工业危险废物综合利用量占利用处置及贮存总量的 47.2%，处置量、贮存量分别占比 38.5% 和 14.3%，综合利用和处置是处理工业危险废物的主要途径，部分城市对历史堆存的危险废物进行了有效的利用和处置。工业危险废物利用、处置等情况见图 1-5。

2019 年各省（区、市）大、中城市发布的工业危险废物产生情况见图 1-6。工业危险废物产生量排在前三位的省是山东、江苏、浙江。

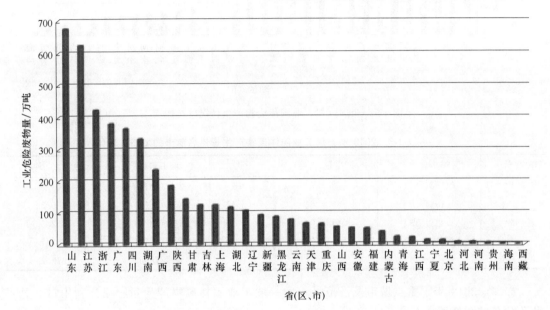

图 1-6　2019 年各省（区、市）工业危险废物产生情况

196 个大、中城市中，工业危险废物产生量居前十位的城市见表 1-4。前十位城市产生的工业危险废物总量为 1409.6 万吨，占全部信息发布城市产生总量的 31.3%。

表 1-4　工业危险废物产生量排名前十的城市（2019 年）

序号	城市名称	产生量/万吨	序号	城市名称	产生量/万吨
1	烟台(山东)	294.3	6	宁波(浙江)	119.4
2	攀枝花(四川)	200.2	7	无锡(江苏)	103.4
3	苏州(江苏)	161.8	8	日照(山东)	91.4
4	岳阳(湖南)	147.0	9	济南(山东)	84.9
5	上海	124.8	10	梧州(广西)	82.4

2009～2019 年，重点城市及模范城市的工业危险废物产生量、综合利用量、处置量及贮存量详见图 1-7。

（3）医疗废物

2019 年，196 个大、中城市医疗废物产生量 84.3 万吨，产生的医疗废物都得到了及时

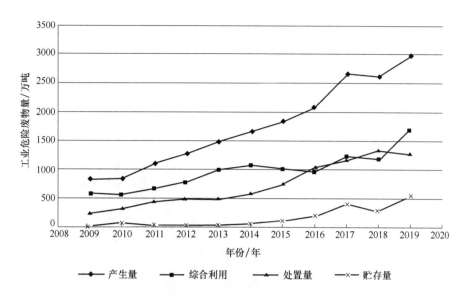

图 1-7 城市的工业危险废物产生、利用、处置、贮存情况（2009～2019 年）

妥善处置。

各省（区、市）大、中城市发布的医疗废物产生情况见图 1-8。医疗废物产生量排在前三位的省是广东、四川、浙江。

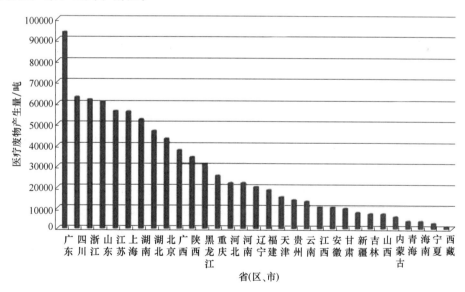

图 1-8 各省（区、市）医疗废物产生情况（2019 年）

196 个大、中城市中，医疗废物产生量居前十位的城市见表 1-5。医疗废物产生量最大的是上海市，产生量为 55713.3 吨，其次是北京、广州、杭州和成都，产生量分别为 42800.0 吨、27300.0 吨、27000.0 吨和 25265.8 吨。前十位城市产生的医疗废物总量为 27.7 万吨，占全部信息发布城市产生总量的 32.9%。

2009～2019 年，重点城市及模范城市的医疗废物产生量及处置量详见图 1-9。

表 1-5　2019 年医疗废物产生量排名前十的城市

序号	城市名称	医疗废物产生量/吨	序号	城市名称	医疗废物产生量/吨
1	上海	55713.3	6	重庆	25210.8
2	北京	42800.0	7	郑州	21701.6
3	广州	27300.0	8	武汉	19500.0
4	杭州	27000.0	9	深圳	16500.0
5	成都	25265.8	10	南京	16100.0

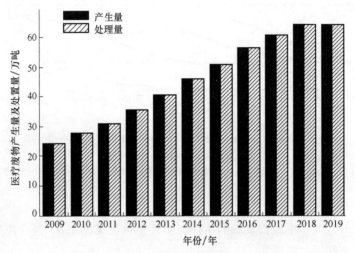

图 1-9　重点城市及模范城市的医疗废物产生及处置情况（2009～2019 年）

（4）城市生活垃圾

2019 年，196 个大、中城市生活垃圾产生量为 23560.2 万吨，处理量为 23487.2 万吨，处理率达 99.7%。各省（区、市）大、中城市发布的生活垃圾产生情况见图 1-10。

196 个大、中城市中，城市生活垃圾年产生量居前 10 位的城市见表 1-6。城市生活垃圾产生量最大的是上海市，产生量为 1076.8 万吨，其次是北京、广州、重庆和深圳，产生量分别为 1011.2 万吨、808.8 万吨、738.1 万吨和 712.4 万吨。前 10 位城市产生的城市生活垃圾总量为 6987.1 万吨，占全部信息发布城市产生总量的 29.7%。

表 1-6　部分城市生活垃圾年产生量（2019 年）

序号	城市	生活垃圾年产生量/万吨	序号	城市	生活垃圾年产生量/万吨
1	上海	1076.8	6	成都	685.9
2	北京	1011.2	7	苏州	595.0
3	广州	808.8	8	杭州	473.7
4	重庆	738.1	9	东莞	449.0
5	深圳	712.4	10	佛山	436.2

2009～2019 年，重点城市及模范城市的城市生活垃圾产生量及处理量见图 1-11。

从上述所公布的统计数据来看，近年来，随着经济社会的发展，以及工业化、城市化进程的加快，城市固体废物产生量呈现出较大幅度增长态势，其处置及利用率也较高。其中，一般工业固体废物和生活垃圾以综合利用为主要处理途径；工业危险废物以利用及处置为主；医疗废物则应妥善处置。但产生量的不断增长，也需要给予足够重视，采取有效措施，既要进一步提升处理利用率，也要注重变废为宝，发挥出城市固废应有的经济价值。

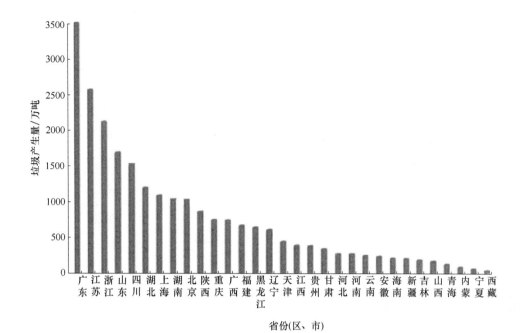

图 1-10 全国各省、市城市生活垃圾产生情况（2019 年）

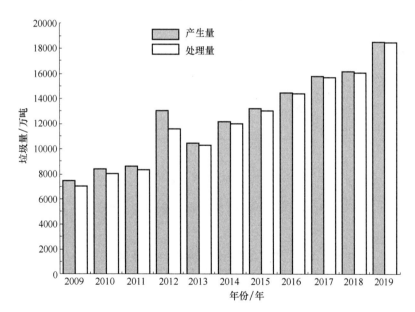

图 1-11 城市生活垃圾产生及处理情况变化趋势（2009～2019 年）

影响城市生活垃圾产生量的因素主要有以下几点：

① 人口。我国城市垃圾总量的大幅度增加主要是由城市规模扩大、城市数量和人口增加造成的。

近 20 年来，我国的城市化进程逐年加快，城市数量大幅度增加，城市规模不断扩大，城市非农业人口迅速增长。根据国家统计局统计，2021 年我国人口已达 14.13 亿，城镇化率为 64.72％。由于城市数量的增加、城市规模的扩大、非农业人口比例的增长、市场的开放、农村剩余劳动力的进城以及旅游事业的发展，大大增加了城市垃圾的产生量，加重了城市环境卫生管理的负荷。图 1-12 表示的是城市生活垃圾清运量和非农业人口数量的变化趋势，从图中可以清楚地看出，城市垃圾产生量随人口的增加呈直线增长的态势，而且随着中国城市发展进程的加快，这一趋势在今后若干年内还将持续下去。可以说，城市人口的增加是影响城市垃圾产生量的最主要因素。

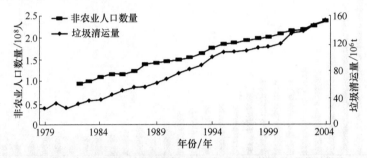

图 1-12 城市生活垃圾清运量和非农业人口数量的变化趋势

② 经济发展水平。图 1-13 显示了中国城市垃圾产生量与国内生产总值（GDP）的关系。从图中可以清楚地看出经济发展水平对城市垃圾产生量的影响。在改革开放初期，随着 GDP 的增加，城市垃圾产生量几乎呈直线上升，当 GDP 达到一定数值后，垃圾产生量的增长速度开始减缓，并逐渐趋于稳定。这与工业发达国家经济高度增长时期的情况非常相似。

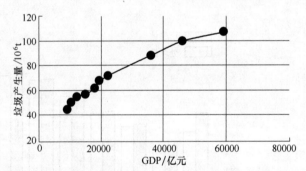

图 1-13 中国城市垃圾产生量与国内生产总值（GDP）的关系

表 1-7 列举了 2013 年对我国几个城市的人口、国内生产总值与垃圾产生量的数据的分析。

表 1-7 城市人口、国内生产总值与垃圾产生量（2013 年）

城市	总人口/万人	国内生产总值(GDP)/亿元	垃圾产量/(kt/a)
北京	2215	24899.3	8072.0
上海	2400	30133.9	8169.8
广州	1293	15420.1	6935.0
重庆	1372	19500.3	6985.0
成都	1188	13889.4	5060.0
深圳	1062	20078.6	5952.1
杭州	901	12556.0	3635.4
济南	500	7202.0	1533.0
珠海	163	2564.7	805.2

③ 居民生活水平。调查结果表明，城市垃圾产生量与居民生活水平也有很大关系。在经济发达、居民生活水平高的城市，垃圾产生量要高于居民生活水平相对较低的地区。表1-8列出了由调查直接取得或经过计算得到的中国主要城市的每日人均城市生活垃圾产生量。

表 1-8　中国主要城市每日人均城市生活垃圾产生量（2013 年）

城市	北京	天津	上海	沈阳	大连	杭州	深圳	广州	哈尔滨	平均
每日人均生活垃圾产量/kg	0.94	0.45	0.88	1.02	0.57	0.97	1.38	1.42	0.31	0.88

由表1-8可知，表中所列城市生活垃圾的每日人均产生量为0.31～1.38kg，平均为0.88kg，城市的垃圾产生量与当地人民的实际生活水平、生活方式、消费方式和城市发展水平是密切相关的。

④ 燃料结构。燃料结构对城市生活垃圾影响很大，从表1-8可以看出，杭州与沈阳同样是人口相近的省会大城市，杭州的GDP高于沈阳，但是杭州的每日人均垃圾产生量却低于沈阳。这是因为位于北方的沈阳取暖期长，燃料消费主要以煤为主，所以垃圾产生量要远高于位于南方的杭州。

1.2.4　固体废物的环境影响

固体废物产生后若不及时进行处理将会对环境产生极大的危害。由于固体废物的成分不同，它们对环境的污染方式也不尽相同。

① 固体废物会污染土壤，固体废物中的有毒物质和放射性物质在土壤中会破坏土壤的土质和土壤结构，对土壤中存在的微生物环境进行破坏，导致土壤的性质发生改变，土壤健康情况出现恶化，严重的会将土壤性质完全改变，导致无法进行农业生产，而能够进行农业生产的被污染的土壤，其有害物质也会被种植在其中的农作物所吸收，对吃到这些农作物的人的身体造成危害（表1-9）。

表 1-9　垃圾对土壤物理性状的影响（施入 10～20 年垃圾）

项目	对照		施 2 万斤垃圾每亩	
层次/cm	0～20	20～40	0～20	20～40
碴砾/%	15.5	16.8	37.5	31.8
黏粒/%	11.8	15.8	7.8	12.2
粉砂/%	71.9	67.6	53.8	56.2
失水率/%	16.9	13.6	13.1	16.4
折每亩失水/kg	—	—	339	8.9
阳离子代换量/(meq/100g)	17.4	21.7	15.1	16.8
保氮率下降/%	—	—	13.1	22.2

注：1 亩＝666.67m²。1 斤＝0.5 千克。

② 固体废物会污染水体，若任固体废物流入江河湖海，将对水质造成严重的破坏，并进一步危害水环境中的动植物的生长，破坏水环境的整体稳定，还可能进一步影响到农作物的灌溉以及航运的正常运行，固体废物中的有毒物质还可能对地下水环境造成破坏。

③ 固体废物会污染大气，最典型的就是"白色污染"，大风天气还会随处乱飞，而固体废物的一些小颗粒还可能被微生物分解，产生有害物质而进入大气。

④ 与人们生活最息息相关的，就是固体废物会影响环境卫生，固体废物的出现将极大破坏市容，破坏人们生活环境的舒适性。

【思考与练习1.2】

1. 固体废物的性质可以分为下列哪几种？（　　　）

A. 物理性质　　　　　　B. 化学性质　　　　　　C. 生物性质

2. 不属于固体废物化学性质有哪些？（　　　）

A. 挥发分　　　　　B. 粒径　　　　　C. 固定碳　　　　　D. 灰熔点　　　　E. 热值

3. 固体废物对环境的影响有哪些？（　　　）

A. 污染土壤　　　　　B. 污染水体　　　　　C. 污染大气　　　　　D. 影响环境卫生

1.3　固体废物处理处置技术与管理体系

固体废物含有许多可利用成分，如果任意舍弃使其进入环境，则不仅会带来污染，还会造成大量资源浪费。固体废物的资源化是对废物进行科学的二次处理，将其中可以利用的部分回收，去除有害因素，降低环境危害。它可以提升资源的有效利用率、保护生态环境，提升社会经济效益。

1.3.1　固体废物的处理处置技术

工业固体废物数量庞大，种类繁杂，主要包括尾矿渣、钢铁废渣、有色金属废渣、化工废渣、旧混凝土等。尾矿综合利用的主要途径，包括回采后进行再选、制作建材、井下充填、制作肥料、尾矿复垦等；冶金渣的利用率约为72%，主要用作水泥掺合料、道路材料、回填材料，制作砖和砌块等建筑产品，少量用作冶金原料，回收利用铁、钴、铜、硅、镁等金属和非金属元素。其利用的经济效果不显著；加热炉氧化铁皮可以作为永磁体的制造原料和加入烧结机配料等；煤矸石主要应用于电力材料、建材、化工材料、农业肥料及矿产资源中；粉煤灰主要运用在建材、有价元素提取、土壤改良剂和环保领域等；在工业副产石膏领域，固废主要应用在砖、砌块、板材等建材制备。有色金属废渣分为重金属渣、轻金属渣和稀有金属渣三类。可以回收这些金属矿物或有用成分，作为二次资源开发和利用。化工废渣中含有金、银、铂等贵重金属，通过分离和提纯这些金属也可以创造一定的经济效益。废旧混凝土是工业生产中排放量较大的固体废物，经过破碎、筛选、清洗和干燥等工艺处理后，可以制备再生混凝土。

农业废物的资源化利用，按照成分差异，可将农业废物划分为植物纤维性废物和畜禽粪便两大类。其中，植物纤维性废物主要包括农作物秸秆、谷壳、果壳及甘蔗渣等农产品加工废物等。目前，植物纤维性废物的资源化利用技术主要有废物还田、加工饲料、固化炭化、制备复合材料等。其中，废物还田，可以增加土壤有机质、改良土壤结构、提升空隙率，为微生物的滋生和植物根系的发育提供良好条件。固化炭化通过木纤维、木质素的同步分解，制备炭材。畜禽粪便资源化利用技术主要有肥料化技术、饲料化技术和燃料化技术等。

由于城市固体废物的严重污染，世界各国都在积极探讨处理技术和方法。国内外城市固体废物处理方法主要有卫生填埋、垃圾焚烧、高温堆肥等。

(1) 卫生填埋

卫生填埋是垃圾处理必不可少的最终处理手段，也是现阶段我国垃圾处理的主要方式。卫生填埋场主要判断依据有以下六条：是否达到了国家标准规定的防渗要求；是否落实了卫生填埋作业工艺，如推平、压实、及时覆盖等；污水是否处理和达标排放；填埋气体是否得到有效治理；蚊蝇是否得到有效控制；是否考虑终场利用。

科学合理地选择卫生填埋场场址，以利于减少卫生填埋对环境的影响。场址的自然条件符合标准要求的，可采用天然防渗方式；不具备天然防渗条件的，应采用人工防渗技术措施。场内实行雨水与污水分流，减少运行过程中的渗沥水产生量。并设置渗沥水收集系统，将经过处理的垃圾渗沥水排入城市污水处理系统。不具备排水条件的，应单独建设处理设施，达到排放标准后方可排入水体。渗沥水也可以进行回流处理，以降低处理负荷，加快卫生填埋场稳定化。设置填埋气体导排系统，采取工程措施，防止填埋气体侧向迁移引发的安全事故。尽可能对填埋气体进行回收和利用，对难以回收和无利用价值的，可将其导出处理后排放。填埋时应实行单元分层作业，做好压实和覆盖。填埋终止后，要进行封场处理和生态环境恢复，继续引导和处理渗沥水、填埋气体。

(2) 垃圾焚烧

焚烧法是一种高温热处理技术，即以一定量的过剩空气与被处理的有机废物在焚烧炉内进行氧化燃烧反应，废物中的有毒有害物质在 850～1200℃ 的高温下氧化、热解而被破坏，是一种可同时实现废物无害化、减量化和资源化的处理技术。

焚烧法不但可以处理固体废物，还可以处理液体废物和气体废物；不但可以处理生活垃圾和一般工业废物，而且可以用于处理危险废物。在焚烧处理生活垃圾时，也常常将垃圾焚烧处理前暂时贮存过程中产生的渗滤液和臭气引入焚烧炉焚烧处理。

焚烧法适宜处理有机成分多、热值高的固体废物。当处理可燃有机组分很少的废物时，需补加大量的燃料，这样增加了运行费用。如果有条件辅以适当的废热回收装置，则可弥补上述缺点，降低废物焚烧成本，从而使焚烧法获得较好的经济效益。

焚烧法具有以下许多独特的优点：

① 无害化。垃圾经焚烧处理后，垃圾中的病原体被彻底消灭，燃烧过程中产生的有害气体和烟尘经处理后达到排放要求。烟气处理多采用半干法加布袋除尘工艺。

② 减量化。经过焚烧，垃圾中的可燃成分被高温分解后，一般可减重 80%、减容 90% 以上，可节约大量填埋场占地。

③ 资源化。垃圾焚烧所产生的高温烟气，其热能被废热锅炉吸收转变为蒸汽，用来供热或发电，垃圾被作为能源来利用，还可回收铁磁性金属等资源。

④ 经济性。垃圾焚烧厂占地面积小，尾气经净化处理后污染较小，可以靠近市区建厂，既节约用地，又缩短了垃圾的运输距离，随着对垃圾填埋的环境措施要求的提高，焚烧法的操作费用有望低于填埋。

⑤ 实用性。焚烧处理可全天候操作，不易受天气影响。

垃圾焚烧技术的缺点主要表现在以下几个方面：

① 目前焚烧炉渣的热灼减率一般为 3%～5%，尚有潜力可挖。

② 气相中亦残留有少量以 CO 为代表的可燃组分。

③ 气相不完全燃烧为高毒性有机物（以二噁英为代表）的再合成提供了潜在的条件。

④ 未燃尽的有机质和重金属的存在，使灰渣中有害物质的再溶出不能完全避免。

⑤ 垃圾焚烧的经济性及资源化仍有改善的余地。

(3) 高温堆肥

堆肥化是在控制条件下，利用自然界广泛分布的细菌、放线菌、真菌等微生物，促进来源于生物的有机废物发生生物稳定作用，使可被生物降解的有机物转化为稳定的腐殖质的生物化学过程。堆肥过程是在人工控制条件下进行，堆肥化的原料是固体废物中可降解的有机成分；堆肥化的实质是生物化学过程，堆肥产物是一种深褐色、质地疏松、有泥土气味的物质，类似于腐殖质土壤，故也称为腐殖土，是一种具有一定肥效的土壤改良剂和调节剂。

垃圾堆肥适用于可生物降解的、有机物含量大于 40% 的垃圾。高温堆肥过程要保证堆体内物料温度在 55℃ 以上保持 5～7 天。垃圾堆肥过程中产生的渗沥水可用于堆肥物料水分调节，对堆肥过程中产生的臭气应采取措施进行处理，残余物可进行焚烧处理或卫生填埋处理。

影响堆肥的因素主要有：

① C/N。碳和氮是微生物分解所需的最重要元素。C 主要提供微生物活动所需能源和组成微生物细胞所需的物质，N 则是构成蛋白质、核酸、氨基酸、酶等细胞生长所需物质的重要元素。堆肥过程理想的 C/N 在 30:1 左右。当 C/N 小于 30:1 时，N 将过剩，并以氨气的形式释放，发出难闻的气味；而 C/N 高，将导致 N 的不足，影响微生物的增长，使堆肥温度下降，有机物分解代谢的速度减慢，当 C/N 超过 40:1 时，应通过补加氮素材料（含氮较多的物质）的方法来调整 C/N，畜禽粪便、肉食品加工废弃物、污泥均在可利用之列。

② O_2。通风供氧是堆肥成功与否的关键因素之一。堆肥需氧量主要与堆肥材料中有机物含量、挥发度、可降解系数等有关，堆肥原料中有机碳越多，其需氧量越大。堆肥过程中存在一个合适的氧浓度，氧浓度过低将成为好氧堆肥中微生物生命活动的限制因素，容易使堆肥发生厌氧作用而产生恶臭。

从理论上讲，堆肥过程中的需氧量取决于碳被氧化的量。然而堆肥过程中，只有易分解的物质中的 C 能被微生物利用合成新的细胞并提供能量，而一部分纤维素和木质素并不能全部被微生物分解，将仍然保留在堆肥成品中。

③ 营养平衡。微生物的新陈代谢必须保证足够的 P、K 和微量元素，磷是磷酸和细胞核的重要组成元素，也是生物能 ATP 的重要组成成分，一般堆肥的 C/P 以 （75～150）:1 为宜。

④ pH。微生物的降解活动需要一个微酸性或中性的环境条件。一般认为 pH 在 7.5～8.5 时，可获得最大堆肥速率。

⑤ 温度。温度在堆肥过程中扮演着一个重要角色，它是堆肥时间的函数，对微生物的种群有着重要的影响，而且影响堆肥过程的其他因素也会随着温度的变化而改变。不同的堆肥工艺有不同的堆温。在封闭堆肥系统中堆肥过程达到的温度最高；静态垛系统能够达到的温度最低，且温度分布不均匀，堆层中心高而表层的温度较低。一般认为堆肥的最佳温度在 50～60℃，高温菌对有机物的降解效率高于中温菌。

⑥ 颗粒尺寸。因为微生物通常在有机颗粒的表面活动，所以降低颗粒物尺寸，增加比表面积，将促进微生物活动并加快堆肥速率，而颗粒太细，又会阻碍堆层中空气的流动，将减少堆层中可利用的氧气量，反过来又会减缓微生物活动的速度。通常最佳粒径随垃圾物理

特性变化而变化。

⑦ 含水率。堆肥原料的最佳含水率通常是在 $50\%\sim60\%$，含水率太低（$<30\%$）将影响微生物的生命活动，太高也会降低堆肥速率，导致厌氧分解并产生臭气以及营养物质的沥出。不同的有机废物的含水率相差很大，通常要把不同种类的堆肥物质混合在一起。堆肥物质的含水率还与设备的通风能力和堆肥物质的结构强度密切相关。

⑧ 生物因素。堆肥中微生物种群的类别和数量也将影响有机物的降解速率。通过有效的菌系选择，可加速堆肥的腐熟。

1.3.2　固体废物的管理体系

我国固体废物管理体系是：以生态环境主管部门为主，结合有关的工业主管部门以及城市建设主管部门，共同对固体废物实行全过程管理。同时建立了一系列的管理制度，并以标准体系进行规范。

(1) 管理机构

为实现固体废物的"三化"，各主管部门在所辖的职权范围内，建立相应的管理体系和管理制度。《固废法》对各个主管部门的分工有着明确的规定。

国务院生态环境主管部门对全国固体废物污染环境防治工作实施统一监督管理。国务院发展改革、工业和信息化、自然资源、住房和城乡建设、交通运输、农业农村、商务、卫生健康、海关等主管部门在各自职责范围内负责固体废物污染环境防治的监督管理工作。

地方人民政府生态环境主管部门对本行政区域固体废物污染环境防治工作实施统一监督管理。地方人民政府发展改革、工业和信息化、自然资源、住房和城乡建设、交通运输、农业农村、商务、卫生健康等主管部门在各自职责范围内负责固体废物污染环境防治的监督管理工作。

地方各级人民政府对本行政区域固体废物污染环境防治负责，国家实行固体废物污染环境防治目标责任制和考核评价制度，将固体废物污染环境防治目标完成情况纳入考核评价的内容。

各级人民政府应当加强对固体废物污染环境防治工作的领导，组织、协调、督促有关部门依法履行固体废物污染环境防治监督管理职责。

省、自治区、直辖市之间可以协商建立跨行政区域固体废物污染环境的联防联控机制，统筹规划制定、设施建设、固体废物转移等工作。

(2) 管理制度

根据我国国情，制定了一些行之有效的管理制度：

① 分类管理制度。固体废物具有量多面广、成分复杂的特点，因此《中华人民共和国固体废物污染环境防治法》确立了对城市生活垃圾、工业固体废物和危险废物分别管理的原则，明确规定了主管部门和处置原则；在第八十一条中明确规定："收集、贮存危险废物，应当按照危险废物特性分类进行。禁止混合收集、贮存、运输、处置性质不相容而未经安全性处置的危险废物。"

② 工业固体废物申报登记制度。为了使环境保护主管部门掌握工业固体废物和危险废物的种类、产生量、流向以及对环境的影响等情况，进而有效地防治工业固体废物和危险废物对环境的污染，《固废法》要求实施工业固体废物和危险废物申报登记制度。

③ 固体废物污染环境影响评价制度及其防治设施的"三同时"制度。环境影响评价和"三同时"制度是我国环境保护的基本制度，《固废法》进一步重申了这一制度。

④ 排污收费制度。排污收费制度也是我国环境保护的基本制度。但是，固体废物的排

放与废水、废气的排放有着本质的不同。废水、废气排放进入环境后，可以在自然环境当中通过物理、化学、生物等多种途径进行稀释、降解，并且有着明确的环境容量。而固体废物进入环境后，并没有形态相同的环境体接纳。固体废物对环境的污染是通过释放出的水和大气污染物进行的，而这一过程是长期的和复杂的，并且难以控制。因此，严格意义上讲，固体废物是严禁不经任何处置排入环境当中的。《固废法》规定："产生工业固体废物的单位应当根据经济、技术条件对工业固体废物加以利用；对暂时不利用或者不能利用的，应当按照国务院生态环境等主管部门的规定建设贮存设施、场所，安全分类存放，或者采取无害化处置措施。贮存工业固体废物应当采取符合国家环境保护标准的防护措施。"这样，任何单位都被禁止向环境排放固体废物。而固体废物排污费的交纳，则是对那些在按照规定和环境保护标准建成工业固体废物贮存或者处置的设施、场所，或者经改造这些设施、场所达到环境保护标准之前产生的工业固体废物而言的。

⑤ 限期治理制度。实行限期治理制度是为了解决重点污染源污染环境问题。对于排放或处理不当的固体废物造成环境污染的企业者和责任者，实行限期治理，是有效的防治固体废物污染环境的措施。限期治理就是抓住重点污染源，集中有限的人力、财力和物力，解决最突出的问题。如果限期内不能达到标准，就要采取经济手段以至停产。

⑥ 危险废物经营单位许可证制度。危险废物的危险特性决定了并非任何单位和个人都能从事危险废物的收集、贮存、处理、处置等经营活动。从事危险废物的收集、贮存、处理、处置活动，必须既具备达到一定要求的设施、设备，又要有相应的专业技术能力等条件。必须对从事这方面工作的企业和个人进行审批和技术培训，建立专门的管理机制和配套的管理程序。因此，对从事这一行业的单位的资质进行审查是非常必要的。《固废法》规定："从事收集、贮存、利用、处置危险废物经营活动的单位，应当按照国家有关规定申请取得许可证。"许可证制度将有助于我国危险废物管理和技术水平的提高，保证危险废物的严格控制，防止危险废物污染环境的事故发生。

⑦ 危险废物转移联单制度。2004 年修订的《固废法》规定："转移危险废物的，应当按照国家有关规定填写、运行危险废物电子或者纸质转移联单。跨省、自治区、直辖市转移危险废物的，应当向危险废物移出地省、自治区、直辖市人民政府生态环境主管部门申请。移出地省、自治区、直辖市人民政府生态环境主管部门应当及时商经接受地省、自治区、直辖市人民政府生态环境主管部门同意后，在规定期限内批准转移该危险废物，并将批准信息通报相关省、自治区、直辖市人民政府生态环境主管部门和交通运输主管部门。未经批准的，不得转移。"危险废物转移联单制度的建立，是为了保证危险废物的运输安全，以及防止危险废物的非法转移和非法处置，保证危险废物的安全监控，防止危险废物污染事故的发生。

(3) 标准体系

目前我国的固体废物标准体系从应用角度可分为：固体废物分类标准、固体废物污染控制标准、固体废物监测分析标准和固体废物综合利用标准 4 大类型（表 1-10）。

表 1-10 标准大类及部分相关标准

类型	名称与编号	发布部门与实施日期
分类标准	危险废物鉴别标准 通则 GB 5085.7—2019 代替 GB 5085.7—2007	生态环境部,国家市场监督管理总局 2020-01-01
	国家危险废物名录(2021 年)	生态环境部,国家发展和改革委员会,公安部,交通运输部,国家卫生健康委 2021-01-01

类型	名称与编号	发布部门与实施日期
控制标准	医疗垃圾焚烧环境卫生标准 CJ 3036—1995	中华人民共和国建设部 1995-12-01
	生活垃圾填埋场稳定化场地利用技术要求 GB/T 25179—2010	国家质量监督检验检疫总局,国家标准化管理委员会 2011-08-01
	畜禽养殖业污染物排放标准 GB 18596—2001	国家环境保护总局 2003-01-01
	医疗废物焚烧环境卫生标准 GB/T 18773—2008	国家质量监督检验检疫总局,国家标准化管理委员会 2009-04-01
	生活垃圾分类标志 GB/T 19095—2019	国家市场监督管理总局,国家标准化管理委员会 2019-12-01
	生活垃圾卫生填埋处理技术规范 GB 50869—2013	住房和城乡建设部 2014-03-01
监测分析标准	生活垃圾卫生填埋场环境监测技术要求 GB/T 18772—2017	国家质量监督检验检疫总局,国家标准化管理委员会 2018-09-01
	生活垃圾填埋场降解治理的监测与检测 GB/T 23857—2009	国家质量监督检验检疫总局,国家标准化管理委员会 2010-02-01
	生活垃圾填埋场环境监测技术标准 CJ/T 3037—1995	中华人民共和国建设部 1995-12-01
	生活垃圾焚烧灰渣取样制样与检测 CJ/T 531—2018	住房和城乡建设部 2019-04-01
	固体废物 浸出毒性浸出方法 翻转法 GB 5086.1—1997	国家环境保护总局 1998-07-01
	固体废物 浸出毒性浸出方法 水平振荡法 HJ 557—2010	环境保护部 2010-05-01
	固体废物 总汞的测定 冷原子吸收分光光度法 GB/T 15555.1—1995	国家环境保护局,国家技术监督局 1996-01-01
	固体废物 镍的测定 丁二酮肟分光光度法 GB/T 15555.10—1995	国家环境保护局,国家技术监督局 1996-01-01
	固体废物 氟化物的测定 离子选择性电极法 GB/T 15555.11—1995	国家环境保护局,国家技术监督局 1996-01-01
	固体废物 腐蚀性测定 玻璃电极法 GB/T 15555.12—1995	国家环境保护局,国家技术监督局 1996-01-01
	固体废物 砷的测定 二乙基二硫代氨基甲酸银分光光度法 GB/T 15555.3—1995	国家环境保护局,国家技术监督局 1996-01-01
	固体废物 总铬的测定 二苯碳酰二肼分光光度法 GB/T 15555.5—1995	国家环境保护局,国家技术监督局 1996-01-01
	固体废物 六价铬的测定 硫酸亚铁铵滴定法 GB/T 15555.7—1995	国家环境保护局,国家技术监督局 1996-01-01
	固体废物 总铬的测定 硫酸亚铁铵滴定法 GB/T 15555.8—1995	国家环境保护局,国家技术监督局 1996-01-01
综合利用标准	大件垃圾收集和利用技术要求 GB/T 25175—2010	国家质量监督检验检疫总局,国家标准化管理委员会 2011-08-01
	生活垃圾综合处理与资源利用技术要求 GB/T 25180—2010	国家质量监督检验检疫总局,国家标准化管理委员会 2011-08-01
	生活垃圾焚烧炉渣集料 GB/T 25032—2010	国家质量监督检验检疫总局,国家标准化管理委员会 2011-05-01
	电炉回收二氧化硅微粉 GB/T 21236—2007	国家质量监督检验检疫总局,国家标准化管理委员会 2008-04-01
	建筑石膏 GB/T 9776—2008	国家质量监督检验检疫总局,国家标准化管理委员会 2009-04-01

其中分类标准判定了固体废物中的一般废物与危险废物,并提出了明确的判定标准与方法。将原来的急性毒性初筛、浸出毒性鉴别、易燃性鉴别、反应性鉴别和毒性物质含量鉴别放到《危险废物鉴别标准通则》中。固体废物污染控制标准规定了固体废物处理场所和处理

方法的要求，特别是污染物排放控制指标要求。固体废物监测标准规定了固体废物监测的过程中样品采集、样品制备与分析的技术方法。固体废物综合利用标准则规定了一系列固体废物在自体产生行业和其他行业综合利用的规范。

为推进我国资源综合利用标准化工作，国家标准委联合相关部委和行业协会于 2008 年发布了《2008—2010 年资源节约与综合利用标准发展规划》，初步建立了节能、节水、节材、节地、新能源与可再生能源、矿产资源综合利用、废旧产品及废弃物综合利用和清洁生产八个重点领域标准体系。2014 年 8 月，工业和信息化部制定了《工业和通信业节能与综合利用领域技术标准体系建设方案》，将工业和通信业节能与综合利用标准化工作划分为资源节约、能源节约、清洁生产、温室气体管理和资源综合利用五大领域。该标准体系为工业固废资源综合利用标准制修订和科学管理提供了科学依据，为提升标准对促进工业绿色发展的整体支撑作用起到了政策指导作用。我国在资源综合利用领域建立的相关标准化技术组织及其管理机构见表 1-11。在产品回收利用领域，国外主要通过发布技术法规实现对产品回收利用管理，相关国际国外标准也较少；全国产品回收利用基础与管理标准化技术委员会，制定了 GB/T 20862—2007《产品可回收利用率计算方法导则》等国家标准；在工业固废资源利用领域，冶金固废资源分标委会目前已制定了冶炼渣、粉尘、尾矿、污泥等综合利用国家标准、行业标准、团体标准等近 70 项。在矿产资源综合利用领域，全国钒钛磁铁矿综合利用标准化技术委员会也于 2019 年 5 月成立，填补了矿产资源综合利用领域标准体系空白。在这些标准化技术机构的积极推动下，我国资源综合利用标准化水平得到提高，在促进我国资源综合利用技术广泛推广、促进技术创新和引领产业转型发展等方面发挥重要作用。

表 1-11　资源综合利用领域相关国家标准化技术委员会

序号	分领域	国家标准化技术委员会	秘书处单位
1	产品回收利用	全国产品回收利用基础与管理标准化技术委员会（SAC/TC 415）	中国标准化研究院
2	钢铁	全国钢标准化技术委员会冶金固废资源分技术委员会（SAC/TC 183/SC 18）	冶金工业信息标准研究院
3	矿产	全国国土资源标准化技术委员会矿产资源节约集约利用分技术委员会（SAC/TC 93/SC 9）	中国地质科学院郑州矿产综合利用研究所
4	矿产	全国钒钛磁铁矿综合利用标准化技术委员会（SAC/TC 579）	攀西钒钛检验检测院

目前，我国现行的工业固废资源综合利用相关国家标准有 100 余项，主要涉及钢渣、煤矸石、石膏等用于建材的工业固废利用相关技术要求及检测方法等。例如，GB/T 20491—2017《用于水泥和混凝土中的钢渣粉》主要是钢渣在水泥和混凝土中的应用，规定了钢渣粉的技术要求和试验方法等要求；GB/T 9776—2008《建筑石膏》主要是石膏用于建材生产的技术要求。

对于工业固废利用技术和产品评价方面的标准较少，虽然有些固废利用产品的质量安全评价方法标准早已发布，但没有得到有效的应用。例如，GB/T 32328—2015《工业固体废物综合利用产品环境与质量安全评价技术导则》是对工业固废综合利用产品层面的评价方法进行规定。该标准的实施，可提高工业固废综合利用产品的环境表现，提高产品质量安全性，规范和指导大宗工业固废综合利用产品的生产、销售，激励固废综合利用技术创新、产品升级，提高固体废物利用率，促进资源循环利用。目前，工业固废资源综合利用领域的标准未形成标准体系，部分标准标龄过长，标准内容更新不及时，这导致了综合利用技术水平参差不齐，对工业固废资源综合利用相关产业发展影响较大。工业固废涉及的产品领域较广，由于没有专门的技术标准归口单位的统筹，标准体系建设与产业发展不匹配，使得该领域的标准没有可参考的相关行业标准。例如，针对粉煤灰的产品标准或应用标准，我国目前比较欠缺。有关粉煤灰方面的国家标准共有 6 项，主要涉及粉煤灰用于水泥、混凝土、砖、砌块的技术规范等。而行业标准共有 12 项，主要是粉煤灰在建材产品生产中的利用技术要求。

（4）存在问题

存在的主要问题有三个方面：

① "三化"原则的法律表达不完善，对于"无害化"的内涵的规定，仍不够准确。首先，无害化的要求应贯穿固废产生、收集、贮存、运输、资源化利用和最终处置等各个环节。其次，在"资源化"方面，《固废法》中的"资源化"应当指向在保证无害化的前提之下将固体废物直接作为原料进行利用或者对固体废物进行再生利用，当前草案中对此规定不够明确。再次，对达到无害化要求的资源化利用处理等的相关标准，也缺乏明确规定。

② 缺乏部门统筹制度安排，公众责任亟待强化，我国当前固体废物管理体系涉及生态环境、发展改革、住房和城乡建设、工信、商务、供销社、农业农村、海关、公安等十多个职能部门，且不同种类的固体废物由不同部门主管，而同一种固废在不同处理处置环节，其主管部门往往也有不同，这增加了固废污染防治工作的复杂性和监管难度。我国固废污染防治实行统管与分管相结合的体制架构，生态环境主管部门是统管部门，其他各部门在其职责范围内分管相关工作。但具体责任分工存在模糊地带，缺乏部门间的统筹协调和相互配合，容易产生推诿或监管缺位、失位或错位现象，致使治理效率大大降低。

③ 缺乏区域统筹，跨区域转移监管的法律机制不健全。由于固废环境管理需贯穿其从产生、收集、运输、贮存到处理、综合利用再到最终处置的全过程，其污染形式可能跨越水体、大气和土壤等多种介质，且往往跨越多个行政区域，涉及生产者、运输者、处置者等多个主体，增加了管理的复杂性和难度。

为了解决固体废物管理中统筹能力不足、部门间缺乏协调的问题，较为可行的做法是通过法律条文强化政府对固废的统管职责，加强部门间统筹协调；建立以政府为主要领导的固废污染防治整体统筹协调机制，由各级人民政府统一管理和协调固废污染防治与资源化利用等工作，强化顶层设计，制定综合、可操作、路线清晰的固废管理整体实施方案，并合理分配和协调各分管部门的职责和工作。

一方面，鼓励各省、自治区、直辖市在强化各自辖区内固废自我消纳和处置能力的基础上，通过合作，组织开展区域性、专题性监测与调查等行动，制定落实区域规划等方式统筹不同区域之间的处理处置设施建设，加强区域设施共建共享，促进区域污染防治和综合处理能力的提升。另一方面，为保障公平竞争和合作共赢，应确立相应的制度安排和政策措施。通过建立合理的处理定价机制，或运用排污权交易、生态补偿等经济手段，探索固废跨界转移的配套制度措施；通过矿山固废无害化、安全化回填的规定，降低矿山采空、固废堆存及生态环境损害所带来的区域性风险。

【思考与练习 1.3】

1. 固体废物的管理体系涉及下列哪些方面？（ ）

A. 管理机构　　　B. 管理制度　　　C. 标准体系

2. 固体废物的管理标准有哪几类？（ ）

A. 分类标准　　　B. 控制标准　　　C. 监测分析标准　　　D. 综合利用标准

本章小结

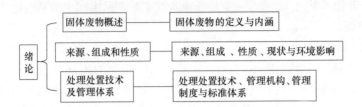

固体废物是一类特殊的废弃物,它占有固定的体积,占据一定的空间,包括具有一定外部形态包装的气体与液体。其中来自环保工程的固体废物往往汇集了大气或水体污染物的终态物质,具有较大的危害性。

固体废物主要来自生产与消费两大过程,也可以按照工业、农业、城市垃圾、危险废物进行分类。产生量受到人口的数量、消费水平、能源结构的影响。物理、化学及生物学性质存在较大的差异。工业生产和人类社会活动导致固体废物量急剧增加,给自然环境带来了严重影响。固体废物管理与大气、水、土壤污染防治密切相关,当固体废物数量突破一定的阈值时,会影响城市地下水水质,降低当地空气质量,对城市生态环境造成多样化的污染。加大城市固体废物的管理力度,是整体推进生态环境保护工作不可或缺的重要一环。

包含生产、收集、贮存、运输、利用、处置全过程的固体废物处理处置技术是实现固体废物资源化的方法。固体废物的管理涉及生产者、消费者、回收者、利用者、处置者等各方利益,需要政府、企业、公众协同共治。统筹推进固体废物"减量化、资源化、无害化",既是改善生态环境质量的客观要求,又是深化生态环境工作的重要内容,更是建设生态文明的现实需要。在依靠法律规范运行的同时,需要完善的标准体系对处理处置过程进行约束。

 复习思考题

1. 何谓"固体废物""危险废物""处理""处置""无害化""减量化""资源化"?
2. 固体废物按来源的不同可分为哪几类?各举2~3个主要固体废物说明。
3. 工业固体废物按来源的不同可分为哪几类?
4. 城市垃圾按垃圾产生或收集来源可分为哪几类?
5. 城市垃圾的组成主要受哪些因素影响?
6. 危险废物的性质有哪些?
7. 固体废物对环境有何危害?
8. 简述固体废物管理现状及其内容。
9. 何谓"三化"原则和"全过程"管理原则?
10. 简述我国固体废物管理制度和管理标准。

2

固体废物的收集与运输

 导读导学

城市生活垃圾收集模式有哪些？
影响城市生活垃圾运输效率的因素有哪些？
转运站的设立要求是什么？
危险废物的运输注意事项有哪些？

知识目标：掌握城市生活垃圾收集运输的方式，了解危险废物的运输要求。
能力目标：能进行移动容器和固定容器系统收集时间的计算。
职业素养：增强环境保护意识，建立节约型社会。

固体废物的收集分为一般废物收集和危险废物收集两类。其中一般废物的收集又以居民生活垃圾的收集与运输较为典型。固体废物收集与清运是固体废物处理流程中的第一步，耗资大，操作过程复杂。

居民生活产生的生活垃圾，由于产生源分散、总产生量大、成分冗杂，收集工作十分复杂、困难。生活垃圾收运通常包括三个阶段：第一阶段是从垃圾发生源到垃圾桶的过程，即搬运与贮存；第二阶段是垃圾的清运，通常指垃圾的近距离运输，清运车辆沿一定路线收集清除贮存设施中的垃圾，并运至垃圾转运站，有时也可就近直接送至垃圾处理处置场；第三阶段为转运，特指垃圾的远距离运输，即在转运站将垃圾转载至大容量运输工具，并运往远处的处理处置场。据统计，垃圾的收运费用占整个垃圾处理系统费用的 60%～80%，因此必须科学地制定合理的收运计划并提高收运效率。

当前，我国的城市垃圾收运系统通常分为收集、中转和运输 3 个部分，首先通过垃圾收集车对不同产生源的生活垃圾进行收集，然后运到垃圾中转站，最后集中转运至最终垃圾处理处置场所。

① 垃圾收集系统。包括从不同产生源收集垃圾和将收集的垃圾送至垃圾转运站。该系统的全部运行管理可由专业环境技术服务公司承接；或者将前一项工作交由街道居委会或小区物业公司负责（便于与服务对象沟通），后一项工作涉及专用设备、容器及人力、物力的统一调度，应由专业环境技术服务公司承接。

② 垃圾处理系统。由专项垃圾处理设施统一消纳、处置，如分选回收、焚烧发电、高温堆肥、卫生填埋等，以达到减量化、资源化、无害化的目的。专项垃圾处理设施应由专业环境技术服务公司营运。

③ 中转运输系统。在特定条件下，垃圾收集与垃圾处理两个环节可以直接衔接配套。但是随着运输距离、运输量的增加，运输工具的改进，更多的时候则利用转运技术及转运设施来提高系统工作效能和效率。

从系统管理理论的角度看，转运系统是城镇垃圾处理系统中的一环——一个具有特定功能的子系统；从边界控制理论的角度看，转运设施对于城镇垃圾处理系统中的相关系统（环节）来说是一个关键的控制边界——一个由建筑物、构筑物及配套机械设备组成、具有特定工艺技术参数的实体。因此，如何科学地规划、设计垃圾转运系统及设施，并合理配置机械设备是城镇垃圾处理过程中的一个重环节。

制约城市生活垃圾收运效率的因素分为收运条件和收运方式。收运条件包括处置设施位置、垃圾收集密度、环境影响和交通影响等客观因素；收运方式主要为垃圾收集方式、路线选择、垃圾运输收集车辆型号等主观因素。在收运条件固定的情况下，本着节约费用、优化管理的要求，对收运方式进行改进优化是提高城市生活垃圾收运效率的重要途径。

2.1 生活垃圾的收集

近年来，随着经济的快速发展、城市人口的迅猛增加以及人们生活水平的不断提高，城市生活垃圾成为日渐突出的问题。其中垃圾收运的及时性与有效性对后续的处理与处置有着极为重要的影响。生活垃圾的收集与清运包括：①垃圾发生源到垃圾桶的过程；②垃圾的清除，我国统一由环卫工人将垃圾箱内垃圾装入垃圾车内；③垃圾车按收集路线将垃圾桶中垃圾进行收集；④垃圾车装满后运输至垃圾堆场或转运站，一般由垃圾车完成；⑤垃圾由转运站送至处理场所或填埋场等。从研究的角度一般分为三个阶段，第一阶段是运贮（搬运与贮存）。是指由垃圾产生者（住户或单位）或环卫系统从垃圾产生源头将垃圾送至贮存容器或集装点的运输过程。第二阶段是清运（收集与清除）。通常指垃圾的近距离运输。一般指用清运车辆沿一定路线收集、清除容器或其他贮存设施中的垃圾，并运至垃圾中转站的操作，有时也可就近直接送至垃圾处理场或处置场。第三阶段为转运。特指垃圾的远途运输，即在中转站将垃圾转载至大容量运输工具上，运往远处的处理处置场。

《固废法》明确国家推行生活垃圾分类制度，确立"政府推动、全民参与、城乡统筹、因地制宜、简便易行"的生活垃圾分类原则。生活垃圾的收集与清运应在满足环境卫生要求的同时有利于降低后续处理的难度。节省时间与人力成本，提高收运效率。

2.1.1 生活垃圾的特点

① 产生源分散，产生量大。生活垃圾主要产生于家庭，所以产生源遍布于所有居住区域。近 20 年来，我国的城市化进程逐年加快，城市生活垃圾的产生量逐步增加。

② 成分复杂，性质不稳定。由于居民生活的多样性，其产生的生活垃圾种类繁多，造成生活垃圾成分的复杂。特别是随着科学技术的不断发展，新材料、新产品层出不穷，生活垃圾的成分越来越复杂。

③ 生活垃圾的产生量、成分与性质与多种因素有关。例如居民生活水平、生活习惯以及气候、地理位置等。

④ 城市生活垃圾具有潜在的经济价值。城市生活垃圾中很多成分是可以回收循环再利用的有用资源，如废纸、废电池、废塑料等，因而表现出很大的经济价值。

垃圾收运系统涵盖了从生活垃圾产生后投放、收集、短程运输、中转、回收处理、运输直至最终处理场的全流程。生活垃圾收运按时间划分为收集，中转和运输三大部分。城市生活垃圾从投放开始，经收集到被运至中转站或处理场的过程，是垃圾的收集过程。收集过程主要在居民区、商业区等城区范围内完成，直接影响着城市的环境。

2.1.2　生活垃圾的收集模式

按照生活垃圾的来源、收集模式和生活垃圾物料的混合模式分别对生活垃圾的收集进行阐述。

(1) 按照生活垃圾的来源分类

① 城市保洁垃圾的收集。城市有大量的街道小巷和公共场所，由于自然和人为的原因，产生大量的垃圾需要进行室外清扫保洁。城市保洁垃圾主要是枯枝树叶和餐巾纸、果皮、烟头、包装盒、塑料瓶（袋）和食物残渣等，主要依靠人力进行清扫保洁，就是人们常见的环卫工人清扫马路，大的马路和街道可以使用扫路车等机械设备。为保持城市街面整洁，许多城市投入大量人力物力进行保洁，保洁垃圾是城市生活垃圾的一个重要的组成部分。

② 市民家庭垃圾的收集。城市居民家庭的生活垃圾也是城市生活垃圾的一个重要组成部分，随着城市居民生活水平的提高，其垃圾成分往往比城市保洁垃圾更加复杂，包括厨余垃圾、电池等有害垃圾以及大件的旧家具等。市民家庭垃圾的收集主要是环卫工人上门收集，或者规定居民扔到指定的垃圾投放点。

③ 企事业单位和店铺、市场等垃圾的收集。城市里有大量的企事业单位、商业店铺、学校、工厂、市场等，相比较而言，单个集体产生的垃圾可能会比较单一，例如常见的菜市场，但整个集体产生的垃圾却是更加复杂多样。这些集体单位产生的垃圾量巨大，其收集方式主要是运送到指定的收集地点，大的单位也可自行收集后运输到城外的垃圾处理场，例如规模庞大的大学。

(2) 按照生活垃圾的收集模式分类

① 固定点（站）收集。固定点（站）收集是指将一个区域内分散的垃圾集中到一处，进行装箱的收集方式。一般固定点（站）收集需要建造收集站房，站房内设置有垃圾收集箱体和压缩装箱设备等。在使用固定点（站）收集时，一般需要使用小型运输工具（如人力小车、电动收集车等），将垃圾源头的垃圾转至收集点（站）内。

固定点（站）收集的优点有：一般固定站点均设有建筑，垃圾装料作业均在建筑内进行，可以减少噪声、扬尘等对周围环境的影响。且固定点（站）内设置污水收集系统，所以作业过程对二次污染有足够的控制。另外在固定点（站）对垃圾进行收集处理时，使用的是电力能源，不会产生如流动收集车作业时的排放尾气。还有一些固定点（站）还设有垃圾分拣设备，可将垃圾中可回收物进行回收利用。

图 2-1 为一种卧式压缩机示意图，垃圾通过垃圾翻斗卸入压缩机腔体内，经压缩装置装入垃圾集装箱内。

② 流动收集。流动收集是指收集车辆行驶到各个接收点，对接收后的垃圾进行装车收集的方式。流动收集一般根据接收点垃圾的接收方式配备相应的收集车辆，如采用垃圾桶接

收时配备后装或侧装垃圾车，采用垃圾袋接收时一般配备后装垃圾车。

流动收集的优点是无须设置建筑，也无须将接收点的垃圾运出来。但流动收集由于在室外对垃圾装载作业，会产生二次污染和噪声。流动收集车须进入接收点才能进行收集，故接收点最好设置于道路边，或收集车容易到达的地点。

③ 气力管道收集。气力管道收集是利用气体力学原理通过埋设的管道收集垃圾。由于管道深置于地下，垃圾收集过程中的气味和污水都被密封在管道内，既不会污染环境，也不会影响景观，收集全程空间化，方便投放，有利环境。但是气力管道收集设备的建设投资成本很高，运行费用也较其他收集方式高，因此目前使用较少。图 2-2 为垃圾气力管道收集系统的示意图。

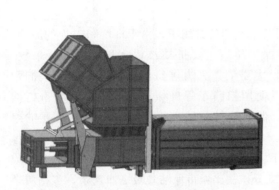

图 2-1　卧式压缩机示意图

图 2-2　垃圾气力管道收集系统示意图

(3) 按照生活垃圾的混合模式分类

① 混合收集。混合收集是指收集未经任何处理的原生固体废物并混杂在一起的收集方式，应用广泛，历史悠久。它的优点是比较简单易行，运行费用低。但这种收集方式将全部生活垃圾混合在一起收集运输，增大了生活垃圾资源化、无害化的难度。首先，垃圾混合收集容易混入危险废物如废电池、日光灯管和废油等，不利于对危险废物的特殊环境管理，并增大了垃圾无害化处理的难度。其次，混合收集造成极大的资源浪费和能源浪费，各种废物相互混杂、黏结，降低了废物中有用物质的纯度和再利用价值，降低了可用于生化处理和焚烧的有机物资源化和能源化价值，混合收集后再利用（分选）又浪费人力、财力、物力。因此，混合收集被分类收集所取代是收运方式发展的趋势。

② 分类收集。分类收集是生活垃圾收集方式的重要内容之一，其定义为根据垃圾的不同成分及处理方式，在源头对生活垃圾进行分类收集。这种方式可以提高回收物资的纯度和数量，减少需要处理的垃圾量，有利于生活垃圾的资源化和减量化，可以减少垃圾运输车辆、优化运输线路，从而提高生活垃圾的收运效率，并有效降低管理成本及处理费用。混合收集和分类收集优缺点比较见表 2-1。

表 2-1　混合收集和分类收集优缺点比较

收集方式	优点	缺点
混合收集	简单易行、收集费用低、应用广泛	各种废物混杂、黏结，降低了废物中有用物质的纯度和再生利用价值，增加了处理难度，而且可能生成危险废物。释放出有害气体，造成新的污染

收集方式	优点	缺点
分类收集	提高回收物料的纯度和数量,减少后续处理的垃圾量,有利于废物的进一步处理和利用	收集成本较高,操作复杂

APP、微信软件、管理端的软件建设开发工作为生活垃圾的分类提供了有效帮助(图 2-3)。实现了垃圾桶监测、分类回收对应积分、会员管理、积分系统、积分兑换、积分签到、积分互转等功能。

图 2-3　APP、微信软件、管理端垃圾分类回收软件

推行分类收集,是一个相当复杂艰难的工作,要在具有一定经济实力的前提下,依靠有效的宣传教育、立法以及提供必要的垃圾分类收集的条件,积极鼓励城市居民主动将垃圾分类存放,仔细地组织分类收集工作,才能使垃圾分类收集的推广坚持发展下去。要在全国范围内开展垃圾分类收集,需要因地制宜,增强政策扶持和升级配套措施,完善垃圾处理系统,加大教育宣传,提高市民的垃圾分类收集意识和积极性等。

2.1.3　新型分类收集设施与装置

图 2-4　生活垃圾分类收集投放点

为了实现垃圾的减量化、资源化、无害化,生活垃圾的分类收集是关键。

伴随垃圾分类工作的开展,垃圾分类收集装置也接连涌现。有效地解决了垃圾源头分类困难的问题。

如图 2-4 所示,新型生活垃圾分类收集投放点,具有硬底、遮雨、公示、照明、洗手、擦手的特色。

如图 2-5 所示,智能回收箱,分类收集可回收物。一般具备自动称重、开盖检测、满仓检测和信息自动上报等基础功能。

图 2-5　智能回收箱

如图 2-6 所示，回收服务站，上门回收、称重、扫码等，回收站用于宣传，积分兑换。

图 2-6　回收服务站

如图 2-7 所示，地埋式生活垃圾收集设施，其主要优势有：将垃圾收集转运场所由地上移至地下，集约用地，释放城市空间；就地压缩垃圾，提升单次可存储的垃圾量；将垃圾以及环卫设备隐藏于地下，周围居民看不见垃圾；环卫作业过程中施以自动除臭手段，防止臭味逸散；垃圾存储于密闭的地下空间，减少居民接触机会和病毒的空气传播概率；密闭空间中喷淋消毒喷雾，更有效消杀病菌，杜绝卫生隐患。

图 2-7　地埋式生活垃圾收集设施

2.1.4　国外生活垃圾收集模式

目前，除部分较发达国家采用分类方式回收城市生活垃圾外，大多数国家均采用混合收集方式进行垃圾收运。发达国家的垃圾分类回收模式已经达到较高水平，其具体形式大致可以分为：限定具体日期或星期来分类收集不同种类的垃圾；在适宜地点设置分类回收箱；采用分类收集袋来分装收集不同类型的垃圾。以下选取德国、法国、美国和日本的垃圾收运模式做具体阐述。

(1) 德国

基于生活垃圾的分类与环保政策、循环经济政策的大力支持，德国成为生活垃圾分类收集工作进展最好的国家之一。德国重视源头的控制和分类管理，垃圾分类非常细，不是简单地分为生活垃圾、工业垃圾、医疗垃圾、建筑垃圾、危险废物，而是分为纸、玻璃（分为棕色、绿色、白色）、有机垃圾（残余果蔬、花园垃圾等）、废旧电池、废旧油、塑料包装材料、建筑垃圾、大件垃圾（大件家具等）、废旧电器、危险废物等。

在德国，垃圾收集体系分为收和送。在居民家中，一般均设有有机垃圾收集桶和剩余垃圾收集桶，一桶剩余垃圾的收集处理费用要明显高于一桶有机垃圾的收集处理费用；各户居民可根据自己产生的垃圾量，确定所需垃圾桶的大小，桶大小不同交费价钱也不同，城市环卫部门会定期上门收取和清空垃圾桶。同时，在各居民小区设有纸、玻璃（棕色、绿色、白色）和塑料等废旧包装材料（标有绿点标志）的收集桶，各住户可把废旧纸、玻璃瓶等送至小区的该类垃圾收集桶中。对大件垃圾（大件家具等）、废旧电器、危险废物等有专门的回收点。居民可将大件垃圾（大件家具等）、废旧电器、危险废物免费送至回收点，但对一些特殊的物质，如废旧轮胎，居民就必须付费。所有的企业或公司都要对自己产生的垃圾付费。

1991 年 6 月，德国政府颁布了世界上第一个由生产者负责包装废物的法规——《废物分类包装条例》，明确指出包装的生产者和销售者必须对他们引入到流通领域的废旧包装物承担回收和再生利用的义务。为了落实《废物分类包装条例》，德国成立了由众多民营企业合办、具有中介性质的德国回收利用系统股份公司（DSD 公司），组织相关企业对有绿点标志的商品包装等垃圾实施"绿点制"回收处理利用。包装垃圾循环流程见图 2-8。DSD 公司属于非营利性公司，经营活动所需资金均来源于向企业颁发"绿点"商标许可证而收取的绿点使用费。充分运用市场经济手段是德国"绿点"回收的重要特征。

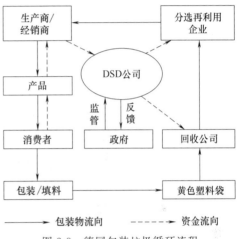

图 2-8　德国包装垃圾循环流程

（2）法国

法国从 20 世纪 80 年代中期开始对垃圾分类收集的可行性进行了全面深入的研究，并开始对有毒有害垃圾和粗大垃圾进行分类收集。进入 90 年代以来，法国各城市在不同程度上实行了垃圾的分类收集，许多城市在不同地点和场所，设置了不同类型的有用物质和有毒垃圾分类收集容器，以满足城市垃圾分类收集和运输的需要。

在法国，对垃圾实行较为严格的分类收集的城市一般对垃圾收集容器和收运设备设施均重新进行了改造配置。为了满足垃圾分类收集的需要，这些城市通常会配置各种类型的垃圾收集容器，并建造住宅小区垃圾分类收集站。在这种垃圾收集站内，设置有废玻璃瓶收集箱、易拉罐收集箱、废塑料收集箱、废纸和废纸板收集箱，以及回收废机油的回收油罐和回收废电池、废荧光灯管等有毒有害物质的收集槽。

（3）美国

美国各城市主要采用分类收集方式收集生活垃圾，各地普遍配备了各种分类收集垃圾箱和密闭式垃圾车，以保证实现分类收运。通常由专门从事废弃物收集处理的公司进行运作。目前，针对可回收垃圾，美国的具体收集模式有垃圾分流、源头分类、混合收集。垃圾分流是美国近几年兴起的垃圾收运处理方式，它将食品垃圾、庭院垃圾和餐厨垃圾等按类别作为分流目标，使之在源头实现分流，直接进入适用的处理程序。这种方式既促进了不同成分废物的分类处理，也促进了废物资源的循环再生。如，针对居民家庭中的厨余垃圾和庭院垃圾，宾夕法尼亚州马卡尔市政府通过举办绿色使命活动，为居民配备了标准的 240L 带轮绿色垃圾箱，从而达到垃圾分流的目的。源头分类是美国各州推进的垃圾分类措施，它不仅能够实现垃圾的源头控制和源头减量，也能够有效提升各类生活垃圾成分的纯度，促进各类有用物质的再生循环利用。如，费城的居民按照分类要求将报纸、饮料罐等可回收物分别放到带有户主姓名和地址标码的容器内，然后由垃圾收集车将这些容器一并运到加工厂统一分拣。政府每月按每户居民回收垃圾的数量发放代金券。居民在指定的银行设立代金券账户，每月结算一次。代金券可在指定杂货店、餐馆、娱乐场所等使用。美国森林纸张协会 2004 年的一次调查表明，混合收集可回收利用垃圾的方式，对纸张的回收利用费用增加了，因为纸张里混有其他材料，使得加工处理变得复杂，分拣费用相应增加，但收集运输费用却减少了。采用混合收集方式的最大好处是方便了居民，受到多数家庭的欢迎。

(4) 日本

日本相对资源匮乏，促使其更加重视垃圾分类回收，从而实现资源化和减少因填埋而造成的土地浪费。20 世纪 80 年代，日本开始实施控制垃圾增长的战略，并把垃圾治理由末端处理移至前端控制，措施之一就是实施垃圾分类收集。一般将垃圾分为可燃、不可燃及资源性（金属、纸类、玻璃、织物等）三大类。同时，部分城市也有细分至十几小类的，塑料大类甚至细分至九小类之多。图 2-9 为日本街头的分类垃圾箱。目前，日本的名古屋、北海道和横滨等城市都根据自己的城市特点与人口特征制订了针对性较强的垃圾收集系统。

图 2-9　日本街头的分类垃圾箱

日本资源垃圾分类收集系统大体可分三大块：家庭分类回收系统、集团回收系统和生产商、流通领域回收再利用系统。垃圾在家庭分好类，由当地政府负责收集，或由集团、销售商店进行回收，最后送到分选设施进行加工，再送到各再生处理设施进行再生利用。这种状况与该国以焚烧处理垃圾的方式有关，也与资源垃圾再利用的水平有关，前端分类工作做得越细后端的资源化利用工作就越容易进行，可以减少机械分选难度。为了易于处理利用，日本在一些城市的垃圾资源循环中心设置了瓶罐分选机、磁选机、玻璃破碎机等设备。总之，在日本，系统化的理论已在垃圾治理过程中得到了充分应用与体现。由于垃圾分类等一系列措施，日本的垃圾总量从 1988 年之后基本持平，没有大幅度的增长，而东京等城市的垃圾量甚至有所下降。

垃圾管道收集系统是当今世界上一种较先进的垃圾收集方式，在世界多个国家的城市中得到了一定应用。垃圾管道收集技术在亚洲的应用主要集中在日本和新加坡，我国的香港地区也有应用，该技术工艺流程图见图 2-10。日本目前主要采用三菱公司的管道收集系统，将焚烧厂周边地区的垃圾直接输送到焚烧厂，例如东京湾和横滨。

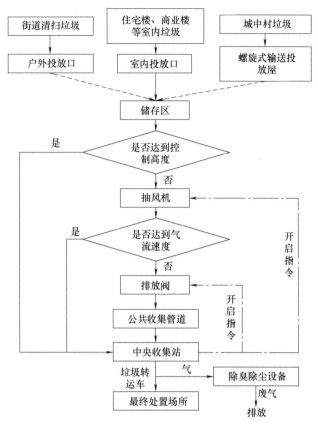

图 2-10　垃圾管道收集系统工艺流程图

【思考与练习2.1】

1. 生活垃圾的收集与清运包括下列哪几个环节？（　　）

A. 垃圾发生源到垃圾桶的过程　　　　B. 垃圾箱内垃圾装入垃圾车内

C. 将垃圾桶中垃圾进行收集　　　　　D. 垃圾车运输至垃圾堆场或转运站

E. 转运站送至处理场所或填埋场

2. 生活垃圾有哪些特点？（　　）

A. 具有潜在的经济价值　　　　　　　B. 成分复杂，性质不稳定

C. 产生量、成分与性质与多种因素有关　D. 产生源分散，产生量大

3. 对生活垃圾进行源头分类收集的好处是什么？（　　）

A. 提高回收物资的纯度和数量，减少需要处理的垃圾量

B. 减少垃圾运输车辆

C. 提高生活垃圾的收运效率　　　　　D. 有效降低管理成本及处理费用

2.2　生活垃圾的运输

生活垃圾的运输是指采用车辆将收集的生活垃圾运输至中转站或垃圾处理区。

　　垃圾清运阶段的操作，包括垃圾集中、集装，运车数量、装卸量、清运次数、时间、劳动定员、清运路线、终点卸料、车辆往返方式确定等全过程。生活垃圾清运效率和经济性主要取决于：①清运操作方式；②收集清运车辆数量、装载量及机械化装卸程度；③清运次数、时间及劳动定员；④清运路线。

　　收集系统分析是针对不同收集系统和收集方法，研究完成收集所需要的车辆、劳力和时间。分析的方法是将收集活动分解成几个单元进行操作，根据过去的经验与数据，并估计与收集活动有关的可变因素，研究每个单元操作完成的时间。

　　收集操作过程分为四个基本用时：集装时间、运输时间、卸车时间和非收集时间（其他用时）。

2.2.1　清运系统分类

　　清运操作系统分移动式系统（拖曳容器系统）和固定式系统（固定容器系统）两种（图2-11）。移动式系统（拖曳容器系统）指从收集点将装满垃圾的容器（垃圾桶）用牵引车拖曳到处置场（或转运站加工场）倒空后再送回原收集点，车子再开到第二个垃圾桶放置点，如此重复直至一天工作结束。

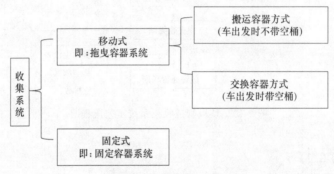

图 2-11　收集系统分类

　　移动式（拖曳容器系统）又分为搬运容器方式（见图2-12）和交换容器方式（见图2-13）两种。搬运容器方式在收集车出发时不带空垃圾桶，到达垃圾收集点后将装满垃圾的桶装载，并运送到垃圾处理场（转运站）倒空后，返回垃圾收集点；交换容器方式在收集车出发时携带空垃圾桶，到达第一个垃圾收集点时放下空垃圾桶，装载已装满垃圾的桶。因此交换容器方式节省了车辆运输的路程，但需要多准备一套垃圾桶（或容器）。

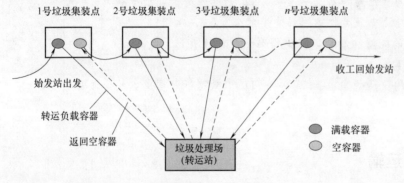

图 2-12　移动容器清运（搬运容器方式）

2-1　拖曳容器系统（简便方式）

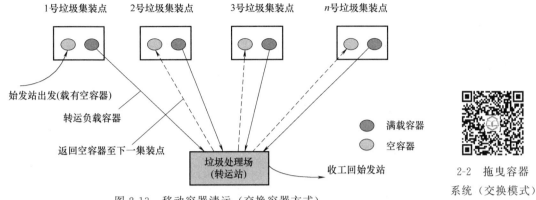

图 2-13　移动容器清运（交换容器方式）

2-2　拖曳容器
系统（交换模式）

固定式（固定容器系统）是指用垃圾车到各容器集装点装载垃圾，容器倒空后固定在原地不动，车装满后运往转运站或处理处置场（图 2-14）。即垃圾桶固定放在收集点，垃圾车从调度站出来将垃圾桶中垃圾装载到车上，空垃圾桶放回原处，车子开到第二个收集点重复操作，直至垃圾车装满或工作日结束，将车子开到处置场倒空垃圾后开回调度站。

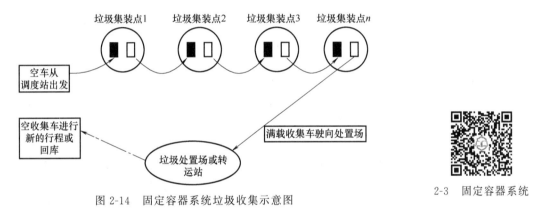

图 2-14　固定容器系统垃圾收集示意图

2-3　固定容器系统

2.2.2　移动容器系统收集时间计算

收集操作过程用时为集装时间、运输时间、卸车时间和非收集时间四者之和。

（1）集装时间

集装花费的时间，与收集类型有关。在移动式系统（拖曳容器系统）中，集装花费的时间（P_{hcs}）包括三个部分：

$$P_{hcs} = t_{pc} + t_{uc} + t_{dbc} \tag{2-1}$$

式中　P_{hcs}——每次行程集装时间，h/次；

t_{dbc}——牵引车从放置点到下一个放置点所需要时间，h/次；

t_{pc}——提起装满垃圾的垃圾桶所需时间，h/次；

t_{uc}——放下空垃圾桶所需时间，h/次。

在拖曳系统交换模式中，集装花费的时间包括提起装满垃圾的垃圾桶的时间和在另一个放置点放下空垃圾桶的时间。

在固定容器系统中：集装时间是从收集线路上将所有垃圾桶中的垃圾倒空到垃圾车上所

花费的时间。

（2）运输时间

当装车和卸车时间相对恒定时，运输时间取决于运输距离和速度。对不同收集车的大量运输数据分析表明，运输时间可以用下面公式表示。

$$t = a + bx \qquad (2\text{-}2)$$

式中 t——每个双程运输所需要时间，h/次；

a——经验常数，h/次；

b——经验常数，h/km；

x——每个双程运输距离，km/次。

也即运输时间（t）为收集车从集装点行驶至终点所需时间，加上离开终点驶回原处或下一个集装点的时间，不包括停在终点的时间。经验常数参照表 2-2。

表 2-2 垃圾清运车辆速度常数值

速度极限 /(km/h)	a /(h/次)	b /(h/km)	速度极限 /(km/h)	a /(h/次)	b /(h/km)
88	0.016	0.0112	40	0.050	0.025
72	0.022	0.014	24	0.060	0.042
56	0.034	0.018			

（3）卸车时间

专指垃圾收集车在终点（转运站或处理处置场）逗留时间，包括卸车及等待卸车时间。每一行程卸车时间用符号 S（h/次）表示。

（4）非收集时间

非收集时间是指在收集操作全过程中非生产性活动所花费的时间。常用符号 W（%）表示非收集时间点总时间的百分数。它包括必需的和非必需的两方面的活动。

必需的非收集时间是指：①每日早晨的报到、登记、分配工作等花费的时间；每日结束的检查工作和统计应扣除的工时等所用的时间。②每日早晨从调度站开车去第一个放置点和每日结束从处置场开车回调度站所需的时间。③由于交通拥挤不可避免的时间损失。④花费在设备修理和维护上的时间。非必需的活动时间包括午餐所花的时间和未经许可的工间休息等。

因此，一次收集清运操作行程所需时间可用式（2-3）表示：

$$T_{\text{hcs}} = \frac{P_{\text{hcs}} + S + t}{1 - W} \qquad (2\text{-}3)$$

式中 T_{hcs}——一次收集清运时间，h；

P_{hcs}——每次行程集装时间，h/次；

t——运输时间，h/次；

S——卸车及等待卸车时间，h；

W——非生产性时间因子，取 0.15。

也可用式（2-4）表示：

$$T_{\text{hcs}} = \frac{P_{\text{hcs}} + S + a + bx}{1 - W} \qquad (2\text{-}4)$$

2.2.3　固定容器系统收集时间的计算

固定容器系统收集的每次行程中，装车时间是关键因子。由于装车有机械操作和人工操作之分，故计算方法也有所不同。

（1）机械装车

一般使用压缩机进行自动装卸，每一行程所需要时间为：

$$T_{scs} = \frac{P_{scs} + S + a + bx}{1 - W} \qquad (2-5)$$

式中　T_{scs}——固定容器收集法每一行程所需要时间，h/次；

　　　P_{scs}——每次行程集装时间，h/次。

其余符号同前。此处，集装时间为：

$$P_{scs} = c_t t_{uc} + t_{dbc} \times (N_p - 1) \qquad (2-6)$$

式中　c_t——每次行程倒空的容器数，个/次；

　　　t_{uc}——卸空一个容器的平均时间，h/个；

　　　N_p——每一行程经历的集装点数；

　　　t_{dbc}——每一行程各集装点之间平均行驶时间。

如果集装点平均行驶时间未知，可以利用式（2-2）预估。以集装点间距离代替往返运输距离 x（km/次）。

每一行程能倒空的容器数 c_t 与收集车容积、压缩比及容器体积有关。

$$c_t = \frac{Vr}{V_m f} \qquad (2-7)$$

式中　V——收集车容积，m^3；

　　　r——垃圾压缩比；

　　　V_m——垃圾容器体积，m^3；

　　　f——垃圾容器的平均填充系数。

每周需要的行程次数 N_w 为：

$$N_w = \frac{V_w}{Vr} \qquad (2-8)$$

每周需要的收集时间 D_w 为：

$$D_w = \frac{N_w P_{scs} + t_w (S + a + bx)}{H(1 - W)} \qquad (2-9)$$

式中，D_w 为每周收集时间，d/周；t_w 为 N_w 值进到大整数值；其余符号同前。

（2）人工装车

使用人工装车的工作方式，其原理同前，但计算公式有所变化。如果每天进行的收集行程数为已知或保持不变，在这种情况下每次行程集装时间为：

$$P_{scs} = \frac{H(1 - W)}{N_d} - (S + a + bx) \qquad (2-10)$$

每一行程能够收集垃圾的集装点数目 N_p 可以由下面公式估算：

$$N_p = \frac{60 P_{scs} n}{t_p} \qquad (2-11)$$

式中，n 为收集工人数，人；t_p 为每个集装点需要的集装时间，min/点；其余符号同前。t_p 可由下式求得：

$$t_p = 0.72 + 0.18c_p + 0.014P_{rh} \qquad (2\text{-}12)$$

式中 c_p——每一垃圾集装点的垃圾容器数；

       P_{rh}——服务到居民家的收集点占全部垃圾集装点的百分数，%。

每次行程的集装点数确定后，即可用下式估算收集车的容积（m^3）：

$$V = \frac{V_p N_p}{r} \qquad (2\text{-}13)$$

式中，V_p 为第一集装点收集的垃圾平均量，m^3/点；其余符号同前。

每周的行程数，即收集次数 N_p 为：

$$N_w = \frac{N_t F}{N_p} \qquad (2\text{-}14)$$

式中，N_w 为集装点总数，点；F 为每周容器收集频率，次/周；其余符号同前。

2.2.4 清运车辆

不同地域各城市可根据当地的经济、交通、垃圾组成特点、垃圾收运系统的构成等实际情况，开发使用与其相适应的垃圾收集运输车。国外垃圾收集清运车类型很多，许多国家和地区都有自己的收集车分类方法和型号规格。尽管各类收集车构造形式有所不同（主要是装车装置），但它们的工作原理有共同点，即规定一律配置专用设备，以实现不同情况下城市垃圾装卸车的机械化和自动化。一般应根据整个收集区内不同建筑密度、交通便利程度和经济实力选择最佳车辆规格。按装车形式大致可分为前装式、侧装式、后装式、顶装式、集装箱直接上车等。车身大小按载重分，额定量约 10～30t，装载垃圾有效容积为 6～25m^3（有效载重约 4～15t）。

（1）垃圾运输车

为了清运狭窄街巷内的垃圾，许多城市还有数量甚多的人力手推车、人力三轮车和小型机动车作为清运工具。下面介绍几种国内常使用的垃圾收集运输车。

① 简易自卸式收集运输车（如图 2-15 所示）。这是国内最常用的收集运输车，一般是在解放牌或东风牌货车底盘上加装液压倾卸机构和垃圾车改装而成（载重约 3～5t）。常见的有两种形式。一是罩盖式自卸收集车。为了防止运输途中垃圾飞散，在原敞口的货车上加装防水帆布盖或框架式玻璃钢罩盖，后者可通过液压装置在装入垃圾前启动罩盖，要求密封程度较高。二是密封式自卸车，即车厢为带盖的整体容器，顶部开有数个垃圾投入口。简易自卸式垃圾车一般配以叉车或铲车，便于在车厢上方机械装车，适宜于固定容器收集法作业。

② 活动斗式收集运输车（如图 2-16 所示）。这种收集运输车的车厢作为活动敞开式贮存容器，平时放置在垃圾收集点。因车厢贴地且容量大，适宜贮存装载大件垃圾，故亦称为多功能车，用于移动容器收集法作业。

③ 侧装式密封收集运输车（如图 2-17 所示）。这种车型为车辆内侧装有液压驱动提升机构，提升配套圆形垃圾桶，可将地面上垃圾桶提升至车厢顶部，由倒入口倾翻，空桶复位至地面。倒入口有顶盖，随桶倾倒动作而启闭。国外这类车的机械化程度高，形式很多，一个垃圾桶的卸料周期不超过 10s，保证较高的工作效率。另外提升架悬臂长、旋转角度大，

可以在相当大的作业区内抓取垃圾桶，故车辆不必对准垃圾桶停放。

图 2-15 简易自卸式收集运输车

图 2-16 活动斗式收集运输车

④ 后装式压缩收集运输车（如图 2-18 所示）。这种车是在车厢后部开设投入口，装配有压缩推板装置。通常投入口高度较低，能适应居民中老年人和小孩倒垃圾，同时由于有压缩推板，适应体积大密度小的垃圾收集。这种车与手推车收集垃圾相比，工效提高 6 倍以上，大大减轻了环卫工人劳动强度，缩短了工作时间，另外还减少了二次污染，方便了群众。

图 2-17 侧装式密封收集运输车

图 2-18 后装式压缩收集运输车

⑤ 分类垃圾运输车（如图 2-19 所示）。随着全国垃圾分类工作的开展，生活垃圾收集运输车也根据收集运输生活垃圾的种类不同进行了分类。

图 2-19 分类垃圾运输车

(2) 收集车数量配备

在收集车辆配备时应考虑车辆的种类、满载量、垃圾输送量、输送距离、装卸自动化程度以及人员配备情况等因素。

收集车辆配备数量可按如下公式：

$$简易自卸车数 = \frac{该车收集垃圾日平均产生量}{车额定吨位 \times 日单班收集次数定额 \times 完好率} \tag{2-15}$$

式中，垃圾日平均产生量由下式计算：$W = RCA_1A_2$；式中，W 为垃圾日产生量，t/d；R 为服务范围内居民数，人；C 为实测的垃圾单位产量，t/(人·d)；A_1 为垃圾日产量不均匀系数，取 1.10～1.15；A_2 为居民人口变动系数，取 1.02～1.05。完好率按 85% 计算。

$$多功能车数 = \frac{该车收集垃圾日平均产生量}{车箱额定容量 \times 箱容积利用率 \times 日单班收集次数定额 \times 完好率} \tag{2-16}$$

式中，箱容积利用率按 50%～70%；完好率按 80% 计，其余同前。

$$侧装密封车数 = \frac{该车收集垃圾日平均产生量}{桶额定容量 \times 桶容积利用率 \times 日单班装桶数 \times 日单班收集次数定额 \times 完好率}$$

$$\tag{2-17}$$

式中，日单班装桶数定额按各地方环卫定额计算；完好率按 80% 计；桶容积利用率按 50%～70%；其余同前。

(3) 收集车劳力配备

每辆收集车配备的收集工作人员，一般按照运输车辆的载重量、机械化程度、垃圾容器放置地点与容器类型以及工人的业务能力和素质等情况而定。

一般情况，除司机外，采用人力装车的 3t 简易自卸车配 2 名工作人员，5t 简易自卸车配 3～4 名工作人员；侧装密封车配 2 名工作人员；多功能车配 1 名工作人员。

此外，还应设立一定数量的备用工作人员，当在特定阶段工作量增大、人员生病或设备出现故障时，备用人员可以马上投入工作。另外，当遇到工作量、气候、雨雪、收集路线和其他因素变化时，劳力配备规模可以根据实际需要而发生变动。

2.2.5 运输路线设计

在劳动量和收集车辆确定的前提下，则应对收集线路进行很好的规划，使劳动力和设备能高效地发挥作用。但收集线路的设计没有固定的规则，一般用尝试误差法进行。

线路设计的主要问题是收集车辆如何通过一系列的单行线或双行线街道行驶，以使整个行驶距离最小，或者说空载行程最小。

(1) 垃圾收运路线设计方案

垃圾收运路线的设计一般有四种方案：

第一种方案是每天按固定路线收运。这也是目前采用最多的收集方案。环卫人员每天按照预设固定路线进行收集。该法具有收集时间固定、路线长短可以根据人员和设备进行调整的特点。缺点是人力设备使用效率较低，在人力和设备出现故障时会影响收集工作的正常进行，而且当线路垃圾产生量发生变化时，不能及时调整收集线路。

第二种方案是大路线收运。允许收集人员在一定的时间段内，自己决定何时何地进行哪条路线的收集工作。此法的优缺点与第一种方法相似。

第三种方案是车辆满载法。环卫人员每天收集的垃圾是运输车辆的最大承载量。此方法的优点是可以减少垃圾运输时间，能够比较充分地利用人力和设备，并且适用于所有收集方式。缺点是不能准确预测车辆最大承载量（相当于多少居民住户或企事业单位的垃圾产生量）。

第四种方案是采用固定工作时间的方法。收集人员每天在规定的时间内工作。这样可以比较充分地利用有关的人力和物力，但是由于本方法规律性不明显，一般人员很少了解本地垃圾收集的具体时间。

收集线路的设计需要经过初设计、试运行、修正、确定等步骤才能逐步完成，并且只有经过一段时间的运行实践后，才能最终确定下来。由于各个城市的实际情况各不相同，即使在同一个城市，城市垃圾的分布、种类、数量等也随着时间的推移而不断发生改变。所以，垃圾收运路线也应随着城市的发展不断完善，以满足垃圾收运工作的实际需要和变化。

（2）运输路线设计注意事项

① 收运路线应尽可能紧凑，避免重复或间断；

② 收运线路应能平衡工作量，使每个作业阶段、每条路线的收集和清运时间大致相等；

③ 收运路线应避免在交通拥挤的高峰时间收集、清运垃圾；

④ 收运路线应当首先收集地势较高地区的垃圾；

⑤ 收集路线起始点最好位于停车场或车库附近；

⑥ 收运路线在单行街道收集垃圾，起点应尽量靠近街道入口处，沿环形路线进行垃圾收集工作。

（3）生活垃圾运输线路设计的一般步骤

线路设计大体上分成四步：

第一步，在商业、工业或住宅区的大型地图上标出每个垃圾桶的放置点、垃圾桶的数量和收集频率。如是固定容器系统还应标出每个放置点的垃圾产生量。根据面积的大小和放置点的数目，将地区划分成长方形和方形的小面积，使之与工作所使用的面积相符合。

第二步，根据这个平面图，将每周收集相同频率的收集点的数目和每天需要出空的垃圾桶数目列出一张表。

第三步，从调度站或收集车停车场开始设计每天的收集线路。

设计路线时需考虑的主要因素如下：

① 收集地点和收集频率应与现存的政治和法规一致；

② 收集人员的多少和车辆类型应与现实条件相协调；

③ 线路的开始与结束应邻近主要道路，尽可能地利用地形和自然疆界作为线路的疆界；

④ 在陡峭地区，线路开始应在道路倾斜的顶端，下坡时收集，便于车辆滑行；

⑤ 线路上最后收集的垃圾桶应离处置场的位置最近；

⑥ 交通拥挤地区的垃圾应尽可能地安排在一天的开始收集；

⑦ 垃圾量大的产生地应安排在一天的开始收集；

⑧ 如果可能，收集频率相同而垃圾量小的收集点应在同一天收集或同一个旅程中收集。

利用这些因素，可以制订出效率高的收集线路。

第四步，当各种初步线路设计出后，应对垃圾桶之间的平均距离进行计算。应使每条线路所经过的距离基本相等或相近，如果相差太大应当重新设计。如果不止一辆收集车辆时，应使驾驶员的负荷平衡。

2.2.6　生活垃圾转运站

生活垃圾转运是指利用转运站，将从各分散收集点用小型收集车清运的垃圾，转运到大型运输工具，并将其远距离运输至垃圾处理处置场的过程。生活垃圾转运站是连接垃圾产生源头和末端处置系统的结合点，起到枢纽作用。是否设置转运站，其经济性取决于：①有助于垃圾收运的总费用降低，即由于长距离大吨位运输比小车运输的成本低或由于收集车一旦取消长距离运能能够腾出时间更有效地收集；②对转运站、大型运输工具或其他必需的专用设备的大量投资会提高收运费用。

中转站选址要求应注意：①尽可能位于垃圾收集中心或垃圾产生量多的地方；②靠近公路干线及交通方便的地方；③居民和环境危害最少的地方；④进行建设和作业最经济的地方。

此外中转站选址应考虑便于废物回收利用及能源生产的可能性。

转运站内设施包括称重计量系统、除尘除臭系统、监控系统、生产生活辅助设施、通信设施等，各转运站根据规模大小和当地需求进行相应配置。铁路及水路运输转运站，应设置与铁路系统及航道系统相衔接的调度通信、信号系统。

转运站应有防尘、防污染扩散及污水处置等设施，场地应整洁，无撒落垃圾和堆积杂物，无积留污水，室内通风应良好，无恶臭，墙壁、窗户应无积尘、蛛网。进入站内的垃圾应当日转运，有贮存设施的，应加盖封闭，定时转运，装运容器应整洁，无积垢，无吊挂垃圾。蚊蝇滋生季节应每天喷药灭蚊蝇，在可视范围内，站内苍蝇应少于3只/次。除急用，有条件的地区应建设密闭转运站，不宜长期采用露天临时转运点转运垃圾。垃圾临时转运点距离居民住地不得小于300m。场地周围应设置不低于2.5m的防护围栏和污水排放渠道。装卸垃圾应有降尘措施，地面应无散落垃圾和污水。垃圾应及时转运，蚊蝇滋生季节应定时喷药灭蚊蝇，在可视范围内苍蝇应少于6只/次，无恶臭。场地应有专人管理，工具、物品放置应有序整洁。通过码头转运垃圾时，应逐步采用密闭方式集装，除特殊情况外，不得在转运码头堆放垃圾。垃圾转运码头应设置防散落、防飞扬和降尘设施，垃圾不得散落于水体。作业场地应有污水收集管道或收集池，有条件的，应把污水处理后排入城市污水管网。转运码头及周围环境应整洁，装卸作业完毕，应及时清扫场地。蝇蚊滋生季节应定时喷洒药物，在可视范围内，转运码头的苍蝇应少于6只/次，无恶臭。

2.2.7　垃圾清运系统优化

生活垃圾收运是垃圾处理系统中重要的一个环节，其费用占整个垃圾处理系统的60%～80%，运距越长，成本越高。一方面，可以通过优化运输路线来降低运距，从而节省成本。另一方面，从环保与环卫的角度看垃圾处理点不宜离居民区和市区太近。而调整收运方式进行垃圾转运在特定条件下可以降低运输费用。

2-4　大屯
转运站

垃圾运输模式包括直运模式和转运模式。垃圾收运的基本原则是尽量减少中间环节。因此具备直运条件的城市或区域应优先选择直运模式。直运条件包括：①垃圾运输车可直接靠近垃圾收集点；②垃圾处理场（厂）距城市的距离较近（在15km以内）；③垃圾运输车与垃圾收集点的垃圾容器配套。

2-5　阿苏卫
国中进料

当无法直运时，或者运输距离过大、直运成本过高时，采用转运模式。

转运模式适应条件包括：①垃圾运输车无法靠近垃圾收集点，只能靠人力车或小型机（电）动车将垃圾收集点的垃圾运出；②垃圾处理场（厂）距城市过远（运距15km以上，可建小转运站，20km以上的可建中大型转运站），直接运输成本过高，通过转运站将小车（压缩或非压缩）换成大型垃圾运输车运输（一般是压缩后运输），可降低垃圾总运输成本。从总运行费用方面比较，转运比直运节省很多。

转运站有助于垃圾收运的总费用降低，即由于长距离大吨位运输比小车运输的成本低或由于收集车一旦取消长距离运输能够腾出时间更有效地收集；但是对转运站、大型运输工具或其他必需的专用设备的大量投资会提高收运费用。

因此，有必要对当地条件和要求进行深入经济性分析。一般来说，运输距离长，设置转运核算。下面就运输的三种方式进行转运站设置的经济分析。

三种运输方式为：移动容器式收集运输；固定容器式收集运输；设置中转站转运。三种运输方式的费用方程可以表示为：

① 拖曳（移动）容器式收集运输：

$$C_1 = a_1 S \tag{2-18}$$

② 固定容器式收集运输：

$$C_2 = a_2 S + b_2 \tag{2-19}$$

③ 设置中转站转运：

$$C_3 = a_3 S + b_3 \tag{2-20}$$

式中　　　S——运距；

a_1、a_2、a_3——三类运输方式的单位运费；

b_2、b_3——设置转运站后增添的基建投资分期偿还费和操作管理费；

C_1、C_2、C_3——三类运输方式的总运输费。

一般情况下，$a_1 > a_2 > a_3$，$b_3 > b_2$。

从图2-20分析：

$S < S_1$ 时，用方式①合理，不需设置转运站；

$S_1 < S < S_3$ 时，用方式②合理，不需设置转运站；

$S > S_3$ 时，用方式③合理，即需设置转运站。转运站一般建议建在小型运输车的最佳运输距离之内。

转运站选址应符合城镇总体规划和环境卫生专业规划的基本要求；转运站的位置应

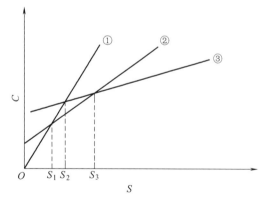

图2-20　三种运输方式运费比较

在生活垃圾收集服务区内人口密度大、垃圾排放量大、易形成转运站经济规模的地方；转运站选址不宜临近广场、餐饮店等群众日常生活聚集场合；转运站应尽可能靠近公路、水路干线等交通方便的地方，以方便垃圾进出，减少运输费用；在具备铁路运输条件下，且运距较远时，宜设置铁路或水路运输垃圾转运站。

假定某转运站要求：采用挤压设备；高低货位方式装卸垃圾；机动车辆清运。清运车在货位上的卸料台卸料，倾入低货位上的压缩机漏斗内，然后将垃圾压入半挂拖车内，满载后由牵引车拖运，另一辆半挂拖车装料。

① 卸料台数量（A）。该垃圾中转站每天的工作量可按式（2-21）计算：

$$E = \frac{MW_a k_1}{365} \tag{2-21}$$

式中　E——每天的工作量，t/d；

$\quad\quad M$——服务区的居民人数，人；

$\quad\quad W_a$——垃圾年产量，t/(人·a)；

$\quad\quad k_1$——垃圾产量变化系数（参考值1.15）。

一个卸料台工作量的计算公式为：

$$F = \frac{t_1}{t_2 k_t} \tag{2-22}$$

式中　F——卸料台一天接收清运车数，辆/d；

$\quad\quad t_1$——中转站一天的工作时间，min/d；

$\quad\quad t_2$——一辆清运车的卸料时间，min/辆；

$\quad\quad k_t$——清运车到达的时间误差系数。

则所需卸料台数量为：

$$A = \frac{E}{WF} \tag{2-23}$$

式中　W——清运车的载重量，t/辆。

② 每一个卸料台配备一台压缩设备，因此，压缩设备数量（B）：$B = A$。

③ 牵引车数量（C）。为一个卸料台工作的牵引车数量，按公式计算为：

$$C_1 = t_3/t_4 \tag{2-24}$$

式中　C_1——牵引车数量；

$\quad\quad t_3$——大载重运输车往返的时间，h；

$\quad\quad t_4$——半拖挂车的装料时间。

其中半拖挂车装料时间的计算公式为：

$$t_4 = t_2 n k_4 \tag{2-25}$$

式中　n——一辆半拖挂车装料的垃圾车数量。

$\quad\quad k_4$——半拖挂车装料的时间误差系数。

因此，该中转站所需的牵引车总数为：

$$C = C_1 A \tag{2-26}$$

④ 半拖挂车数量（D）。半拖挂车是轮流作业，一辆车满载后，另一辆装料，故半拖挂车的总数为：

$$D = A(C_1 + 1) \tag{2-27}$$

【思考与练习2.2】

1. 生活垃圾清运效率和经济性，主要取决于哪些因素？（　　　）

A. 清运操作方式　　　　　　　　B. 收集清运车辆数量、装载量及机械化装卸程度

C. 清运次数、时间及劳动定员　　D. 清运路线

E. 转运站送至处理场所或填埋场

2. 垃圾收运路线设计方案包括哪些？（　　　）

A. 按固定路线收运　　　　　　　B. 大路线收运

C. 车辆满载法　　　　　　　　　D. 采用固定工作时间的方法

2.3 危险废物运输

危险废物的转运和运输需要高度重视，产生危险废物的单位，必须按照国家有关规定处置危险废物，不得擅自倾倒、堆放。

为了预防危险废物非法转运和处理，法律已经规定，非法排放、倾倒、处置危险废物3t以上的，或非法排放含重金属、持久性有机污染物等严重危害环境、损害人体健康的污染物超过国家污染物排放标准或者省、自治区、直辖市人民政府根据法律授权制定的污染物排放标准3倍以上的，就属于刑事犯罪。产生危险废物的单位，必须按照国家有关规定处置危险废物，不得擅自倾倒、堆放。禁止无经营许可证或者不按照经营许可证规定从事危险废物收集、贮存、利用、处置的经营活动，禁止将危险废物提供或者委托给无经营许可证的单位从事收集、贮存、利用、处置的经营活动。

（1）危险废物的贮存

危险废物的产生部门、单位或个人，都必须备有一种安全存放这种废物的装置，一旦它们产生出来，迅速将其妥善地放进此装置内，并加以保管，直至运出产地做进一步贮存、处理或处置。

盛装危险废物的容器装置可以是钢圆筒、钢罐或塑料制品，其外形如图2-21所示。所有装满废物待运走的容器或贮罐都应清楚地标明内盛物的类别与危害说明，以及数量和装进日期。危险废物的包装应足够安全，并经过周密检查，严防在装载、搬移或运输途中出现渗漏、溢出、抛洒或挥发等情况。否则，将引发所在地区大面积的环境污染。

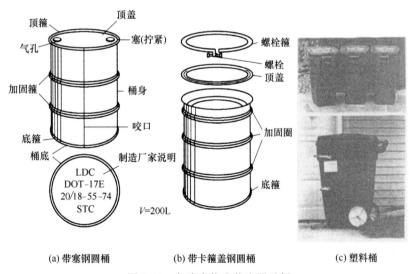

(a) 带塞钢圆桶   (b) 带卡箍盖钢圆桶   (c) 塑料桶

图 2-21 危险废物盛装容器示例

根据危险废物的性质和形态，可采用不同大小和不同材质的容器进行包装。以下是可供选用的包装装置和适宜于盛装的废物种类：

① $V=200L$ 带塞钢圆桶或钢圆罐 ［图2-21（a）］可供盛装废油和废溶剂；

② $V=200L$ 带卡箍盖钢圆桶 ［图2-21（b）］可供盛装固态或半固态有机物；

③ $V=30L$、$45L$ 或 $200L$ 塑料桶或聚乙烯罐 ［图2-21（c）］可供盛装无机盐液；

④ $V=200L$ 带卡箍盖钢圆桶或塑料桶可供散装的固态或半固态危险废物装入。

⑤ 贮罐。其外形与大小尺寸可根据需要设计加工，要求坚固结实，并应便于检查渗漏或溢出等事故的发生。此类装置适宜于贮存可通过管线、皮带等输送方式送进或输出的散装液态危险废物。

放置在场内的桶装或罐装危险废物可由产出者直接运往场外的收集中心或回收站，也可以通过地方主管部门配备的专用运输车辆按规定路线运往指定的地点贮存或做进一步处理。

典型的收集站由砌筑的防火墙及铺设有混凝土地面的若干库房式构筑物所组成，贮存废物的库房室内应保证空气流通，以防具有毒性和爆炸性的气体积聚产生危险。收进的废物应翔实登载其类型和数量，并应按不同性质分别妥善存放。

转运站的位置宜选择在交通路网便利的附近区域，由设有隔离带或埋于地下的液态危险废物贮罐、油分离系统及盛装有废物的桶或罐等库房群所组成。站内工作人员应负责办理废物的交接手续、按时将所收存的危险废物如数装进运往处理场的运输车厢，并责成运输者负责途中安全。

(2) 危险废物的运输

通常，公路运输是危险废物的主要运输方式，因而载重汽车的装卸作业和运输过程中的事故是造成危险废物污染环境的重要环节。因此，负责运输的汽车司机必然担负着不可推卸的重大责任。为保证危险废物安全运输，需要按下述要求进行。

① 危险废物的运输车辆必须经过主管单位检查，并持有相关单位签发的许可证，负责运输的司机应通过培训，持有证明文件。

② 载有危险废物的车辆需有明显的标志或适当的危险符号，以引起关注。

③ 载有危险废物的车辆在公路上行驶时，需持有许可证，其上应注明废物来源、性质和运往地点。此外，在必要时需有单位人员负责押运工作。

④ 组织和负责运输危险废物的单位，在事先需做出周密的运输计划和行驶路线，其中包括有效的废物泄漏情况下的应急措施。

此外，为了保证通过运输转移危险废物的安全无误，应严格执行《危险废物转移联单管理办法》的规定。危险废物转移联单制度是一种文件跟踪系统。在其开始即由废物生产者填写一份记录废物产地、类型、数量等情况的运货清单经主管部门批准，然后交由废物运输承担者负责清点并填写装货日期、签名并随身携带，再按货单要求分送有关处所，最后将剩余一单交由原主管检查，并存档保管。

【思考与练习2.3】

危险废物的运输有什么特殊要求？（　　　）

A. 危险废物的运输车辆必须经过主管单位检查，并持有相关单位签发的许可证，负责运输的司机应通过培训，持有证明文件

B. 载有危险废物的车辆需有明显的标志或适当的危险符号

C. 载有危险废物的车辆在公路上行驶时，需持有许可证，其上应注明废物来源、性质和运往地点

D. 组织和负责运输危险废物的单位，在事先需做出周密的运输计划和行驶路线，其中包括有效的废物泄漏情况下的应急措施

本章小结

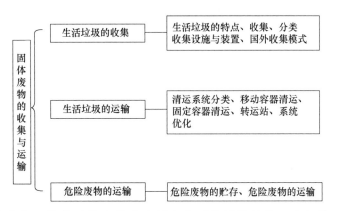

固体废物的收集与运输是连接废物发生源和处理处置设施的一个纽带，是城市垃圾处理系统中重要的一个环节，它包括收集和清运两个重要方面。

生活垃圾的收集包括收集设施与装置，未来发展是围绕分类收集进行。生活垃圾的清运包括移动容器清运和固定容器清运两大类型。转运站是城市垃圾收运系统的中间节点，它的设立可以降低污染风险，提高收运效率。当处置场远离收集路线时，究竟是否设置中转站，主要视经济性而定。

危险废物的贮存和运输要严格执行相关安全防护规定，防止渗漏和溢出事故的发生，确保收运过程的安全。

收集系统的设计和运输体系的建立至关重要，合理的收集系统设计可以让固废收集效率最大化，高效的运输体系可以大大节省固体废物处置成本，减轻国家和地方的财政压力。

复习思考题

1. 固体废物的收集原则是什么？其收集方法有哪几种？
2. 试述中国城市生活垃圾的收集方法。
3. 如何选择固体废物的包装容器？
4. 固体废物在运输过程中应注意什么？
5. 生活垃圾的收集方式有哪些？各有何特点？
6. 生活垃圾的收集系统包括哪几种？各有何特点？
7. 运输危险废物应采取哪些措施？
8. 你所在城市的生活垃圾收集采用哪种方式？请简单论述。
9. 转运站设计应考虑哪些因素？
10. 转运站选址时应注意哪些事项？

3 固体废物的预处理

导读导学

固体废物的预处理涉及哪些概念、工艺、过程？

如何在固体废物的预处理过程中控制污染物的环境释放？

固体废物的预处理如何能实现资源化？

知识目标： 掌握固体废物的预处理概念、工艺、过程控制、预处理系统的基本构成、处理的方法。

能力目标： 学会固体废物的预处理的资源化方法、具备一定的工艺计算能力。

职业素养： 建立废弃物资源化理念。

固体废物的预处理，是指为了便于后续的资源化、减量化和无害化，便于运输、贮存、进一步利用或处置，而对废物采取的初步简单处理，一般都是采用物理处理的方法。预处理技术主要有压实、破碎、分选和脱水等。

3.1 压实

压实是一种通过机械的方法对固体废物实行减容化，降低运输成本，便于装卸、运输、储存和延长填埋场寿命的预处理技术。

3.1.1 压实的概念

(1) 压实原理

即采用机械方法将固体废物中的空气挤压出来，减少其空隙率以增加其聚集程度，增大容重和减少固体废物表观体积。其实质可看作是消耗一定的压力能，提高废物容重的过程。当固体废物受到外界压力时，各颗粒间相互挤压、变形或破碎，从而达到重新组合的效果。

(2) 压实的目的

① 增加容重和减小体积，便于装卸和运输，确保运输安全与卫生，降低运输成本和减少填埋占地；

② 制取高密度惰性块料，便于贮存、填埋或作建筑材料使用。

（3）压实处理的优点

① 减轻环境污染。压缩捆包后填埋更容易布料更均匀，将来场地沉降也较均匀，捆包填埋也大大减少了飞扬碎屑的危害；城市生活垃圾经高压压实处理，由于过程的挤压和升温，可使垃圾中的 BOD_5、COD 降低，大大降低了腐化性；不再滋生昆虫等，可减少疾病传播与虫害，从而减轻了对环境的污染。

② 快速安全造地。作为地基或填海造地的材料，上面只需覆盖很薄的土层即可恢复利用，不必等待其多年沉降后再开发利用。

③ 节省填埋或贮存场地。固体废物中适合压实处理的主要是压缩性能大而复原性小的物质，如金属加工出来的金属细丝、金属碎片，冰箱与洗衣机，以及松散的垃圾、纸箱、纸袋，某些纤维制品等。有些如木头、玻璃、金属、塑料块等已经很密实的固体，可能会使压实设备损坏，以及焦油、污泥等液态废物可能会引起操作问题，这些废弃物都不宜作压缩处理。

3.1.2　压实程度的度量

为了判断和描述压实效果，比较压实技术与压实设备的效率，常用下述指标来表示废物的压实程度。

（1）空隙比与空隙率

① 空隙比。大多数固体废物都是由不同颗粒及颗粒之间充满气体的空隙共同构成的集合体。由于固体颗粒本身空隙较大，而且许多固体物料有吸收能力和表面吸附能力，因此废物中的水分主要存在于固体颗粒中，而非存在于空隙中，且不占据体积。故固体废物的总体积（V_m）就等于包括水分在内的固体颗粒体积（V_s）与空隙体积（V_v）之和，即 $V_m = V_s + V_v$，则废物的空隙比（e）可定义为：

$$e = \frac{V_v}{V_s} \tag{3-1}$$

② 空隙率。用得更多的参数是空隙率（ε），空隙率可定义为：

$$\varepsilon = \frac{V_v}{V_m} \tag{3-2}$$

空隙比或空隙率越低，则表明压实程度越高，相应的容重越大。空隙率大小对于堆肥化工艺供氧、透气性及焚烧过程物料与空气接触效率来说是重要的评价参数。

（2）湿密度和干密度

忽略空隙中的气体质量，固体废物的总质量（W_h）就等于固体物质质量（W_s）与水分质量（W_w）之和，即：

$$W_h = W_s + W_w \tag{3-3}$$

① 湿密度。固体废物的湿密度（ρ_w）可由式（3-4）确定：

$$\rho_w = \frac{W_h}{V_m} \tag{3-4}$$

② 干密度。固体废物的干密度（ρ_d）可由式（3-5）确定：

$$\rho_d = \frac{W_s}{V_m} \tag{3-5}$$

实际上，固体废物收运及处理过程中测定的物料质量通常都包括水分，故一般容重均是湿密度。压实前后固体废物的密度值及其变化率大小是度量压实效果的重要参数，也容易测定，故比较实用。

（3）压缩比、体积减小百分比与压缩倍数

① 压缩比（r）。固体废物经压实处理后，体积减小的程度叫压缩比，可用固体废物压实前、后的体积之比来表示：

$$r = \frac{V_f}{V_i} \quad (r \leqslant 1) \tag{3-6}$$

式中，r 为固体废物体积压缩比；V_i 为废物压缩前的原始体积；V_f 为废物压缩后的最终体积。r 越小，说明压实效果越好。

废物压缩比取决于废物的种类、性质及施加的压力等，一般压缩比为 1/5～1/3。同时采用破碎与压实两种技术可使压缩比减小到 1/10～1/5。

国外生活垃圾的收集通常都采用家庭压实器来减小垃圾体积、提高垃圾车的收集效率。一般地，生活垃圾压实后体积可减小 60%～70%。

② 体积减小百分比（R）。体积减小百分比用式（3-7）表示：

$$R = \frac{(V_i - V_f)}{V_i} \times 100\% \tag{3-7}$$

式中，R 为体积减小百分比，%；V_i 为压实前废物的体积，m^3；V_f 为压实后废物的体积，m^3。

③ 压缩倍数（n）。压缩倍数的计算如式（3-8）：

$$n = \frac{V_i}{V_f} \quad (n \geqslant 1) \tag{3-8}$$

n 与 r 互为倒数，显然 n 越大，说明压实效果越好，工程上已习惯用 n 来表示。体积减小百分比（R）与压实倍数（n）可互相推算。例如，当 $R = 90\%$ 时，可推出 $n = 10$；$R = 95\%$ 时，$n = 20$。

3.1.3 压实设备

固体废物的压实设备种类很多，外观形状和大小千差万别，但其构造和工作原理大体相同，主要由容器单元和压实单元两部分组成。容器单元负责接收废物并把废物送入压实单元；压实单元具有液压或气压操作的压头，利用一定的挤压力把固体废物压成致密的形式。

根据使用场所和操作方法不同，压实设备可分为固定式和移动式两类。

（1）固定式压实器

3-1 高层住宅垃圾压实器

凡是采用人工或机械方法（液压方式为主）把废物送到压实机械里进行压实的设备称为固定式。固定式压实器一般设在工厂内部、废物转运站、高层住宅垃圾滑道的底部等场合；各种家用小型压实器（如安装在厨房下面，用于一些家庭生活垃圾的收集和压实）、废物收集车上配备的压实器及转运站配置的专用压实机以及大型工业压缩机（可将汽车压缩，每日可以压缩数千吨垃圾）等均属固定式压实设备。常用的固定式压实器主要包括水平压实器、三向联合压实器、回转式压实器等。

① 水平压实器。如图 3-1 所示，主要是靠压头做水平往复运动的，在手动或光电装置控制下将废物压到矩形或方形的钢制容器中。为了防止垃圾中有机物腐蚀，要求在压实器的四周涂敷沥青。

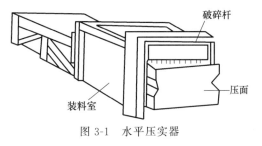

图 3-1　水平压实器

3-2　水平压实器

水平压实器适用于压实城市垃圾，先将垃圾加入装料室，启动具有压面的水平压头，使垃圾致密和定型，然后将坯块推出。推出过程中，坯块表面的杂乱废物受破碎杆作用而被破碎，不会妨碍坯块移出。水平压实器常用于转运站做固定压实操作使用。

② 三向联合压实器。如图 3-2 所示，是适合于压实松散金属废物的三向联合式压实器。它具有三个互相垂直的压头，金属废物等被置于容器单元内，而后依次启动 1、2、3 三个压头，逐渐使固体废物的空间体积缩小，容积密度增大，最终达到一定尺寸。压后尺寸一般在 200～1000mm。

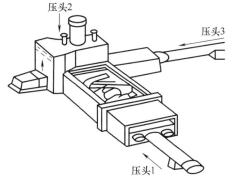

3-3　三向联合式压实器

图 3-2　三向联合压实器

③ 回转式压实器。如图 3-3 所示，适于压实体积小、重量小的固体废物。回转式压实器也具有三个压头，但作用方式与三向联合式不同，废物装入容器单元后，先按水平式压头 1 的方向压缩，然后按箭头的运动方向驱动旋动压头 2，最后按水平压头 3 的运动方向将废物压至一定尺寸排出。

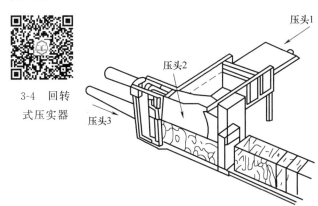

3-4　回转式压实器

图 3-3　回转式压实器

为了最大限度减容，获得较高的压缩比，应尽可能选择适宜的压实器。影响压实器选择的因素很多，除固体废物的性质外，主要应考虑压实器的性能参数。

① 装载面的尺寸。装载面的尺寸应足够大，以便容纳用户所产生的最大尺寸的废物。如果压实器的容器用垃圾车装载，为了操作方便，就要选择至少能够处理一满车垃圾的压实器。压实器装载面的尺寸一般为 $0.765 \sim 9.18 \mathrm{m}^2$。

② 循环时间。循环时间是指压头的压面从装料箱把废物压入容器，然后再完全缩回到

原来的位置，准备接受下一次压实操作所需要的时间。循环时间的变化范围很大，通常为20～60s。如果要求压实器接收废物的速度快，则要选择循环时间短的压实器。这种压实器是按每个循环操作压实较少数量的废物而设计的，质量较轻，其成本可能比长时间压实低，但牢固性差，其压实比也不一定高。

③ 压面压力。压实器压面压力通常根据某一具体压实器的额定作用力这一参数来确定，额定作用力作用在压头的全部高度和宽度上。固定式压实器的压面压力一般为103kPa～3432kPa。

④ 压面的行程。压面的行程是指压面压入容器的深度。压头进入压实器中越深，装填得越有效、越干净。为防止压实废物填埋时反弹回装载区，要选择行程长的压实器，现行的各种压实容器的实际进入深度为10.2～66.2cm。

⑤ 体积排率。体积排率即为处理率，它等于压头每次压入容器的可压缩废物体积与每小时机器的循环次数之积。通常要根据废物产生率来确定。

⑥ 压实器与容器匹配。压实器应与容器匹配，最好是由同一厂家制造，这样才能使压实器的压力行程、循环时间、体积排率以及其他参数相互协调。如果两者不相匹配，如选择不可能承受高压的轻型容器，在压实操作的较高压力下，容器很容易发生膨胀变形现象。

此外，在选择压实器时，还应考虑与预计使用场所相适应，要保证轻型车辆容易进出装料区和保证容器装卸提升位置合适等。为了便于选择，一些国家制定了压实器的规格，如美国国家固体废物管理委员会根据各种标准规定了固体废物压实器的典型规格。

(2) 移动式压实器

带有行驶轮或可在轨道上行驶的压实器称为移动式压实器。一般安装在收集垃圾的车上，接收固体废物后即进行压实，随后送往处置场地。在填埋现场压实填埋废物所使用的轮胎式或履带式压土机、钢轮式布料压实机以及其他专门设计的压实机具，也属于移动式压实设备。

可采用多种方式和各种类型的压实机具压实固体废物，增加填埋容量。最简单的办法是将废物布料铺平整后，就以装载废物的运输车辆来回行驶将废物压实。废物达到的密度由废物性质、运输车辆来回次数、车辆型号和载重量而决定，平均可达到 $500\sim600\text{kg/m}^2$。用压实机具压实填埋废物，大约可提高10％～30％的空间。

移动式压实器按压实过程工作原理不同，可分为碾（滚）压、夯实、振动三种，相应的压实器分为碾（滚）压压实机、夯实压实机、振动压实机三大类，固体废物压实处理主要采用碾（滚）压方式。填埋现场常用的压实机主要包括胶轮式压土机、履带式压土机和钢轮式布料压实机等。

【思考与练习3.1】

1. 用来表示固体废物压实效果的度量指标包括哪些？（　　　）

A. 空隙比与空隙率　　　　B. 湿密度和干密度

C. 压缩比、体积减小百分比与压缩倍数

2. 固体废物的固定式压实设备种类有哪些？（　　　）

A. 水平压实器　　　　　　B. 三向联合压实器　　　　　C. 回转式压实器

3. 压实处理的优点包括哪些？（　　　）

A. 减轻环境污染　　　　　B. 快速安全造地　　　　　C. 节省填埋或贮存场地

3.2 破碎

破碎是固体废物预处理技术之一。通过破碎对固体废物的尺寸和形状进行控制，有利于固体废物的资源化和减量化，是所有固体废物处理方法必不可少的预处理工艺，也是后续处理与处置必须经过的过程。

3.2.1 破碎的概念

破碎原理，是通过人力或机械等外力的作用，破坏物体内部的凝聚力和分子间力而使大块固体废物破裂（破碎）成小块或使小块固体废物颗粒分裂（磨碎）成细粉的操作过程。

对固体废物进行破碎的目的有以下几点：

① 使固体废物的容积减小，便于压缩、运输和贮存，高密度填埋处置时，压实密度高而均匀，可以加快覆土还原。

② 使固体废物中连接在一起的异种材料等单体分离，为后期分选工序提供适合的入选粒度，从而有效地回收固体废物中的有用成分。

③ 使固体废物均匀一致、比表面积增加，可提高焚烧、热分解、熔融等作业的稳定性和热效率。

④ 防止粗大、锋利的固体废物损坏后续处理工序（如分选、焚烧和热解）中的设备或炉膛。

⑤ 为固体废物的下一步加工做准备，为后续处理和资源化利用提供合适的尺寸。例如，煤矸石的制砖、制水泥等，都要求把煤矸石破碎到一定粒度以下，以便进一步加工制备。

总之，固体废物的破碎就是把废物转变成有利于进一步加工或能够更经济有效地进行再处理、处置所需要的形状和大小。

3.2.2 影响破碎效果的因素

固体废物破碎的难易程度通常用机械强度来衡量。机械强度是指固体废物抗破坏（包括破碎、磨损、挤压、弯曲、变形等）的能力，即固体废物受外力作用时，其单位面积上所能承受的最大负荷。通常用静载荷下测定的抗压强度、抗拉强度、抗剪强度和抗弯强度来表示。

抗压强度是指所受外力为压力时的强度极限；抗拉强度是指固体废物在拉断前所能承受的应力极限；抗剪强度是指外力与固体废物轴线垂直，并对固体废物呈剪切作用时的强度极限；抗弯强度是指固体废物抵抗弯曲而不发生断裂的强度极限。其中抗压强度最大，抗剪强度次之，抗弯强度较小，抗拉强度最小。一般以固体废物的抗压强度为标准来衡量。抗压强度大于 250MPa 者为坚硬固体废物；40MPa～250MPa 者为中硬固体废物；小于 40MPa 者为软固体废物。固体废物的机械强度与废物颗粒的粒度大小有一定关系，粒度小的废物颗粒，其宏观和微观裂缝比大粒度颗粒要小，因而机械强度较高，破碎难度较大。物料的机械强度是物料一系列力学性质所决定的综合指标，力学性质主要有硬度、解理、韧性及物料的结构缺陷等。

(1) 硬度

硬度是指物料抵抗外界机械力侵入的性质。硬度愈高、抵抗外界机械力侵入的能力愈大，破碎时愈困难。硬度反映了物料的坚固性。在实际工程中，鉴于固体废物的硬度在一定程度上反映废物破碎的难易程度，因而可以用废物的硬度来表示其可碎性。

对于坚固性指标的测定，一种是从能耗观点出发，如 F.C. 邦德功指数就是以能耗来测定物料坚固性；另一种是从力的强度出发，如岩矿硬度的测定。国外多用 F.C. 邦德功指数反映物料的坚固性，这种办法比较可靠，只要测出各种物料的功指数大小就能判明各种物料的坚固性。我国通常用莫氏硬度表示物料的坚固性。

矿物的硬度可按莫氏硬度分为十级，其硬度排列顺序如下：①滑石；②石膏；③方解石；④萤石；⑤磷灰石；⑥长石；⑦石英；⑧黄玉石；⑨刚玉；⑩金刚石。各种固体废物的硬度可通过与这些矿物相比较来确定。

另一种方法是按物料在破碎时的性状分为最坚硬物料、坚硬物料、中硬物料和软质物料四种，如表 3-1 所示。

表 3-1　各种硬度物料的分类

软质物料	中硬物料	坚硬物料	最坚硬物料
石棉矿	石灰石	铁矿石	花岗岩
石膏矿	白云石	金属矿石	刚玉
板石	砂岩	电石	碳化硅
软质石膏板	泥灰石	矿渣	硬质熟料
烟煤	岩盐	烧结产品	烧结镁砂
褐煤		韧性化工原料	
黏土		砾石	

（2）韧性

物料受压轧、切割、锤击、拉伸、弯曲等外力作用时所表现出的抵抗性能叫韧性，包括脆性、柔性、延展性、挠性、弹性等力学性质。一般来说，自然界的物料多数都具有脆性，但有的较大，有的较小。脆性大的物料在破磨中容易被粉碎，易过磨、过粉碎。脆性小的不容易被粉碎，破磨中不容易过磨、过粉碎。延展性多为一些自然金属矿物所具有，它们在破磨中容易被打成薄片而不易磨成细粒。柔性、挠性及弹性多为一些纤维结晶矿物（如石棉）、片状结晶矿物（云母、辉钼矿等）所具有，这些物料破碎及解理并不困难，而粉碎成细粒却十分困难。

（3）解理

物料在外力作用下沿一定方向破裂成光滑平面的性质叫解理，解理是结晶物料特有的性质。所形成的平滑面称作解理面（若不沿一定方向破裂成凹凸不平的表面者称为断口）。按解理发育程度可分为下面五种类型：①极完全解理；②完全解理；③中等解理；④不完全解理；⑤极不完全解理。解理发育的物料容易破碎，产品粒子往往呈片状、纤维状等特殊形状。

（4）结构缺陷

结构缺陷对粗块物料破碎的影响较为显著，随着矿块粒度变小，裂缝及裂纹逐渐消失，强度逐渐增大，力学的均匀性增高，故细磨更为困难。

需要破碎的废物中，那些呈现脆性、在破裂之前的塑性变形很小的废物可以直接对其进行破碎。但一些在常温下呈现较高的韧性和塑性的废物，用传统的破碎方法难以将其破碎，因此需要采用特殊的破碎手段。例如橡胶在压力作用下能产生较大的塑性变形却不断裂，但可利用它在低温时变脆的特性来有效破碎；又如破碎金属时切削下来的金属屑，压力只能使其压实成团，但不能破碎成小片、小条或粉末，必须采用特制的金属切削破碎机对其进行有效破碎。

3.2.3 破碎方法

破碎方法可分为干式破碎、湿式破碎、半湿式破碎三类。其中，湿式破碎与半湿式破碎在破碎的同时兼具有分级分选的处理。

(1) 干式破碎

即通常所说的破碎。按所用的外力即消耗能量形式的不同，干式破碎可分为机械能破碎和非机械能破碎两种方法。

① 机械能破碎。机械能破碎是利用破碎工具（如破碎机的齿板、锤子、球磨机的钢球等）对固体废物施力而将其破碎的，主要有压碎、劈碎、折断、磨碎和冲击破碎等几种方式（如图 3-4）。

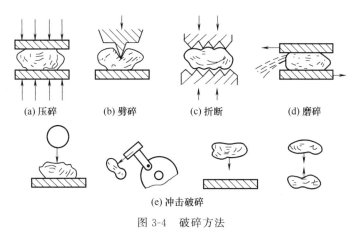

(a) 压碎　　(b) 劈碎　　(c) 折断　　(d) 磨碎

(e) 冲击破碎

图 3-4　破碎方法

压碎作用是将材料在挤压设备两个坚硬表面之间进行挤压，这两个表面或者都是移动的，或者是一个静止一个移动。劈碎需要刃口，适合破碎机械强度较小的废物，如生活垃圾、秸秆、塑料等。

剪切破碎是指固体废物在剪切作用（包括劈开、撕破和折断等）下发生的破碎，特别适合于二氧化硅含量低的松软物料。

摩擦破碎是指废物在两个沿切面方向相对运动的硬面摩擦作用下发生的破碎。如碾磨机是借助旋转磨轮沿环形底盘的碾压作用来连续摩擦、压碎和磨削废物的。

冲击破碎有重力冲击和动冲击两种形式。重力冲击破碎是固体废物在重力作用下，落到一个坚硬的表面上而发生的破碎，如玻璃瓶下落到混凝土地面上发生的破碎；动冲击破碎是具有足够动能的固体废物碰撞到一个比它坚硬且做快速旋转运动的表面时而产生的冲击破碎。冲击破碎过程中，固体废物是无支撑的，冲击力使破碎后的颗粒向各个方向加速，如锤式破碎机的主要原理就是利用动冲击作用破碎固体废物。

用于实际生产的破碎设备一般都是综合有两种或两种以上的破碎方法，它们通过联合作用对固体废物进行破碎。例如，锤式破碎机既有冲击破碎，还有挤压破碎和摩擦破碎。

② 非机械能破碎。非机械能破碎是利用电能、热能等对固体废物进行破碎的新方法，如低温破碎、热力破碎、低压破碎和超声波破碎等。

对于在常温下难以破碎的固体废物可利用其低温变脆的性能而有效地破碎。同时还可利用不同物质脆化温度的差异进行选择性破碎，这就是所谓低温破碎技术。例如，一些特殊的固体废物如汽车轮胎、包覆电线等在常温下很难被破碎，但是它们有个共同的特性，就是在低温时很容易变脆，如果利用这个特性，提供低温环境，就可以有效地对其进行选择性破碎。对混合有聚氯乙烯、聚乙烯、聚丙烯等的塑料废物处理时发现，聚氯乙烯（PVC）的脆化点为$-5\sim-20℃$，聚乙烯（PE）的脆化点为$-95\sim-135℃$，聚丙烯（PP）的脆化点为$0\sim-20℃$，只需控制适宜温度，就可以将它们分别破碎，并进行分选回收。

低温破碎通常需要配置制冷系统，其中液氮具有制冷温度低、无毒、无爆炸危险等优点，常用来作制冷剂。然而，制备液氮需耗用大量能源，且需要量较大，导致费用昂贵。例如，以塑料加橡胶复合制品为例，每吨需要300kg液氮，所以在目前情况下，低温破碎的对象仅限于常温难破碎的废物，如橡胶和塑料等。

低温破碎有以下优点：动力消耗减到1/4以下，噪声约降低7dB，振动约减轻$1/5\sim$ 1/4；破碎后的同一种物料均匀，尺寸大体一致，形状好，便于分离；复合材料经过低温破碎后，分离性能好，资源的回收率和回收材质的纯度都比较高；对于极难破碎并且塑性极高的氟塑料废物，采用液氮低温破碎，能够获得碎块和粉末。

（2）湿式破碎

湿式破碎是利用纸类、纤维类废物在水中易调制成浆的特点，对纸类和纤维类垃圾进行回收而发展起来的一种破碎方法。湿式破碎机就是利用剪切破碎和水力机械搅拌作用，使在水中的纸类、纤维类废物被调制成浆液。

为了降低湿式破碎的处理成本，一般要在处理前对垃圾进行分选，提高垃圾中纸的含量，或用于对回收的废纸类进行处理。

湿式破碎的优点：使含纸垃圾变成均质浆状物，可按流体处理；废物在液相中处理，不会孳生蚊蝇，不会挥发臭味，比较卫生；操作过程噪声低，无爆炸和粉尘等危害；既适合于回收垃圾中的纸类、玻璃以及金属材料，也可推广到其他化学物质、矿物等处理中。

（3）半湿式破碎

半湿式破碎是利用不同物质强度和脆性（耐冲击性、耐压缩性、耐剪切性）的差异，在一定的湿度下将其破碎成不同粒度的碎块，然后通过不同孔径的筛网加以分离回收，该方法具有破碎和筛分两种功能。

半湿式选择性破碎分选的特点：①能使城市垃圾在一台设备中同时进行破碎和分选作业；②可有效地回收垃圾中的有用物质；③对进料的适应性好，易破碎的废物首先破碎并及时排出，不会产生过度粉碎现象；④动力消耗低，处理费用低。

固体废物的机械强度特别是废物的硬度，直接影响到破碎方法的选择。对于脆硬性的废物如各种废石、废渣等多采用挤压、劈裂、弯曲、冲击和磨碎的方法；对于柔韧性废物宜利用其低温变脆的性能而有效地破碎，或是采用剪切、冲击破碎和磨碎；对于脆性废物，采用劈碎、冲击破碎较好；对于橡胶类废物，采用低温破碎较好；而当废物体积较大不能直接将其供入破碎机时，需先将其切割到可以装入进料口的尺寸，再送入破碎机内破碎处理；对于含有大量废纸的城市垃圾，近年来国外采用半湿式和湿式破碎已取得了较好效果。

3.2.4 破碎产物的特性表示

破碎产物的特性通常采用粒度分布情况和破碎比来定量描述。

(1) 粒径和粒度分布

表示颗粒尺寸的指标有粒径、粒度分布等。

球形颗粒的粒径直接用直径表示，对于不规则颗粒，粒径的代表值一般采用球体等效直径、有效直径、统计直径和筛径等表示。球体等效直径是指与不规则颗粒具有相同体积的直径。有效直径是指与颗粒密度相同，并在相同流体中具有相同沉降速度的球形颗粒的直径。统计直径例如定向直径是在某个固定方向平行测得的颗粒的长度尺寸。筛径是指物料通过筛子的筛孔的孔径。

粒度分布的表示方法有累积曲线和频度曲线两种。累积曲线是指比某一粒径大或小的颗粒量占总颗粒量的质量分数对应于粒径的曲线。频度曲线是指某一粒径范围内的颗粒量占总颗粒量的质量分数与粒径间隔的比对应于各自粒径范围所作的曲线。

(2) 破碎比与破碎段数

在破碎过程当中，原废物粒度与破碎产物粒度的比值称为破碎比。破碎比表示废物粒度在破碎过程中减少的倍数，即表征废物被破碎的程度。破碎比的计算方法有两种：

① 极限破碎比。用废物破碎前的最大粒度 (D_{max}) 与破碎后最大粒度 (d_{max}) 的比值来确定破碎比 (i)：

$$i = \frac{D_{max}}{d_{max}} \tag{3-9}$$

极限破碎比在工程设计中常被采用。根据最大块直径来选择破碎机给料口宽度。

② 真实破碎比。用废物破碎前的平均粒度 (D_{cp}) 与破碎后平均粒度 (d_{cp}) 的比值来确定破碎比 (i)：

$$i = \frac{D_{cp}}{d_{cp}} \tag{3-10}$$

真实破碎比能较真实地反映破碎程度，所以，在科研及理论研究中常被采用。

一般破碎机的平均破碎比在 3～30 之间；磨碎机的破碎比可达 40～400 以上。固体废物每经过一次破碎机或磨碎机称为一个破碎段。若要求的破碎比不大，一段破碎即可满足。但对浮选、磁选、电选等工艺来说，由于要求的入选粒度很细，破碎比很大，往往需要把几台破碎机依次串联，或根据需要把破碎机和磨碎机依次串联组成破碎和磨碎流程。对固体废物进行多次破碎。其总破碎比等于各段破碎比 (i_1, i_2, $\cdots$, i_n) 的乘积，即：

$$i = i_1 i_2 i_3 \cdots i_n \tag{3-11}$$

破碎段数是决定破碎工艺流程的基本指标，它主要决定破碎废物的原始粒度和最终粒度。破碎段数越多，破碎流程就越复杂，工程投资相应增加，因此，在可能的条件下，应尽量选择低段数的破碎流程。

3.2.5 破碎工艺

根据固体废物的性质、颗粒大小、要求达到的破碎比和选用的破碎机类型，每段破碎流程可以有不同的组合方式，基本的工艺流程如图 3-5 所示。

由图 3-5 可以看出，破碎机常和筛子配用组成破碎流程。

图 3-5（a）是单纯的破碎工艺，具有组合简单、操作控制方便、占地面积少等优点，但只适用于对破碎产品粒度要求不高的场合。

图 3-5（b）是带预先筛分的破碎工艺，其特点是预先筛除废物中不需要破碎的细粒，

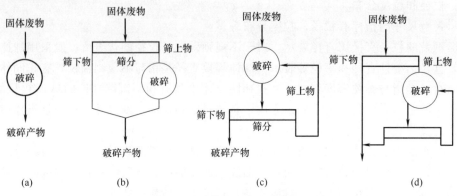

图 3-5　破碎的基本工艺流程

相对地减少了进入破碎机的总给料量，避免过度破碎，有利于降耗节能。

图 3-5（c）和（d）分别为带检查筛分的破碎工艺、带预先筛分和检查筛分的破碎工艺，其特点是能够将破碎产物中一部分大于所要求的产品粒度的颗粒分离出来，送回破碎机进行再破碎，因此，可获得全部符合粒度要求的产品。

3.2.6　破碎设备

选择破碎机类型时，必须综合考虑下列因素：①所需要的破碎能力；②固体废物的性质（如破碎特性、硬度、密度、形状、含水率等）和颗粒的大小；③对破碎产品粒径大小、粒度组成、形状的要求；④供料方式；⑤安装操作场所情况等。

常用破碎机有颚式破碎机、锤式破碎机、冲击式破碎机、剪切式破碎机、辊式破碎机和粉磨机等。

（1）颚式破碎机

颚式破碎机是一种较古老的破碎设备，但它具有结构简单、坚固、维护方便、工作可靠等优点，所以至今仍然广泛应用于很多行业。在固体废物破碎处理中，主要用于破碎强度及韧性高、腐蚀性强的废物。既可用于粗碎，也可用于中碎、细碎。

大型颚式破碎机广泛适用于矿山、冶炼、建筑、公路、铁路、水利和化学工业等众多行业，用于处理粒度大、抗压强度高的各种矿石和岩石。例如，将煤矸石破碎用作沸腾炉的燃料和制水泥的原料等。

颚式破碎机内有个非常重要的核心部件——可移动式颚板（简称动颚板）。通常按照动颚板的运动特性将颚式破碎机分为简单摆动型和复杂摆动型，这也是目前工业中应用最广的两种破碎机。

① 简单摆动颚式破碎机。如图 3-6 所示是简单摆动颚式破碎机工作原理示意图。皮带轮带动偏心轴旋转时，偏心顶点牵动连杆上下运动，也就牵动前后肘板做舒张及收缩运动，从而使动颚板做简单摆动，时而靠近固定颚，时而又离开固定颚。动颚靠近固定颚时就对破碎腔内的物料进行压碎、劈碎及折断。破碎后的物料在动颚后退时靠自重从破碎腔内落下。

② 复杂摆动颚式破碎机。如图 3-7 所示为复杂摆动颚式破碎机的工作原理示意图。从图中可以看出，复杂摆动颚式破碎机比简单摆动颚式破碎机结构简单，动颚与连杆合为一个部件，直接悬挂在偏心轴上，肘板也只有一块。偏心轮旋转时，直接带动动颚，动颚在水平方向有摆动，同时在垂直方向也运动，是一种复杂运动，故称复杂摆动颚式破碎机。

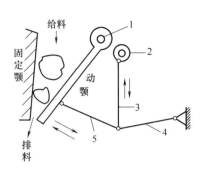

3-5 简摆颚式破碎机工作原理

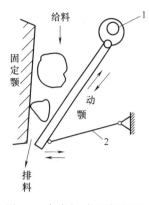

图 3-6　简单摆动颚式破碎机工作原理示意

1—心轴；2—偏心轴；3—连杆；

4—后肘板；5—前肘板

图 3-7　复杂摆动颚式破碎机工作原理示意

1—偏心轴；2—肘板

复杂摆动颚式破碎机的优点是它的破碎产品较细，破碎比大（一般可达 4～8，简单型只能达 3～6）。规格相同时，复杂摆动式要比简单摆动式破碎能力高 20%～30%。

(2) 锤式破碎机

锤式破碎机是最普通的一种工业破碎设备，大多是旋转式，是利用冲击摩擦和剪切作用将固体废物破碎。主要部件为一个电动机带动的大转子，转子上铰接着一些重锤，重锤以铰链为轴转动，并随转子一起旋转。锤子是破碎机的工作机件，通常用高锰钢或其他合金钢等制成。

锤式破碎机按转子数目可分为两类：单转子锤式破碎机和双转子锤式破碎机。单转子又分为不可逆式和可逆式两种。如图 3-8 所示是不可逆式单转子锤式破碎机的结构原理示意图。固体废物自上部给料口进入破碎机内，立即受到高转速的重锤冲击作用而被打碎，并被抛射到破碎板上，通过颗粒与破碎板之间的冲击作用、颗粒与颗粒之间的摩擦作用以及锤头引起的剪切作用，使废物进一步破碎。破碎物料中小于筛孔尺寸的细粒通过筛板排出；大于筛孔尺寸的粗粒被阻留在筛板上，并继续受到锤子的打击、剪切和研磨等作用破碎，直到颗粒小于筛孔尺寸，通过筛板排出。

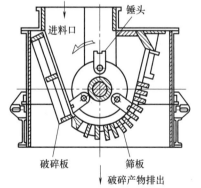

3-6 BJD 型破碎金属切屑的锤式破碎机

图 3-8　不可逆式单转子锤式破碎机

3-7 Hammer Mills 型锤式破碎机

锤式破碎机主要用于破碎中等硬度且腐蚀性弱的固体废物，如矿业废物、硬质塑料、干燥木质废物以及废弃的金属家用器物等。还可破碎含水分及油质的有机物、纤维结构、弹性和韧性较强的木块、石棉水泥废料，回收石棉纤维和金属切屑等。另外，锤式破碎机在破碎大型固体废物如电冰箱、洗衣机及废旧汽车方面也具有一定的优势。其缺点是噪声大，安装需采取防振、隔声措施。

目前专门用于破碎固体废物的锤式破碎机有如下几种。

① BJD 型普通锤式破碎机。主要用于破碎废旧家具、厨房用具、床垫、电视机、冰箱、洗衣机等大型废物，可以破碎到 50mm 左右，不能破碎的废物从旁路排除。

② BJD 型破碎金属切屑的锤式破碎机。它的特点是锤子呈钩形，主要通过钩形锤子剪切、拉撕等作用而破碎。对金属切屑破碎效果比较理想。经该设备破碎后，金属切屑的松散体积可以减小 3~8 倍，便于运输至冶炼厂冶炼。

③ Hammer Mills 型锤式破碎机。机体由压缩机和锤碎机两部分组成，大型废物先经压缩机压缩，再送入锤碎机破碎。转子由大小两种锤子组成，大锤子磨损后可转用小锤子对其进行破碎。锤子通过铰链悬挂在绕中心做高速旋转的转子上，转子下方装有筛板，筛板两端装有固定反击板，使筛上废物受到二次破碎和剪切作用。该机主要用于破碎废旧汽车等大型固体废物。

3-8 Novortor 型双转子锤式破碎机

④ Novorotor 型双转子锤式破碎机。具有两个旋转方向的转子，转子下方装有研磨板，给料口在右侧，破碎后的细粒借风力从上部排除。该机的破碎比较大，可达 30。

(3) 冲击式破碎机

冲击式破碎机大多是旋转式的，其工作原理与锤式破碎机很相似，都是利用冲击力作用进行破碎，只是冲击式破碎机锤子数较少，一般为 2~4 个不等，且废物受冲击的过程较为复杂。其工作原理是进入破碎机的固体废物受到绕中心轴做高速旋转的转子猛烈冲撞后，被第一次破碎；同时破碎产品颗粒获得一定动能而高速冲向坚硬的机壁，受到第二次破碎；在冲击机壁后又被弹回的颗粒再次受转子破碎；难以破碎的一部分废物颗粒，被转子和固定板挟持而剪断或磨损，破碎后最终产品由下部排出。当要求破碎产品粒度为 40mm 时，此仪器足以达到目的；若要求粒度更小，如 20mm 时，接下来还需经锤子与研磨板的作用进一步细化产品。若底部再设有算筛，可更为有效地控制出料尺寸。冲击板与锤子之间的距离，以及冲击板倾斜度是可以调节的。合理设置这些参数，使破碎物存在于破碎循环中，直至其充分破碎，最后通过锤子与板间空隙或算筛筛孔排出机外。冲击式破碎机具有破碎比大、适应性强、构造简单、外形尺寸小、操作方便、易于维护等特点。适用于破碎中等硬度、软质、脆性、韧性及纤维状等多种固体废物。如图 3-9 所示为典型的 Hazemag 型冲击式破碎机。

(4) 剪切式破碎机

剪切式破碎机是以剪切方式为主对物料进行破碎的机械设备。通过固定刀和可动刀（往复式刀或旋转式刀）之间的作用，将固体废物切开或割裂成适宜的形状和尺寸，特别适合破碎低二氧化硅含量

图中标注：一级冲撞板（固定刀）；固体废物；二级冲撞板（固定刀）；旋转打击刀；排出口

3-9 Hazemag 型冲击式破碎机

图 3-9 Hazemag 型冲击式破碎机

3-10 Von Roll 型往复剪切式破碎机

的松散废物。剪切式破碎机适用于处理松散状态的大型废物，剪切后的物料尺寸（即粒度）可达 30mm；也适用于切碎强度较小的可燃性废物。常用的剪切式破碎机有如下几种：

① Von Roll 型往复剪切式破碎机。如图 3-10 所示，固定刀和活动刀

交错排列，通过下端活动铰轴连接，似一把无柄剪刀。当呈开口状态时，从侧面看固定刀和活动刀呈 V 字形。固体废物由上端给入，通过液压装置缓缓将活动刀推向固定刀，当 V 字形闭合时，废物被挤压破碎，破碎物大小约 30cm。该机具有自动保护功能，如果破碎阻力超过规定的最大值时，破碎机自动开启，以免损坏刀具。这种破碎机适合松散的片、条状废物的破碎。可剪切厚度在 200mm 以下的普通型钢，适用于城市垃圾焚烧厂的废物破碎，处理量可达 $150m^3/h$。

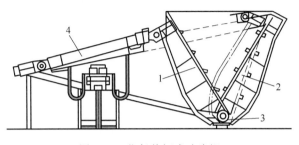

3-11 Lindemann
型剪切式
破碎机
（剪切机）

图 3-10 往复剪切式破碎机

1—往复刀；2—固定刀；3—铰轴；4—液压装置

② Lindemann 型剪切式破碎机。如图 3-11 所示，该机分为预压机和剪切机两部分，固体废物送入后先压缩，再剪切。剪切长度可由推杆控制。

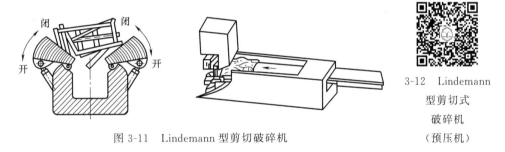

3-12 Lindemann
型剪切式
破碎机
（预压机）

图 3-11 Lindemann 型剪切破碎机

③ 旋转剪切式破碎机。如图 3-12 所示，这种破碎机一般有 3～5 个可旋转刀和 1～2 个固定刀。送入的废物被夹在可旋转刀和固定刀之间的间隙内而被剪切破碎。该机的缺点是当混进硬度大的杂质时，此机易发生操作事故。

（5）辊式破碎机

根据辊子的特点，可将辊式破碎机分为光辊破碎机和齿辊破碎机。光辊破碎机可用于硬度较大的固体废物的中碎与细碎。齿辊破碎机可用于脆性或黏性较大的废物，也可用于堆肥物料的破碎。按齿辊数目的多少，可将齿辊破碎机分为单齿辊和双齿辊两种。如图 3-13 所示，单齿辊破碎机有一旋转的齿辊和一固定的弧形破碎板。破碎板和齿辊之间形成上宽下窄的破碎腔。大块废物在破

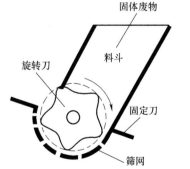

图 3-12 旋转剪切式破碎机

碎腔上部被长齿劈碎，随后继续落在破碎腔下部进一步被齿辊轧碎，合格破碎产品从下部缝隙排出。双齿辊破碎机有两个相对运动的齿辊。当两齿辊相对运动时，辊面上的齿牙将废物

咬住并加以劈碎，破碎后产品随齿辊转动由下部排出。破碎产品粒度由两齿辊的间隙大小决定。

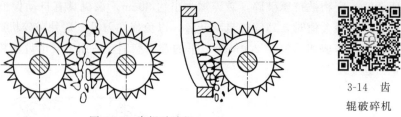

图 3-13　齿辊破碎机

3-14　齿辊破碎机

(6) 粉磨机

粉磨又称细磨，是固体废物破碎过程的后续，在固体废物处理与资源化中得到广泛的应用。通常细磨有三个目的：①对废物进行最后一段粉碎，使其中各种单体成分分离，为下一步分选创造条件；②对多种废料原料进行粉磨，同时起到把它们混合均匀的作用；③制造废物粉末，增加物料比表面积，加快物料化学反应的速度。因此，它既是固体废物分选前的准备工序，也是固体废物资源化利用的重要组成部分。例如，用煤矸石生产水泥、砖瓦、矸石棉、化肥和提取化工原料等，用钢渣生产水泥、砖瓦、化肥、溶剂以及对垃圾堆肥深加工等过程都离不开细磨工序。

细磨机对垃圾的破碎程度远远超过破碎过程。细磨程序通常在内装有磨矿介质的磨机中进行。工业上应用的细磨设备类型很多，如球磨机、棒磨机和砾磨机，分别以钢球、钢棒和砾石为磨矿介质；若以自身废物作介质，就被称为自磨机，自磨机中再加入适量钢球，就构成所谓的半自磨机。

细磨程序以湿式细磨为主，但对于缺水地区和某些忌水工艺过程，如水泥厂生产过程、干法选矿过程，则采用干式细磨。

如图 3-14 所示为球磨机，由圆柱形筒体、端盖、中空轴颈、轴承和传动大齿圈组成。筒体内装有直径 25～150mm 钢球，装入量为筒体有效容积的 25%～50%。当筒体转动时，在摩擦力、离心力和衬板共同作用下，钢球和废物被衬板提升。当提升到一定高度后，在钢球和废物本身重力作用下，产生自由泻落和抛落，从而对筒体内底角区废物产生冲击和研磨作用，使废物粉碎。

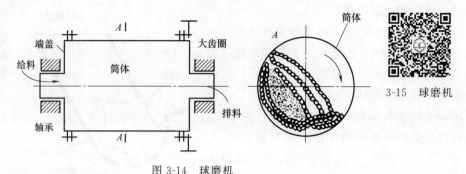

图 3-14　球磨机

如图 3-15 所示为自磨机，又称无介质磨机，分干磨和湿磨两种。干式自磨机由给料斗、短筒体、传动部分和排料斗等组成。给料粒度一般为 300～400mm，一次磨细到 0.1mm 以下，粉碎比可达 3000～4000，比球磨机等有介质磨机大数十倍。

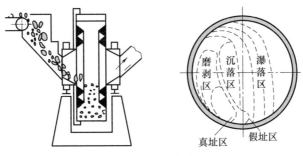

图 3-15　干式自磨机

【思考与练习3.2】

1. 固体废物破碎的主要目的是什么？（　　　）

A. 使固体废物的容积减小，便于压缩、运输和贮存

B. 使固体废物中连接在一起的异种材料等单体分离

C. 使固体废物均匀一致、比表面积增加

D. 防止粗大、锋利的固体废物损坏后续处理工序（如分选、焚烧和热解）中的设备或炉膛

2. 影响固体废物破碎效果的因素主要有哪些？（　　　）

A. 物料的硬度　　　B. 物料的解理　　　C. 物料的韧性　　　D. 物料的结构缺陷

3. 固体废物破碎机包括下列哪些类型？（　　　）

A. 颚式破碎机　　　B. 锤式破碎机　　　C. 冲击式破碎机

D. 剪切式破碎机　　　E. 辊式破碎机　　　F. 粉磨机

3.3　分选

分选是将固体废物中各种可回收利用的废物或不利于后续处理处置工艺要求的废物组分采用适当技术分离出来的过程，是固体废物回收与利用过程中一道重要的操作工序，是实现固体废物资源化、减量化、无害化的重要手段。

固体废物的分选技术可概括为人工分选和机械分选。

人工分选是最早采用的方法，适用于废物产地、收集站、处理中心、转运站或处置场，其成本主要取决于劳动力费用，其效益主要取决于回收物资的市场价格。由于固体废物形式多样、组成复杂，对于难以精确分类的固体废物和有毒有害的物品仍然要使用人工分选。目前，人工分选一般是以分类收集为基础，在流水线上进行：通过一个传送带，由分布在传送带两侧的人员按照不同的类别和规格进行分拣，将指定的可回收物资拣出或投入设在传送带下面的专用容器中。这些经过分选的物资经过压缩、包装、称重以后，被送往生产企业回用。人工分选操作简单，不需进行预处理，识别能力强；但适用范围窄（重量过大、含水率过高、对人体有危害的固体废物不宜采用），操作人员劳动卫生条件差，劳动强度大，难以实现产业化和规模化。

机械分选是根据固体废物组成中各种物质的一种或多种性质差异，采用不同的技术手

段，设计各种机械装置，将其逐一分离。常见的方法包括：利用粒度差异的筛选（也称筛分）、利用密度差异的重力分选、利用磁性差异的磁力分选、利用导电性差异的电力分选（也称静电分选）、利用表面润滑性差异的浮选、利用光电性（颜色或光泽）差异的光电分选、利用摩擦性差异的摩擦分选、利用弹性差异的弹跳分选等。机械分选具有成熟的理论基础和丰富的实践经验，是固体废物分选的主要途径。

3.3.1 筛分

筛分是根据固体废物尺寸大小进行分选的一种方法，在城市生活垃圾和工业废物的处理上得到了广泛应用，包括湿式筛分和干式筛分两种操作类型。

(1) 筛分的原理

筛分是利用筛子将物料中小于筛孔的细粒物料透过筛面，而大于筛孔的粗粒物料留在筛面上，完成粗、细物料分离的过程。该分离过程可看作是由物料分层和细粒透筛两个阶段组成的。物料分层是完成分离的条件，细粒透筛是分离的目的。

为了使粗细物料通过筛面而分离，必须使物料和筛面之间具有适当的相对运动，使筛面上的物料层处于松散状态，按颗粒大小分层，形成粗粒位于上层、细粒处于下层的规则排列，细粒到达筛面并透过筛孔。同时，物料和筛面的相对运动还可使堵在筛孔上的颗粒脱离筛孔，以利于细粒透过筛孔。粒度小于筛孔尺寸 3/4 的颗粒，容易通过粗粒形成的间隙到达筛面而透筛，称为"易筛粒"；粒度大于筛孔尺寸 3/4 的颗粒，较难通过粗粒形成的间隙，而且粒度越接近筛孔尺寸就越难透筛，这种颗粒称为"难筛粒"。

(2) 筛分的分类

根据筛子的位置不同，将筛子分为四类，用途分别如下：

① 准备筛分。为了让某个操作过程的物料满足粒度要求，将固体废物按粒度分成几个级别，分别送往下一工序。

② 预先筛分和检查筛分。通常与破碎工艺配合使用。预先筛分是将物料送入破碎机之前，将小于破碎机出料口宽度的颗粒预先筛分出去，以提高破碎机的效率；检查筛分则是对已经破碎的物料进行筛分，将尚未达到要求粒度的物料返回破碎机的入口进行再破碎。

③ 选择筛分。废物经过某一个或某些筛分工序以后，将浓缩成有用成分的部分与基本上无用成分的部分分开。筛孔必须调整到合适的大小。

④ 脱水或脱泥筛分。主要用于清洗或脱水操作。清洗是为了得到较为清洁的筛上物；脱水是为了去除废物中过多的含水量，以便下一步处理或处置，如焚烧或填埋。

(3) 筛分效率

筛分时由于实际筛分过程中受各种因素的影响，总会有一些小于筛孔的细颗粒留在筛上随粗颗粒一起排出，成为筛上产品，而影响分离效果。通常用筛分效率来描述筛分过程的分离程度。所谓筛分效率是指实际得到的筛下产物质量与入筛废物中所含粒度小于筛孔尺寸的细颗粒质量之比，用百分数表示：

$$E = \frac{m_1 \beta}{m_2 \alpha} \times 100\% \tag{3-12}$$

式中，E 为筛分效率；m 为筛下产品质量；β 为筛下产品中小于筛孔尺寸的细粒的质量分数；m_2 为入筛固体废物质量；α 为入筛固体物料中小于筛孔的细粒的质量分数。

(4) 影响筛分效率的因素

① 固体废物性质的影响。固体废物的粒度组成对筛分效率影响较大。废物中"易筛粒"（粒度小于筛孔尺寸 3/4）的颗粒含量越多，筛分效率越高；而"难筛粒"（粒度大于筛孔尺寸的 3/4）的颗粒含量越多，筛分效率越低。

固体废物的含水量和含泥量对筛选效率有一定影响。颗粒的表面水分为吸附水、薄膜水、毛细水、粗毛细水、内部水和颗粒之间的楔形水六类。当固体废物含水量小于 5% 且含泥质较少时，对筛分效率影响较小，属于干式筛选；当含水量达 5%~8% 且物料较细又含泥质时，颗粒之间以及颗粒与筛网之间产生较大的凝聚力，堵塞筛孔，使筛选无法进行；当含水量达 10%~14% 时，颗粒形成泥浆，凝聚力下降，颗粒团聚松散成单体颗粒，使筛选效率提高，属湿式筛选。

固体废物的颗粒形状对筛选效率也有较大影响。一般球形、立方形、多边形颗粒的筛选效率相对较高；而呈扁平状、片状、条状或长方块的颗粒难通过方形或圆形筛孔的筛子，其筛选效率较低。线状物料，如废电线、管状物质等，必须以一端朝下的"穿针引线"方式缓慢透筛，而且物料越长，透筛越难，在圆盘筛中这种线状物的筛选效率会高些。平面状的物料，如塑料膜、纸、纸板类等会大片覆在筛面上，形成"盲区"而堵塞大片的筛面。

② 筛分设备性能的影响。常见的筛面有棒条筛面、钢板冲孔筛面及钢丝编织筛网等。其中棒条筛面有效面积小，筛分效率低；编织筛网则相反，有效面积大，筛分效率高；冲孔筛面介于两者之间。编织筛网的筛孔形状为正方形，与圆形筛孔相比，方形筛孔的边缘易发生阻塞。粒度较小、颗粒间凝聚力较大的固体废物适于应用圆形冲孔筛面筛分。片状颗粒或针形颗粒分离时，使用有长方形筛孔的棒条筛面较好，此时，应使筛孔的长轴方向与筛板的运动方向垂直。

筛子的运动方式对筛分效率有较大的影响，同一种固体废物采用不同类型的筛子进行筛分时，其筛分效率见表 3-2。

表 3-2 不同类型筛子的筛分效率

筛子类型	固定筛	转筒筛	摇动筛	振动筛
筛分效率/%	50~60	60	70~80	90 以上

筛面大小、形状和倾角也对筛分效率有明显的影响。筛面的大小主要影响筛子的处理能力，在一定负荷时，过窄的筛面会使废物层厚度增加，不利于细粒接近筛面；过宽的筛面会导致筛面长度太短，筛分的时间不够，同样会使筛分效率不高。通常筛面长度与宽度之比为 2.53。筛面倾角是为了便于筛上产品的排出，如果倾角过小，起不到此作用；倾角过大，废物排出速度过快，筛分时间短，致使筛分效率降低。一般筛面倾角以 15°~25° 为宜。

③ 筛分操作条件的影响。在筛分操作中应注意连续均匀给料，使物料沿整个筛面宽度铺成一薄层，既充分利用筛面，又便于细粒透筛，可以提高筛子的处理能力和筛分效率。同时要注意控制筛子的运动强度，如果筛子运动强度不足时，筛面上的物料不易松散和分层，细粒不易透筛，筛分效率就不高；但运动强度过大又会使废物很快通过筛面排出，筛分效率也不高。另外还要及时清理和维修筛面。

筛分设备振动程度不足时，物料不易松散分层，使透筛困难；振动过于剧烈时，物料来不及透筛，便又一次被卷入振动中，使废物很快移动至筛面末端被排出，也使筛分效率不高。因此，对于振动筛，应调节振动频率与振幅等；对滚筒筛而言，重要的是转速的调节，使振动程度维持在最适宜水平。

（5）筛分设备

适用于固体废物处理的筛选设备种类很多，大体分成固定筛、滚筒筛和振动筛三类。

① 固定筛。固定筛是最简单的筛选设备，筛面由许多平行排列的筛条组成，可以水平安装或倾斜安装，筛条由横板连接在一起，位置固定不动。由于构造简单、不耗用动力、设备费用低和维修方便，在固体废物回用中广泛应用。根据结构、形状和用途的不同，固定筛又分为格筛、棒条筛、条缝筛、弧形筛和旋流筛，棒条筛和格筛如图 3-16 所示。

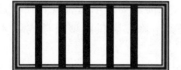 

图 3-16　棒条筛和格筛　　　　3-16　固定筛

格筛一般安装在粗碎机之前，起到保证入料块度适宜的作用。对不能通过格筛的块度较大的物料需进行破碎，以保证其能够通过格筛。

棒条筛主要用于粗碎和中碎之前，其筛面由平行排列的钢棒（如圆钢、方钢、钢轨或梯形界面的型钢）用横杆穿在一起组成，筛缝（棒间距）为要求筛下产品粒度的 1.1～1.2 倍，一般不小于 50mm。棒条筛宽度应大于固体废物中最大块度的 2.5 倍。筛面按一定倾角安装，固定不动。物料由筛面的上方进入，靠重力和给料的初速度由上而下沿筛面滑落，同时进行筛选。安装时，需根据实际情况确定筛面的倾角，必须大于固体废物对筛面的摩擦角，以保证固体废物沿筛面下滑。输送机直接给料时，倾角可取 25°～35°；给料速度不大时，倾角可取 35°～40°。棒条筛分为全固定式和悬臂式（即概率棒条筛）两种形式，后一种形式当给料时悬臂部分产生振动，可减少筛缝堵塞，并提高处理能力。

固定筛的缺点是容易堵塞，需经常清扫，筛选效率低，仅有 60%～70%，多应用于筛选粒度大于 50mm 的粗粒固体废物。

② 滚筒筛。滚筒筛也称转筒筛，其筛面是侧壁设筛孔的圆柱或圆锥形筒，如图 3-17 所示。筛面可用各种构造材料编制筛网，但筛分线状物料时会很困难，最常用的是冲击筛板。

 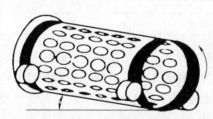

3-17　滚筒筛

图 3-17　滚筒筛

滚筒筛在传动装置的带动下以缓慢的速度旋转（10～15r/min）。为使固体废物在筒内沿轴线方向前进，滚筒轴线应倾斜 3°～5°安装。筛选时，固体废物由稍高一端进入滚筒筛，随即被旋转的滚筒带起，当达到一定高度后因重力作用自行落下，如此不断地起落、翻滚运动，使尺寸小于筛孔孔径的细粒物料透筛成为筛下产品，而筛上产品则逐渐移至滚筒的另一端排出。滚筒轴线倾角决定了物料轴向运行的速度，而垂直于滚筒轴的物料的行为则由转速决定。

③ 振动筛。振动筛应用非常广泛，它的特点是振动方向与筛面垂直或近似垂直，振动速度 600～3600 r/min，振幅 0.5～1.5mm。振动筛的倾角一般控制在 8°～40°之间。振动筛可用于粗、中、细粒的筛分，也可用于脱水筛分和脱泥筛分。振动筛主要有惯性振动筛（图 3-18）和共振筛（图 3-19）。

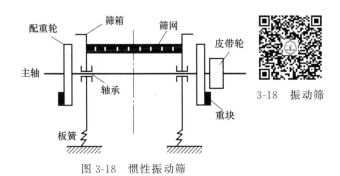

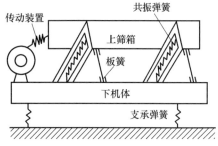

图 3-18　惯性振动筛

图 3-19　共振筛

惯性振动筛是通过由不平衡体的旋转所产生的离心惯性力，使筛箱产生振动的一种筛子，其构造及工作原理如图 3-18 所示。适用于细粒废物（粒径 0.1～1.5mm）、潮湿及黏性废物的筛分。

共振筛是利用连杆上装有弹簧的曲柄连杆机构驱动，使筛子在共振状态下进行筛分。其构造及工作原理如图 3-19 所示。共振筛具有处理能力大、筛分效率高、耗电少以及结构紧凑的特点，是一种有发展前途的筛子；但同时也有制造工艺复杂、机体重大、橡胶弹簧易老化等缺点。

3.3.2　重力分选

重力分选是根据固体废物中不同物质颗粒间的密度差异，在运动介质中利用重力、介质动力和机械力的作用，使颗粒群产生松散分层和迁移分离，从而得到不同密度产品的分选过程。

重力分选的介质有空气、水、重液（密度比水大的液体）、重悬浮液等。影响重力分选的因素主要是物料颗粒的尺寸、颗粒与介质的密度差以及介质的黏度。根据分选介质的不同和作用原理上的差异，重力分选可分为重介质分选、跳汰分选、风力分选、摇床分选等。

（1）重介质分选

① 基本原理。通常将密度大于水的介质称为重介质。选取或配制合适的重介质，使其密度介于固体废物的轻物料和重物料之间。将固体废物倒入重介质中，凡是密度大于重介质的重物料颗粒都下沉，集中于分选设备的底部成为重产物；密度小于重介质的轻物料颗粒都上浮，集中于分选设备的上部成为轻产物，分别排出，从而达到分离的目的。

固体颗粒在重介质中的分离主要取决于颗粒的密度，而受颗粒粒度和颗粒形状的影响不大，所以它的分选精度很高。不过，当入选物料粒度过小时，特别是当固体废物的密度与介质的密度接近时，由于其沉降速度很小，致使分离过程太慢，会造成分选效率降低。

② 重介质。重介质有重液和悬浮液两类。重液是一些可溶性高密度盐的溶液（如氯化锌等）或高密度的有机液体（如四氯化碳、三溴甲烷等）；悬浮液是由水和悬浮于其中的高密度固体颗粒构成，这些高密度固体颗粒起着加大介质密度作用，称为加重质。在选择加重介质时应注意，加重介质要具有密度足够大，不易泥化或氧化，便于制备和再生，配成重介质后密度高、黏度低、稳定性好、无腐蚀、易回收等特点。常用的加重质有黏土、重晶石、硅铁、磁铁矿等。重液配制的密度一般为 $1.25～3.4\text{g/cm}^3$。

③ 重介质分选设备。常用的重介质分选设备是鼓形重介质分选机，其构造和原理如图 3-20 所示。该设备外形是一水平安装的圆筒形转鼓，由四个辊轮支撑，通过其外壁腰间的

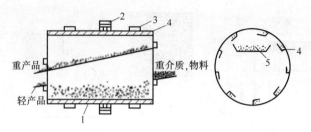

图 3-20　鼓形重介质分选机

1—圆筒形转鼓；2—大齿轮；3—辊轮；4—扬板；5—溜槽

大齿轮被传动装置驱动旋转。固体废物和重介质一起由圆筒一端给入，在向另一端流动过程中，密度大于重介质的颗粒沉于下部筒壁。随着圆筒旋转，其内壁上沿纵向设置的扬板将这些沉于下部筒壁的颗粒提升倒入溜槽内，顺槽排到筒外成为重产物；密度小于重介质的颗粒随重介质从圆筒溢流口排出成为轻物料。

重介质分选具有结构简单、紧凑，便于操作，动力消耗低等优点。适于分离密度相差较大的固体颗粒。

(2) 跳汰分选

跳汰分选是在垂直脉冲介质中颗粒群反复交替地膨胀收缩，按密度分选固体废物的一种方法。根据所使用的分选介质不同，跳汰分选分为水力跳汰、风力跳汰、重介质跳汰三种。目前，固体废物分选多用水力跳汰。

跳汰分选的一个脉冲循环中包括两个过程：床面先是浮起，然后被压紧。在浮起状态，轻颗粒加速较快，运动到床面物的上面；在压紧状态，重颗粒比轻颗粒加速快，钻入床面物的下层中。脉冲作用使物料分层，该过程如图 3-21 所示。物料分层后，密度大的重颗粒群集中于底层，小而重的颗粒会透筛成为筛下重产物，密度小的轻物料群进入上层，被水平向水流带到机外成为轻产物。

跳汰分选是古老的选矿方式，在固体废物分选方面，主要用于混合金属的分离、回收。

(a) 分层前颗粒混杂堆积　(b) 上升水流将床层抬起　(c) 颗粒在水中沉降分层　(d) 下降水流使床层紧密，重颗粒进入底层

图 3-21　颗粒在跳汰时的分层过程

(3) 风力分选

风力分选又称风选、气流分选，是用空气作分选介质，在气流作用下，根据固体颗粒在空气中的沉降规律分选固体废物的一种方法。在一定的分选条件下，固体废物颗粒在气流中沉降情况主要受颗粒的密度、粒度、形状等影响，那些密度、粒度、形状系数小的颗粒不易沉降，被气流向上带走或水平带向较远的地方成为轻产物；而那些密度、粒度、形状系数大的颗粒由于上升气流不能支持它而沉降，或由于惯性在水平方向抛出较近的距离成为重产物。

根据气流在分选设备内的流动方向不同，风选设备可分为水平气流风选机（又称卧式风

力分选机）和上升气流风选机（又称立式风力分选机）。

① 卧式风力分选机。如图 3-22 所示，是卧式风力分选机的工作原理示意图。该机从侧面送风，废物从给料口送入机内，当废物在机内下落时，其被鼓风机鼓入的水平气流吹散，固体废物中各种组分沿着不同运动轨迹分别落入重质组分、中重质组分和轻质组分收集槽中。卧式风力分选机构造简单，维修方便，但分选精度不高，一般很少单独使用，常与破碎、筛分、立式风力分选机组成联合处理工艺。

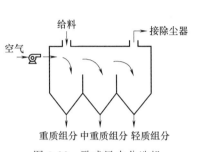

3-21 卧式风力分选机

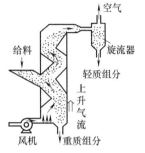

3-22 立式曲折形风力分选机

图 3-22 卧式风力分选机

图 3-23 立式曲折形风力分选机

② 立式曲折形风力分选机。如图 3-23 所示，是立式曲折形风力分选机工作原理示意图。经破碎后的城市垃圾从中部给入风力分选机，物料在上升气流的作用下，垃圾中各组分按密度进行分离，重质组分从底部排出，轻质组分从顶部排出，并经旋风分离器进行气团分离。分选机中风机的作用是产生上升的气流，也可将风机装在分选机的顶部抽吸。与卧式风力分选机比较，立式曲折形风力分选机分选精度较高。

风选是一种工艺比较简单的传统分离方法，目前已被广泛用于城市垃圾的分选。不过由于分离精度不是太高，所以，各国大都是把风选作为城市垃圾的粗分手段，把密度相差较大的有机组分和无机组分分开。

(4) 摇床分选

① 摇床分选原理。摇床分选是在一个倾斜的床面上，借助床面的不对称往复运动和薄层斜面水流的综合作用，使细粒固体废物按密度差异在床面上呈扇形分布而进行分选的一种方法。摇床分选是细粒固体物料分选应用最为广泛的方法之一。该分选法按密度不同分选颗粒，但粒度和形状亦影响分选的精确性。为了提高分选指标和精确性，分选之前需将物料分级，各个粒级单独分选。分级设备常采用水力分级机。

② 摇床分选设备及应用。在摇床分选设备中最常用的是平面摇床。平面摇床主要由床面、床头和传动机构组成，如图 3-24 所示。摇床床面近似呈梯形，横向 0.5°～1.5° 倾斜。在倾斜床面的上方设置有给料槽和给水槽，床面上铺有耐磨层（如橡胶等），沿纵向布置有床条，床条高度从传动端向对侧逐渐降低，并沿一条斜线逐渐趋向于零。整个床面由机架支撑。床面横向坡度借机架上的

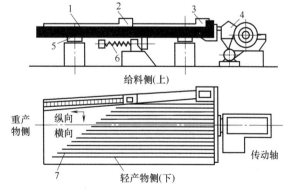

图 3-24 平面摇床结构示意

1—床面；2—给水槽；3—给料槽；4—床头；
5—滑动支撑；6—弹簧；7—床条

调坡装置调节。床面由传动装置带动进行往复不对称运动。

摇床分选过程中，颗粒群在重力、水流冲力、床层摇动产生的惯性力和摩擦力等的综合作用下，按密度差异产生松散分层，并且不同密度与粒度的颗粒以不同的速度沿床面做纵向和横向运动。它们的合速度偏离方向各异，使不同密度颗粒在床面上呈扇形分布，达到分离的目的。

摇床分选的特点：床面的强烈摇动使松散分层和迁移分离得到加强，分选过程中析离分层占主导，按密度分选更加完善。摇床分选属于斜面薄层水流分选，等降颗粒按移动速度不同而达到按密度分选的目的。不同性质颗粒的分选，主要取决于它们的合速度偏离摇动方向的角度。

3.3.3 磁力分选

(1) 传统的磁力分选

磁力分选简称磁选，是借助磁选设备产生的不均匀磁场，根据固体废物中各种物质的磁性差异进行分选的一种处理方法。主要用于回收、富集黑色金属，或者是在某些工艺中用以排出物料中的铁质物质。

固体废物按磁性可分为强磁性、中磁性、弱磁性和非磁性等不同组分。当固体废物通过磁选机时，由于各组分的磁性差异，受到的磁力作用也就不相等。磁性较强的颗粒会被吸在磁选设备上，并随设备的运动被带到一个非磁性区而脱落下来；磁性弱的或非磁性颗粒，由于所受的磁场作用力很小，仍留在废物中而被排出，从而完成磁选分离过程。

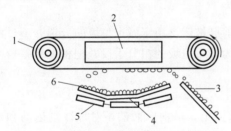

图 3-25 悬挂带式磁选机工作原理示意图
1—传动皮带；2—悬挂式固定磁铁；3—磁性物质；
4—传送带；5—滚轴；6—来自破碎机的固体废物

磁选技术比较成熟，设备的种类也很多，目前在废物处理系统中最常用的磁选设备是悬挂带式磁选机和滚筒式磁选机。

① 悬挂带式磁选机。如图 3-25 所示，在固体废物输送带上方的一定高度处悬挂一大型固定磁铁（永磁铁或电磁铁），并按图中所示配以传送带。当废物通过固定磁铁下方时，磁性物质就被吸附到上方的传送带，并随此传送带一起移动。磁性物质被带到小磁性区时，自动脱落。

② 滚筒式磁选机。如图 3-26 所示，用内部装有永磁铁（或电磁铁）的磁滚筒作为皮带输送机的传动筒。当皮带上的固体废物通过磁滚筒时，非磁性物质在重力和惯性的作用下，被抛到滚筒的前方；而铁磁性物质则在磁力作用下，被吸附到皮带上，随皮带一起运动，当铁磁性物质转到滚筒下方并远离滚筒时，磁力逐渐减小，由于皮带上隔离板的作用，铁磁性物质不能被吸回滚筒区，只能随皮带一起向前移动，到磁力足够小时，铁磁性物质落到预定收集区中。完成磁性物质与非磁性物质的分离。

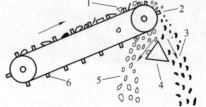

3-23 滚筒式磁选机

图 3-26 滚筒式磁选机工作原理示意图
1—固体废物；2—磁滚筒；3—非磁性物质；
4—分离块；5—磁性物质；6—隔离板

(2) 磁流体分选

所谓磁流体，是指某种能够在磁场或

磁场和电场联合作用下磁化，呈现似加重现象并对颗粒具有磁浮力作用的稳定分散液。通常采用的磁流体一般是强电解质溶液、顺磁性溶液和铁磁性胶体悬浮液。流体似加重后的密度称为视在密度，它可以通过改变外磁场强度、磁场梯度或电场强度任意调节。

磁流体分选就是利用磁流体作为分选介质，在磁场或磁场和电场的联合作用下产生"加重"作用，根据固体废物各组分磁性和密度的差异或磁性、导电性和密度的差异，使不同组分分离。当固体废物中各组分间的磁性差异小而密度或导电性差异较大时，采用磁流体可以有效地进行分离。

磁流体分选是近几十年来发展起来的分选方法，它相当于一种将重力分选和磁力分选综合应用的过程。物料在似加重介质中按密度差异分离，与重力分选相似，而且可以很方便地大幅度调节似加重介质的视在密度；在磁场中按物料磁性（或电性）差异分离，与磁选相似。因此，磁流体分选不仅可以将磁性和非磁性物料分离，而且可以将非磁性物料按密度差异分离。所以，磁流体分选在固体废物的处理利用中占有特殊的地位，它不仅可以分选各种工业废物，而且可以从城市垃圾中分选金属铜、铝、铁、锌、铅等。目前，磁流体分选法在美国、日本、德国等已得到广泛应用。

3.3.4 电力分选

（1）电力分选原理

电力分选简称电选，是利用城市生活垃圾中各种组分在高压电场中电性的差异而实现分选的一种方法。一般物质大致可分为电的良导体、半导体和非导体，它们在高压电场中有着不同的运动轨迹，加上机械力的协同作用，即可将它们互相分开。电场分选对于塑料、橡胶、纤维、废纸、合成皮革、树脂等与某些物料的分离以及各种导体、半导体和绝缘体的分离等都十分简便有效。

电选分离过程是在电选设备中进行的。废物颗粒在电晕-静电复合电场电选设备中的分离过程如图 3-27 所示。废物由给料斗均匀地送入滚筒中，随着滚筒的旋转，废物颗粒进入电晕电场区。由于空间带有电荷，使导体和非导体颗粒都获得负电荷（与电晕电极电性相同），导体颗粒一面荷电，一面又把电荷传给滚筒（接地电极），其放电速度快。因此，当废物

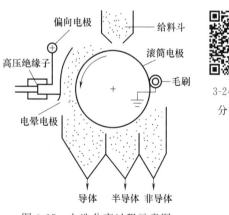

3-24 电选分离过程

图 3-27 电选分离过程示意图

颗粒随滚筒旋转离开电晕电场区而进入静电场区时，导体颗粒的剩余电荷少，而非导体颗粒则因放电速度慢，致使剩余电荷多。导体颗粒进入静电场后不再继续获得负电荷，但仍继续放电，直至放完全部负电荷并从滚筒上得到正电荷而被滚筒排斥，在电力、离心力和重力分力的综合作用下，其运动轨迹偏离滚筒，在滚筒前方落下。偏向电极的静电引力作用更增大了导体颗粒的偏离程度。非导体颗粒由于有较多的剩余负电荷，将与滚筒相吸，被吸附在滚筒上，带到滚筒后方被毛刷强制刷下。半导体颗粒的运动轨迹则介于导体与非导体颗粒之间，成为半导体产品落下，从而完成电选分离过程。

(2) 电选设备

常用的电选机有滚筒式静电分选机和 YD-4 型高压电选机，如图 3-28 所示。滚筒式静电分选机可实现废物中铝等金属导体与玻璃的分离。YD-4 型高压电选机可作为粉煤灰专用设备。

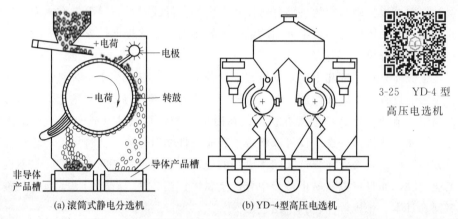

3-25 YD-4 型高压电选机

(a) 滚筒式静电分选机　　　　(b) YD-4型高压电选机

图 3-28　电选机结构与工作原理示意图

3.3.5　浮选

浮选是根据不同物质被水润湿程度的差异而对其进行分离的过程。物质被水润湿的程度，就是物质的润湿性。许多无机废物极易被水润湿，而有机废物则不易被水润湿。易被水润湿的物质，称为亲水性物质；不易被水润湿的物质，称为疏水性物质。

(1) 浮选原理

浮选也称泡沫浮选，是一种湿法分选，首先将固体废物用水调节成悬浮液，并加入浮选药剂，然后往料浆里通入空气形成无数细小气泡。因为各种物料的表面性质不同，其对气泡的黏附性也有差异，一部分黏附性好的颗粒表面黏附有较多的气泡，借助于气泡的浮力，上浮至液面成为泡沫层，把液面上泡沫刮出，形成泡沫产物；另一部分黏附性不好的颗粒仍留在料浆内，从而达到物料分离的目的。

浮选法对物质的分离，与待分离物质的密度无关，主要取决于物质表面的润湿性。疏水性较强的物质，容易黏附气泡；而亲水性强的物质，不易黏附气泡。物质表面的亲、疏水性能，可以通过浮选药剂的作用而加强，从而提高分离效果。因此，在浮选工艺中，正确选择、使用浮选药剂是调整物质可浮性的重要手段。

(2) 浮选药剂

利用欲分离物料颗粒天然可浮性的差异进行分选，分选效率会很低，往往需要投入浮选药剂，人为改变物质颗粒的可浮性。正确地选择、使用浮选药剂是调整物质颗粒可浮性的主要外因条件。根据在浮选过程中的作用不同，浮选药剂分为捕收剂、起泡剂和调整剂三大类。

① 捕收剂。能选择性地吸附在欲选物质的颗粒表面，使其疏水性增强，提高可浮性，从而使欲选物质随气泡上浮。常用的捕收剂有异极性捕收剂（典型的异极性捕收剂有黄原酸盐、黑火药、油酸等）和非极性油类捕收剂（最常用的是煤油）两类。

② 起泡剂。是一种表面活性剂，主要作用是在水-气界面上降低界面张力，促使空气在

料浆中弥散，形成大量稳定的小气泡，防止气泡兼并，提高气泡与颗粒黏附和上浮过程中的稳定性，以保证气泡上浮形成泡沫层。常用的起泡剂有松油、松醇油、脂肪醇等。

③ 调整剂。其作用主要是调整其他药剂（主要是捕收剂）与物质颗粒表面之间的作用，还可调整料浆的性质，提高浮选过程的选择性。调整剂的种类比较多，它包括活化剂、抑制剂、介质调整剂和分散与混凝剂等。活化剂的作用是促进捕收剂与欲选物质颗粒的作用，从而提高欲选物质颗粒可浮性。常用活化剂有无机盐、酸类、硫化钠等。抑制剂的作用是削弱捕收剂与某些颗粒的表面作用，抑制这些颗粒的可浮性，以提高捕收剂对预分离物质的吸附性。常用的抑制剂有石灰、氯化钾、硫酸锌、硫化钠等。介质调整剂作用是调整料浆的 pH 值、料浆的离子组成、可溶性盐的浓度，以加强捕收剂的选择吸附作用，提高浮选效率。常用介质调整剂有石灰、苛性钠、硫化钠、硫酸等。

(3) 浮选工艺

浮选工艺过程包括调浆、调药、调泡三个程序。

① 调浆。浮选前料浆浓度的调节，它是浮选过程的一个重要作业。浮选密度较大、粒度较粗的废物颗粒，往往用较浓的料浆；反之浮选密度较小的废物颗粒，可用较稀的料浆。

② 调药。浮选过程药剂的调整包括提高药效、合理添加、混合用药、料浆中药剂浓度调节与控制等。

③ 调泡。指浮选气泡的调节。气泡越小，数量越多，气泡在料浆中分布越均匀，料浆的充气程度越好，为欲浮颗粒提供的气液界面越充分，浮选效果越好。对于机械搅拌式浮选机，当料浆中有适量起泡剂存在时，大多数气泡直径介于 0.4～0.8mm，最小 0.05mm，最大 1.5mm，平均 0.9mm 左右。

浮选法大多是将有用物质浮入泡沫产物中，而无用或回收经济价值不大的物质仍留在料浆内，这种浮选法称为正浮选。但也有将无用物质浮入泡沫产物中，将有用物质留在料浆中的，这种浮选法称为反浮选。

固体废物中含有两种或两种以上的有用物质时，其浮选方法有以下两种。

① 优先浮选。将固体废物中有用物质依次一种一种地选出，成为单一物质产品。

② 混合浮选。将固体废物中有用物质共同选出为混合物，然后再把混合物中有用物质一种一种地分离。

3.3.6 其他分选方法

(1) 摩擦和弹跳分选

根据固体废物中各组分在斜面上摩擦系数和碰撞系数的差异，造成不同组分在斜面上具有不同的运动速度和运动轨迹而实现彼此分离的一种处理方法。

不同固体废物在斜面上的运动方式随颗粒的性质或密度不同而不同。纤维状废物或片状废物几乎全靠滑动，球形颗粒有滑动、滚动和弹跳三种运动方式。当颗粒单体（不受干扰）在斜面上向下运动时，纤维体或片状体的滑动速度较小，它脱离斜面抛出的初速度较小；球形颗粒由于做滑动、滚动和弹跳相结合的运动，加速度较大，运动速度较快，它脱离斜面抛出的初速度也较大。因此固体废物中的纤维状废物与颗粒废物、片状废物与颗粒废物，因形状不同，在斜面上运动或弹跳时，产生不同的运动速度和运动轨迹，实现了彼此分离。

摩擦与弹跳分选设备有带式筛、斜板运输分选机和反弹滚筒分选机三种，如图 3-29 所示。

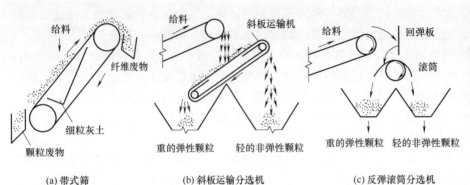

3-26 带式筛

3-27 斜板
运输分选机

(a) 带式筛　　　　　(b) 斜板运输分选机　　　　　(c) 反弹滚筒分选机

图 3-29　摩擦与弹跳分选设备与分选原理示意图

(2) 光电分选

光电分选是利用物质表面光反射特性的不同而分离物料的方法，可用于从城市垃圾中回收橡胶、塑料、金属、玻璃等物质。

如图 3-30 所示。固体废物预先分级、排队进入光检区。颗粒受光源照射，背景板显示颗粒的颜色或色调，如果颗粒颜色与背景颜色不同，反射光经光电倍增管转换为电信号，电子电路分析后，产生控制信号驱动的高频气阀，喷射出压缩空气，将其吹离原来下落轨道，加以收集。而颜色符合要求的颗粒仍按原来的轨道自由下落并对其加以收集，从而实现分离。

3-28 反弹
滚筒分选机

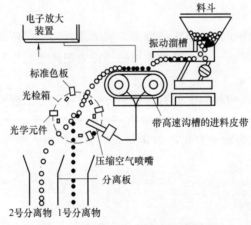

3-29 光电
分选过程

图 3-30　光电分选机分选原理示意图

【思考与练习3.3】

1. 固体废物筛分按照作用力不同可以分为下列哪些分选方法？（　　　）

A. 重力分选　　　　B. 磁力分选　　　　C. 电力分选　　　　D. 浮选

2. 从固体废物物理性质考虑，影响筛分效率的因素主要有哪些？（　　　）

A. 固体废物的粒度组成　　　　　　B. 固体废物的含水量和含泥量

C. 固体废物的颗粒形状　　　　　　D. 筛分设备性能

3. 浮选法使用的药剂包括下列哪些？（　　　）

A. 调整剂　　　　B. 起泡剂　　　　C. 捕收剂

3.4　脱水

固体废物的脱水常用于高湿废物（如污泥、赤泥、畜禽粪便等）的处理。凡是含水率超过 90% 的固体废物，都需要先进行脱水减容的预处理，以便于包装、运输与资源化利用。固体废物常用的脱水方法有浓缩脱水和机械过滤脱水两种。经过脱水，可缩小固体废物的体积，为固体废物的资源化利用创造条件。

3.4.1　固体废物的水分及分离方法

以污泥为例，污泥中所含水分可分为以下四种。

（1）间隙水

间隙水占污泥水分的绝大部分，约为污泥水分总量的 70%。间隙水主要被污泥块包围着，并不与固体直接结合，作用力弱，因此很容易分离，这部分水是污泥浓缩的主要对象。当间隙水很多时，只需在调节池或浓缩池中停留几小时，就可利用重力作用使间隙水分离出来。

（2）毛细结合水

毛细结合水约占污泥水分总量的 20%。在污泥固体颗粒周围的水会发生毛细现象，构成如下几种结合水：在固体颗粒的接触面上由于毛细压力的作用而形成的楔形毛细结合水；充满固体本身裂隙中的裂隙毛细结合水。毛细结合水受到液体凝聚力和液固表面附着力的作用，分离需要有较高的能量和机械作用力，可以用离心力、负压抽真空、电渗力和热渗力等作用力，常用离心机或高压压滤机来去除这部分水。

（3）表面吸附水

表面吸附水约占污泥水分总量的 10%。污泥常处于胶体状态，颗粒很小，比表面积大，因为表面张力作用吸附水分较多。表面吸附水较难去除，特别是细小颗粒或生物处理后的污泥，其表面活性及剩余力场强，黏附力更大，普通的浓缩或脱水方法难以去除。常用混凝方法并加入电解质混凝剂，以达到凝结作用而易于使污泥固体与水分离。

（4）内部结合水

内部结合水约占污泥水分总量的 10%。污泥中一部分水被包围在微生物的细胞膜中形成内部结合水。内部水与固体结合得很紧，要去除必须先破坏微生物的细胞膜，因此机械方法是不能去除的，必须使用生物方法（好养堆肥、厌氧消化等）使细胞生化分解，或采用其他方法破坏细胞膜，使内部水成为外部水从而进行去除。

3.4.2　浓缩脱水

浓缩脱水主要是为了去除污泥中的间隙水，缩小污泥的体积，为污泥的输送、消化、脱水、资源化利用等创造条件。浓缩后污泥含水率仍高达 90% 以上，可以用泵输送。

浓缩脱水方法主要有重力浓缩法、气浮浓缩法和离心浓缩法。

（1）重力浓缩法

重力浓缩是借重力作用使固体废物脱水的主法。该方法不能进行彻底的固液分离，常与机械脱水配合使用，作为初步浓缩以提高过滤效率。重力浓缩的构筑物称为浓缩池，按运行方式分为间歇式浓缩池和连续式浓缩池。

间歇式浓缩池仅在小型处理厂或工业企业的污水处理厂脱水使用，操作管理较麻烦，单位处理量所需池容较连续式大。如图 3-31 所示为不带中心传动间歇式浓缩池示意图。

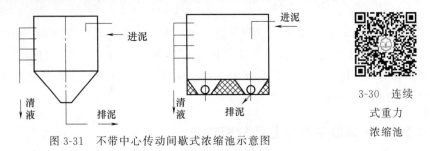

图 3-31　不带中心传动间歇式浓缩池示意图

3-30　连续式重力浓缩池

连续式浓缩池多用于大中型污水处理厂，其结构类似于辐射沉淀池。可分为带刮泥机与搅动栅、不带刮泥机、带刮泥机多层浓缩池三种。如图 3-32 所示为带刮泥机与搅动栅连续式浓缩池结构示意图。

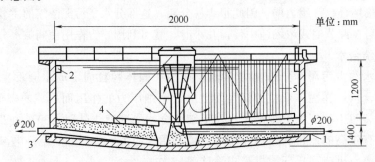

图 3-32　带刮泥机与搅动栅连续式浓缩池
1—中心进泥管；2—上清液溢流堰；3—排泥管；4—刮泥机；5—搅动栅

(2) 气浮浓缩法

其原理是依靠大量微小气泡附着在颗粒上，形成颗粒-气泡结合体，进而产生浮力把颗粒带到水表面达到浓缩的目的。

气浮浓缩法相比于重力浓缩法，其优点有以下六个方面：一是浓缩率高，固体废物含量浓缩至 5%～7%（重力浓缩为 4%）；二是固体物质回收率 99% 以上；三是浓缩速度快，停留时间短（为重力浓缩的 1/3）；四是操作弹性大（四季均可）；五是不易腐败发臭；六是操作管理简单，设备紧凑，占地面积小。其缺点有以下两个方面：一是基建和操作费用高；二是运行费用高。

(3) 离心浓缩法

其原理是利用固体颗粒和水的密度差异，在高速旋转的离心机中，固体颗粒和水分分别受到大小不同的离心力而使其固液分离的过程。离心浓缩机占地面积小、造价低，但运行与机械维修费用较高。目前用于污泥离心分离的设备主要有倒锥分离板型离心机和螺旋卸料离心机两种，如图 3-33 所示。

3.4.3　机械脱水

以具有许多毛细孔的物质作为过滤介质，以过滤介质两侧产生的压力差作为推动力，使

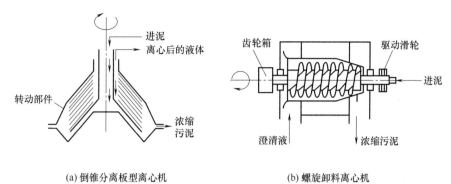

(a) 倒锥分离板型离心机　　　　(b) 螺旋卸料离心机

图 3-33　离心浓缩机示意图

固体废物中的溶液穿过介质成为滤液，固体颗粒被截流在介质之上成为滤饼的固液分离操作过程就是机械过滤脱水，它是应用最广泛的固液分离过程。

(1) 过滤介质

具有足够的机械强度和尽可能小的流动阻力的滤饼的支撑物就是过滤介质，常用的有织物介质、粒状介质、多孔固体介质三类。织物介质包括棉、毛、丝、麻等天然纤维和合成纤维制成的织物以及玻璃丝、金属丝等制成的网状物；粒状介质包括细砂、木炭、硅藻土及工业废物等颗粒状物质；多孔固体介质则是具有很多微细孔道的固体材料。

(2) 过滤设备

按作用原理划分的机械脱水的方法及设备主要有以下几种。

① 采取加压或抽真空将滤层内的液体用空气或蒸气排除的通气脱水法，常用设备为真空过滤机。真空过滤是在负压条件下的脱水过程，如图 3-34 所示。

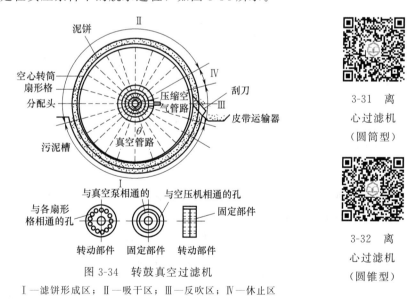

3-31　离心过滤机（圆筒型）

3-32　离心过滤机（圆锥型）

图 3-34　转鼓真空过滤机

Ⅰ—滤饼形成区；Ⅱ—吸干区；Ⅲ—反吹区；Ⅳ—休止区

② 靠机械压缩作用的压榨法，加压过滤设备主要分为板框压滤机、叶片压滤机、滚压带式压滤机等类型。压滤则是在外加一定压力的条件下使含水固体废物脱水的操作，可分为间歇式（如图 3-35 所示的板框压滤机）和连续式（如图 3-36 所示的滚压带式压滤机）两种。

③ 用离心力作为推动力除去料层内液体的离心脱水法，常用转筒离心机有圆筒形、圆

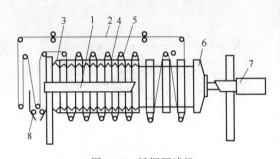

图 3-35　板框压滤机

1—主梁；2—滤布；3—固定压板；4—滤板；5—滤框；
6—活动压板；7—压紧机构；8—洗刷槽

锥形、锥筒形三种。离心脱水是以离心力取代重力或压力作为推动力对含水固体废物进行沉降分离、过滤脱水的过程，按分离系数的大小可分为高速离心脱水机（分离系数大于 3000）、中速离心脱水机（分离系数 1500～3000）、低速离心脱水机（分离系数 1000～1500）；按离心脱水原理分有离心过滤机、离心沉降脱水机［如圆筒形和圆锥形离心脱水机（圆筒形离心脱水机如图 3-37 所示）］和沉降过滤式离心机。

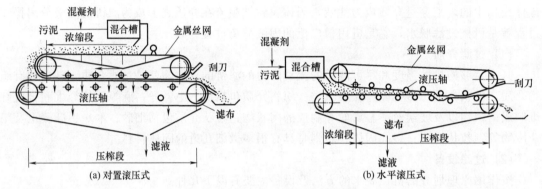

图 3-36　滚压带式压滤机示意图

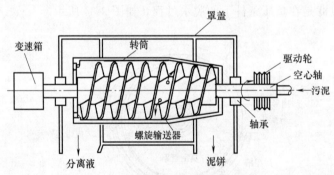

图 3-37　圆筒形离心脱水机示意图

④ 造粒脱水是使用高分子絮凝剂进行泥渣分离时形成含水率较低的泥丸的过程，其设备如图 3-38 所示。每种脱水设备的优缺点及适用范围见表 3-3。

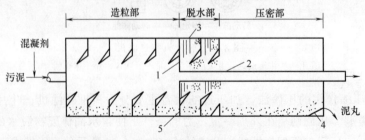

图 3-38　湿式造粒脱水机示意图

1—隔板；2—溢流管；3—泄水缝；4—提泥螺旋板；5—孔口

表 3-3　脱水设备的优缺点及适用范围

脱水设备	优点	缺点	适用范围
真空过滤机	能连续操作,运行平衡,可以自动控制,处理量较大,滤饼含水率较高	污泥脱水前需进行预处理,附属设备多,工序复杂,运行费用较高	适于各种污泥的脱水
板框压滤机	制造较方便,适应性强,自动进料、卸料,滤饼含水率较低	间歇操作,处理量较低	适于各种污泥的脱水
滚压带式压滤机	可连续操作,设备构造简单,投资低、自动化程度高	操作麻烦,处理量较低	不适于黏性较大的污泥脱水
离心过滤机	占地面积小,附属设备少,投资低,自动化程度高	分离液不清,电耗较大,机械部件磨损较大	不适于含沙量高的污泥
造粒脱水机	设备简单,电耗低,管理方便,处理量大	钢材消耗量大,混凝剂消耗量较高,污泥泥丸紧密性较差	适于含油污泥的脱水

【思考与练习3.4】

1. 污泥中的水分有下列哪几种存在形式?(　　　)
A. 间隙水　　　B. 毛细结合水　　　C. 表面吸附水　　　D. 内部结合水
2. 为了去除污泥中的间隙水往往采用浓缩脱水方法,其主要分为哪几种方法?(　　　)
A. 重力浓缩法　　B. 气浮浓缩法　　C. 离心浓缩法
3. 按作用原理划分,机械脱水的方法及设备主要哪几种?(　　　)。
A. 真空过滤机　　　　　　　　　　B. 靠机械压缩作用的压榨机械
C. 离心脱水法　　　　　　　　　　D. 造粒脱水装置

本章小结

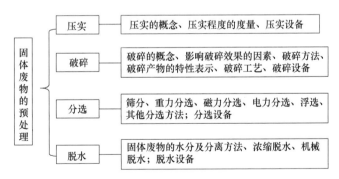

预处理是固体废物资源化的重要环节,预处理主要包括固体废物的压实、破碎、分选、脱水工序。压实主要是通过外力的机械作用使物料获得更高的密度,具体包括压实程度的度量与压实设备;破碎是使大块物料得以粉碎,获得较小粒径的物料,便于后续的分选、脱水或压实操作。硬度和解理等特性是影响破碎的主要因素,从而影响了工艺方法和设备的选择;分选是通过物理手段使粒径、密度或光、电学特性上存在差异的物料分离,因分选介质与原理的差异,可以分为重力分选、磁力分选、电力分选、浮选等。不同方法有各自相应的设备;脱水是使水厂污泥这类高含水率的物料在生物、化学反应和重力机械力的作用下脱除

水分，便于后续的处理处置和运输过程。具体工艺分为浓缩脱水、机械脱水两类。

各种预处理方案及方法的筛选，要根据后端与之衔接的处理工艺来定，比如焚烧、生物处理、填埋对预处理的要求会存在明显不同。后续工艺为焚烧处理的，要求通过预处理过程提高物料的低位热值；后续工艺为生物处理的，要求通过预处理过程提高可降解有机物的含量；后续工艺为填埋处置的，要求提高物料的压实度并减少可降解有机物的比率。

 复习思考题

1. 简述压实的目的、原理及压实设备。
2. 什么是固体废物的预处理技术？固体废物的预处理技术可分为哪几种？
3. 概述固体废物破碎的意义、方法。
4. 如何根据固体废物的性质选择合适的破碎方法？
5. 常见的机械分选方法有哪些？
6. 简述各种重力分选设备的原理和适用场合。
7. 浮选药剂有哪些？在浮选过程中的作用是什么？
8. 根据城市生活垃圾和工业固体废物中各组分性质，如何组合分选回收工艺系统？

4 生活垃圾焚烧处理与资源化

导读导学

生活垃圾焚烧资源化涉及哪些概念、工艺、过程？
如何在焚烧处理过程中控制污染物的环境释放？
焚烧处理如何能做到资源化？

知识目标：掌握焚烧资源化概念、工艺、过程控制；熟悉焚烧系统的基本构成、烟气处理的方法。

能力目标：学会飞灰与底渣的资源化方法；具备焚烧的热能转化计算能力。

职业素养：建立废物资源化理念。

4.1 焚烧资源化技术概述

焚烧资源化技术是使可燃性废物与空气中的氧气在高温下发生燃烧反应，使废物中的有毒有害成分氧化分解，达到减容、去除毒性并回收能源的一种技术。

4.1.1 垃圾焚烧历史沿革

人类在生产建设、日常生活以及其他活动中，会产生在一定时间和地点无法利用而被丢弃的污染环境的固态、液态和气态废弃物，其中的固体废物被称为垃圾或城市垃圾。垃圾的分类方法有多种，按其组成不同可分为有机废物和无机废物；按其污染特性不同可分为危险废物和一般废物等。垃圾按其来源不同分为三类，分别为城市生活垃圾、工业固体垃圾、农业垃圾。这些垃圾，特别是城市生活垃圾具有以下特点：

① 垃圾产生量增长速度快。随着生产的发展和生活水平的提高，商品消费量迅速增加，城市垃圾的产生与排出量也随之迅速增长。

② 垃圾利用的经济价值低。从总体情况看，我国城市垃圾中无机成分多于有机成分（约为 2.5∶1）；不可燃成分多于可燃成分（约为 20∶1）；不可堆肥成分多于可堆肥成分（约为 4∶1）。当然，城市垃圾组成受到多种因素的影响，其垃圾利用的经济价值也随着国家、城市、地区的不同而有所不同。一般来说工业发达国家和地区城市垃圾中有机物多，无机物较少；不发达国家或地区城市垃圾中无机物多，而有机物较少。

③ 垃圾成分变化较快。城市垃圾本来就成分复杂，地区间生活水平和燃料结构等方面存在差异，造成城市垃圾成分区别增大，而且变化幅度也很大。

④ 垃圾产生量和成分随季节变化波动较大。城市居民生活习惯、食物结构以及瓜果、蔬菜、水产品等季节性上市的特点，造成垃圾产生量和成分随季节有明显的变化。

生态环境部公布的《2020 年全国大、中城市固体废物污染环境防治年报》数据显示，2019 年，196 个大、中城市一般工业固体废物产生量达 13.8 亿吨，工业危险废物产生量达 4498.9 万吨，医疗废物产生量 84.3 万吨，生活垃圾产生量 23560.2 万吨。

目前国内外生活垃圾处理主要有三种方法：卫生填埋、堆肥（生化处理）、焚烧。其中，遵循"无害化、减量化、资源化"三原则的焚烧法最符合我国的垃圾处理产业政策。城市生活垃圾焚烧处理由于具有占地少、场地选择易，处理时间短、减量化显著（减重达 70%，减容达 90%），同时具有消除生物病原体、无害化比较彻底及可回收垃圾焚烧余热等优点，成为不少城市解决垃圾问题的重要方案。截至 2017 年底，我国已建成垃圾焚烧设施 352 座，焚烧设施规模 331442t/d，人均焚烧量 67.05kg/(人·年)，年焚烧垃圾 9321.5 万吨，占生活垃圾无害化处理的 34.3%。

现代的垃圾焚烧是一种高温热处理技术，是通过高温燃烧将垃圾中的可燃成分与空气中氧进行氧化燃烧反应，从而将可燃垃圾转变为惰性残渣的过程。生活垃圾焚烧处理大致经历了萌芽、发展和成熟三个阶段。

萌芽阶段从 19 世纪 80 年代开始到 20 世纪初期。对环境的二次污染相当严重。垃圾焚烧处理方法最早是在 1901 年由美国人提出的。当初，主要任务是使垃圾减容，由于当时垃圾燃烧的烟尘无法控制，一直未能得到广泛利用。

发展阶段从 20 世纪 60 年代起，焚烧工艺与设施水平随着燃煤技术发展而从固定炉排到机械炉排，从自然通风到机械供风而逐步得到发展。随着烟气处理技术的进步，这种焚烧处理垃圾方法在欧洲得到了普及和发展。当时应用垃圾焚烧技术和设备的主要目的是：

① 在高温下进行垃圾的无害化处理，灭除细菌以及病原体；
② 产生可加以利用的灰渣；
③ 避免由于燃烧而产生烟尘和气味；
④ 将垃圾中含有的能量转换为蒸汽、电能或者热水加以利用；
⑤ 以尽可能低的成本进行垃圾的焚烧处理，而且设备操作和工作条件合理；
⑥ 焚烧所有无法利用的可燃废弃物。

成熟阶段从 20 世纪 70 年代初到 90 年代中期。是生活垃圾焚烧技术发展最快的时期。

4.1.2 垃圾焚烧处理工艺特点

(1) 燃烧工艺的特点

一般固体燃料的燃烧目标主要是热能利用，而生活垃圾的焚烧目标主要是无害化处理，追求的是生活垃圾能在垃圾焚烧炉中充分燃烧。为此垃圾焚烧工艺通常采用较高过剩空气比的运行模式，其实际供气量一般比理论空气量高 70%～120%，同时为克服在垃圾燃烧过程中出现聚集而造成局部空气（氧）传递阻碍的现象，垃圾焚烧炉排必须设计成能使垃圾层经常处于翻动状态的构造，以利于生活垃圾充分燃烧。

(2) 热能利用的特点

尽管垃圾焚烧的主要目标是使垃圾充分燃烧，但能量回收在垃圾焚烧中的重要性也已被充分认识，从而在现代垃圾焚烧厂设计中得到体现，但是由于生活垃圾焚烧烟气具有含水量大、氯化氢浓度高等特点，对材料有较大的腐蚀性，热能回收系统也因此受到明显的影响。为此，焚烧余热利用系统一般不把过热器设置于炉内的强辐射区而使过热蒸汽温度受到限制；离开热能回收段的烟气温度一般不低于250℃，这也影响到热能回收的效率，而蒸汽式空气预热器的应用也将造成可用蒸汽能量的损失，因此城市生活垃圾焚烧的热能回收率通常要比燃煤锅炉低10%以上。

（3）环境保护的特点

城市生活垃圾在输送、贮存与燃烧过程中均存在产生二次污染的可能。其中最主要的是燃烧过程中产生的烟气污染，包括颗粒物、SO_2、HCl、NO_x、重金属和毒害性微量有机物等空气污染物，现代垃圾焚烧技术所包含的烟气净化系统通常能较有效地控制除 NO_x 和二噁英以外的一般污染物。但目前还缺乏技术可靠、经济可行的 NO_x 和二噁英等的末端净化工艺，只能以燃烧过程中的工艺控制为主要手段加以调控。

垃圾焚烧过程易因多种因素造成焚烧工况不稳定，如垃圾成分变化大，水分含量高，热值不稳定等，此时会出现燃尽率低，二次污染物多，燃烧炉受热面腐蚀，结渣、结块堵炉，甚至熄火停炉等问题。由于垃圾焚烧过程是一个强耦合的多输入、多输出非线性系统，其动态特性随工况的变化而大幅度变化，且不同情况下动态特性差异较大，存在惯性、滞后、非线性、时变、工作环境和干扰的不确定性，因而很难获得精确的数学模型。目前，对垃圾焚烧的控制基本上仍然以采用经典的PID控制为主，但单一的PID控制器在实际的应用过程中效果很不理想，无法达到预期要求，其原因是垃圾热值和含水量变化剧烈，常规的PID无法实现控制要求；而采用基于人工经验的模糊控制方法，由于控制规则在调试完成后，就固定不变了，因此对工况变化情况下的跟踪能力有限，而且从模糊控制器的实际运行情况也发现，对于在热值和工况变化较大的情况下，单一模糊控制很难将二燃室的炉膛温度控制在希望的温度范围内。就目前情况来看，我国绝大多数垃圾燃烧处理企业的控制方法仍不得不采用手动方式。

4.1.3 典型工艺与系统组成

从工程技术的观点看，物料从送入焚烧炉起，到形成烟气和固态残渣的整个过程，总称为焚烧过程。固体废物包括水分、可燃分和灰分三大组分。水分是指干燥某种固体废物样品时所失去的质量。水分含量是一个重要的燃料特性，含水率太高则无法点燃。可燃分通常包括挥发分和固定碳。挥发分与燃烧时的火焰密切相关，如含挥发分少，燃烧时没有火焰，相反，会产生很大的火焰。灰分多为惰性物质，如玻璃和金属。固体物质的燃烧有蒸发燃烧、分解燃烧和表面燃烧三种形式。蒸发燃烧，即固体物质受热先融化为液体，进一步受热产生燃料蒸汽，再与空气混合燃烧；分解燃烧，即固体物质受热后分解为挥发性组分和固定碳，挥发性组分中可燃气体进行扩散燃烧；表面燃烧是物料受热不经过融化、蒸发、分解等过程而直接燃烧。

具体的焚烧技术包括层燃烧、流化燃烧和旋转燃烧技术三种，现在推广的炉排焚烧是典型的层燃烧技术，而循环流化床是流化燃烧技术，回转窑焚烧炉是旋转燃烧技术。

目前主流的生活垃圾焚烧处理技术是层燃烧技术，采用层燃烧技术处理含有一定水分的固体废物时，一般都要经过干燥、热分解和燃烧三个阶段，最终生成气相产物和惰性固体残渣。第一阶段是物料的加热干燥阶段；第二阶段为焚烧过程的主要阶段——真正的燃烧过程；第三阶段是燃尽阶段，可燃质燃尽生成固态残渣，下面就三个阶段（图 4-1）详细叙述。

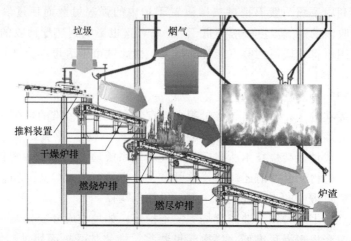

图 4-1　焚烧三阶段图

① 干燥阶段。对机械送料的运动炉排而言，从物料进入炉内起到物料开始析出挥发物着火这一段，可认为是干燥阶段。分选后的垃圾组分，有机物含量较高。我国垃圾中的有机物，绝大部分是高水分的植物类物质。加之垃圾这类物质的形态中表面积和孔隙率均相当大，更有利于蓄积外部水分，因此，实际入炉的垃圾水分，经常大于 50%，增大整个焚烧过程的干燥任务。送入炉的物料，受到炉内高温烟气的辐射、对流传热、已燃烧垃圾的直接接触传热，物料温度逐渐增高。物料表面温度的水蒸气的饱和蒸气压也开始增高。当高于外界介质的水蒸气压力时，物料层的水分以蒸汽的形式向外扩散。如果这时加强引风，将这部分扩散出的水蒸气及时引走，则干燥过程将加快，否则这部分水分将妨碍物料表面的水分析出，或者这部分水蒸气又重新凝结在其他较冷物料的表面上，造成干燥过程减缓。因此，在干燥过程中物料的翻动和加强引风是至关重要的。

② 焚烧阶段。物料基本完成了干燥过程后如果炉内温度足够高，且又有足够的氧化剂，物料就会很顺利地进入真正的焚烧阶段。焚烧阶段不是一个机械的顺序过程，也不是一个简单的氧化反应。在此阶段中，一般包括了三个同时存在的化学反应模式，即强氧化反应、弱热解和弱的元素基团跃迁。

③ 燃尽阶段。当物料在主焚烧阶段进行强烈的发热发光氧化后，参与反应的物质浓度自然就减少了，反应生成惰性物——气态的 CO_2、H_2O 和固态灰渣增加。由于灰层的形成和惰性气体的比例增加，氧化剂穿透灰层进入物料深部与可燃物进行反应也越困难。整个反应减弱。温度较焚烧段下降，剩余可燃质随之烧尽，标志着燃尽阶段的到来。

设计层燃式焚烧炉时，废物在炉膛里的停留时间与以上 3 个燃烧阶段相关。

目前，垃圾焚烧技术主要采用的是机械炉排焚烧炉、流化床焚烧炉、回转式焚烧炉、CAO 焚烧炉。其中国内运用的主要是前面两种，市场占有率在 90% 以上。

① 机械炉排焚烧炉。

a. 工作原理：垃圾通过进料斗进入倾斜向下的炉排（炉排分为干燥区、燃烧区、燃尽区），炉排之间的交错运动将垃圾向下方推动，使垃圾依次通过炉排上的各个区域（垃圾由一个区进入到另一区时，起到一个大翻身的作用），直至燃尽排出炉膛。燃烧空气从炉排下部进入并与垃圾混合；高温烟气通过锅炉的受热面产生热蒸汽，同时烟气也得到冷却，最后烟气经烟气处理装置处理后排出（图 4-2）。

b. 特点：该垃圾焚烧技术运行稳定，对垃圾的彻底处理能力强，适于连续运行，经优化的烟气处理技术后排放达标。但是炉排的材质要求和加工精度要求高，要求炉排与炉排之间的接触面相当光滑、排与排之间的间隙相当小。另外机械结构复杂，损坏率高，维护量大。目前我国大型城市的垃圾焚烧处理绝大多数采用炉排炉垃圾焚烧技术。主要采用的国外技术包括：三菱重工、吉宝西格斯、日立造船等，国内炉排炉技术也有很大的发展，主要炉排厂家包括重庆三峰、杭州新世纪、华光股份等。

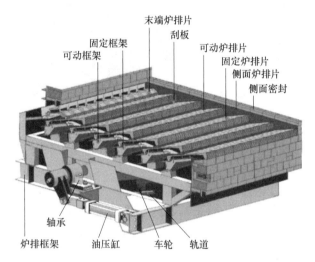

4-1　炉排

图 4-2　炉排构造

② 流化床焚烧炉。

a. 工作原理：炉体是由多孔分布板组成，在炉膛内加入大量的石英砂，将石英砂加热到 600℃以上，并在炉底鼓入 200℃以上的热风，使热砂沸腾起来，再投入垃圾。垃圾同热砂一起沸腾，垃圾很快被干燥、燃烧。未燃尽的垃圾相对密度较轻，继续沸腾燃烧，燃尽的垃圾相对密度较大，落到炉底，经过水冷后，用分选设备将粗渣、细渣送到厂外，少量的中等炉渣和石英砂通过提升设备送回到炉中继续使用（图 4-3）。

b. 特点：流化床燃烧充分，炉内燃烧控制较好，但烟气中灰尘量大，操作复杂，运行费用较高，对燃料粒度均匀性要求较高，需大功率的破碎装置，石英砂对设备磨损严重，设备维护量大。易产生结焦，系统连续运行能力较低。

③ 回转式焚烧炉。

a. 工作原理：回转式焚烧炉是用冷却水管或耐火材料沿炉体排列，炉体水平放置并略微倾斜。通过炉身的不停运转，使炉体内的垃圾充分燃烧，同时向炉体倾斜的方向移动，直至燃尽并排出炉体（图 4-4）。

b. 特点：设备利用率高，灰渣中含碳量低，过剩空气量低，有害气体排放量低。但燃烧不易控制，垃圾热值低时燃烧困难。

对于垃圾量比较少的地区可以采用该工艺。

④ 热解气化焚烧炉（CAO 焚烧炉）。该工艺分为三部分：垃圾预处理，焚烧处理和烟、气、液处理。

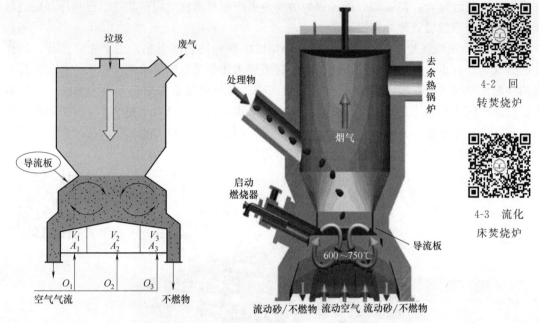

图 4-3 流化床焚烧炉

4-2 回转焚烧炉

4-3 流化床焚烧炉

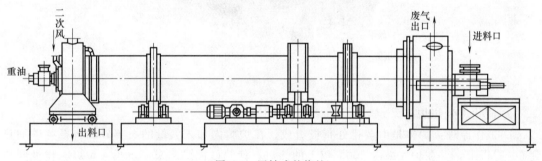

图 4-4 回转式焚烧炉

　　a. 工作原理：垃圾运至储存坑，进入生化处理罐，在微生物作用下脱水，使天然有机物（厨余、叶、草等）分解成粉状物，其他固体包括塑料橡胶一类的合成有机物和垃圾中的无机物则不能分解粉化。经筛选，未能粉化的废弃物先进入焚烧炉的第一燃烧室（温度为600℃），产生的可燃气体再进入第二燃烧室，不可燃和不可热解的组分呈灰渣状在第一燃烧室中排出。第二燃烧室温度控制在860℃，高温烟气加热锅炉产生蒸汽（图4-5）。烟气经处理后由烟囱排至大气，金属玻璃在第一燃烧室内不会氧化或融化，可在灰渣中分选回收。

　　b. 特点：可回收垃圾中的有用物质；但单台焚烧炉的处理量小，处理时间长，目前单台炉的日处理量最大达到150t，由于烟气在850℃以上停留时间难于超过1s，烟气中二噁英的含量高，环保难以达标。

　　对于垃圾量比较少的地区可以采用该工艺。

　　《城市生活垃圾焚烧处理工程项目建设标准》规定焚烧厂建设项目一般由焚烧厂主体工程与设备、配套工程、生产管理与生活服务设施构成。焚烧厂主体工程与设备主要包括：

　　① 受料及供料系统：包括垃圾计量、卸料、储存、给料等设施。

　　② 焚烧系统：包括垃圾进料、焚烧、燃烧空气、启动点火及辅助燃烧等设施。

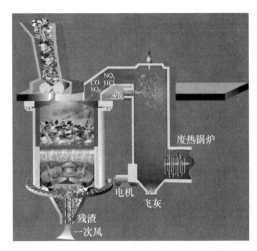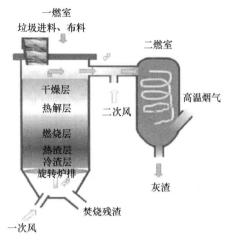

图 4-5　生活垃圾热解气化炉

③ 烟气净化系统：包括有害气体去除、烟尘去除及排放等设施。

④ 余热利用系统：包括余热锅炉、空气预热器、发电或供热等设施。

⑤ 灰渣处理系统：包括炉渣处理系统与飞灰处理系统。炉渣处理系统主要包括出渣、冷却、碎渣、输送、储存和除铁等设施。飞灰处理系统主要包括飞灰收集、输送、储存等设施。

⑥ 仪表与自动化控制系统。

另外，为保持生活垃圾焚烧处理系统的正常运行，还需要饲水处理系统和废水处理系统。

配套工程主要包括总图运输、供配电、给排水、污水处理、消防、通信、暖通空调、机械维修、监测化验、计量、车辆冲洗等设施。

其中生活垃圾焚烧处理的资源化技术主要集中于余热利用和灰渣处理两个方面。

【思考与练习4.1】

1. 焚烧技术包括下列哪几种？（　　　）

A. 层燃烧　　　　　　B. 流化燃烧　　　　　C. 旋转燃烧

2. 层燃烧技术分哪几个阶段？（　　　）

A. 干燥阶段　　　　　B. 焚烧阶段　　　　　C. 燃尽阶段

3. 焚烧厂主体工程与设备主要包括哪几种系统？（　　　）

A. 受料及供料系统　　　　　　　　　B. 焚烧系统和余热利用系统

C. 烟气净化系统和灰渣处理系统　　　D. 仪表与自动化控制系统

4.2　处理过程控制

为了使生活垃圾最大程度减量，同时严格控制污染物的排放，避免二次污染的发生，就要对垃圾焚烧过程进行控制。下面从垃圾焚烧产物、烟气净化和渗滤处理三个方面进行阐述。

4.2.1 垃圾焚烧产物

在生活垃圾焚烧过程中不同的物质会产生如下产物：

① 有机碳的焚烧产物是二氧化碳气体。

② 有机物中氢的焚烧产物是水。若有氟或氯存在，也可能有它们的氢化物产生。

③ 生活垃圾中的有机硫和有机磷，在焚烧过程中生成二氧化硫或三氧化硫以及五氧化二磷。

④ 有机氟化物的焚烧产物是氟化氢。

⑤ 有机氮化物的焚烧产物主要是气态氮，也有少量的氮氧化物生成。

⑥ 有机氯化物的焚烧产物是氯化氢。

⑦ 有机溴化物和碘化物焚烧后生成溴化氢及少量溴气以及元素碘。

⑧ 金属在焚烧以后可生成卤化物、硫酸盐、磷酸盐、碳酸盐、氢氧化物和氧化物等。

这些产物通常以烟气的形式排放到大气中。因此对焚烧设施排放的大气污染物控制项目主要有如下四项：

① 烟尘：常将颗粒物、黑度、总碳量作为控制指标。

② 有害气体：包括 SO_2、HCl、HF、CO 和 NO_x。

③ 重金属元素单质或其化合物：如 Hg、Cd、Pb、Ni、Cr、As 等。

④ 有机污染物：如二噁英，包括多氯代二苯并二噁英（PCDDs）和多氯代二苯并呋喃（PCDFs）。

垃圾焚烧产生的烟气污染物中除颗粒物外，还有以酸性气体和持久有机污染物二噁英类为代表的气态污染物。

酸性气体主要有氯化氢（HCl）和硫氧化物等。HCl 主要来源于含氯的垃圾焚烧，分为有机氯化物如聚氯乙烯（PVC），聚偏二氯乙烯及无机氯化物的盐类等。垃圾焚烧产生的硫氧化物主要来源于垃圾中的有机硫分，也有部分源于无机硫，其中可燃硫的转化率接近100%。一般生活垃圾产生的硫氧化物是 HCl 的 1/10 以下。硫氧化物绝大部分以 SO_2 的形式存在。

二噁英是在碳氢化合物燃烧时有氯元素存在的情况下，由二聚作用在适当温度和氧气条件下生成；多氯化二酚、多氯联苯等不完全燃烧，氯及氯化物存在破坏芳香族碳氢化合物基本结构与木质素结合时也可形成。垃圾组分对二噁英的形成影响不同，纺织品形成二噁英比例最大，其次是塑料和纸张。塑料、橡胶类物质中的含氯有机化合物，可作为二噁英生成反应的反应物或前驱物，金属如铜、铁等作为催化剂对二噁英生成反应具有催化作用。垃圾分类后，废纸、纺织品、金属及塑料通过前端分类已经部分回收进入利废系统循环利用，可以显著降低其在垃圾总量中的占比，从而有利于二噁英的减排。

二噁英作为一种毒性很强的由多种苯环衍生物组成的混合物，是多氯代二苯并二噁英和多氯代二苯并呋喃的统称，分子结构式如图 4-6 所示。由于苯环上氯原子取代氢原子的位置和数量的不同，使得 PCDDs（或 PCDFs）有 210 种异构体。PCDDs（或 PCDFs）熔沸点较高，常温下是无色晶体，分子结构有较强的对称性，决定了 PCDDs（或 PCDFs）具有较高的化学稳定性，在酸性、碱性以及氧化还原条件下都比较稳定，以生活垃圾焚烧产生的多氯二苯二噁英为例，它在 700℃ 下对热稳定，高温开始分解。研究显示 PCDDs（或 PCDFs）在土壤中降解的半衰期为 10 年，具有极强的毒性。以 2,3,7,8-TeCDD 毒性为代表，其毒性是砒霜的900倍。

PCDDs（或PCDFs）的生成主要分为3个途径：①垃圾中原有的PCDDs（或PCDFs）未被分解，然后随烟气和固体颗粒排放进入环境；②在炉膛高温段（500～800℃），垃圾由于缺氧等原因，而生成的不完全燃烧前驱物经过分子的解构或重组发生高温气相反应生成PCDDs（或PCDFs）；③在炉膛尾部低温段（200～400℃），在飞灰表面发生异相催化反应，该过程是低温区形成PCDDs（或PCDFs）的重要途径，反应包含前驱物形成以及从头形成。

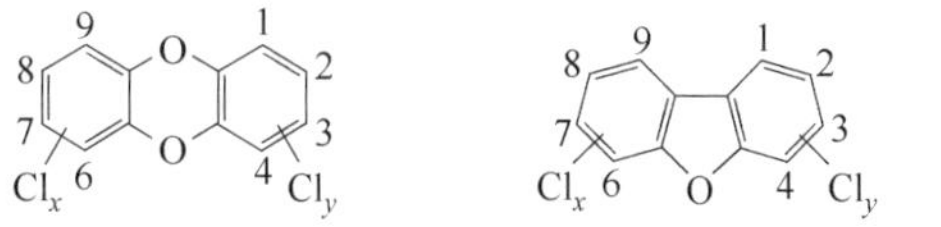

PCDDs　　PCDFs

(a) x=0～4，y=0～4，$x+y\geq1$　　(b) x=0～4，y=0～4，$x+y\geq1$

图4-6　多氯代二苯并二噁英和多氯代二苯并呋喃结构

4.2.2　垃圾焚烧烟气净化工艺及特点

(1) 烟气中二噁英的控制

生活垃圾焚烧过程可以在多个工段控制二噁英类污染物形成。

① 控制焚烧工况。要保证焚烧温度在850℃以上，因为二噁英在800℃以上基本上全部分解了。有温度监控的现代化垃圾焚烧炉，温度过低的情况一般只会发生在开炉和停炉时，所以垃圾焚烧炉在启动和停炉时，需要使用化石燃料燃烧。

② 阻止在垃圾焚烧的烟气中重新合成二噁英。当含氯的垃圾燃烧烟气在经过垃圾焚烧锅炉的过热蒸汽管和水管组成的换热器换热后，温度会下降到700℃以下，二噁英在300℃至700℃之间还会重新合成。因此，烟气在这个温度区间存在的时间要尽可能短，以使得二噁英尽可能少地重新合成。

③ 通过大幅度减少烟气中的颗粒物来减少二噁英。二噁英在300℃以下是固体，准确地说，是呈细微的固体颗粒物状态或附着在其他颗粒物上。因此，减少颗粒物几乎可等比例地减少烟气中的二噁英。21世纪初欧盟标准规定垃圾焚烧烟气中颗粒物的含量不得超过$10mg/m^3$，中国刚刚批准的标准规定不得超过$20mg/m^3$（老标准是$80mg/m^3$）。

因此，德国的垃圾焚烧厂均竞相大幅度减少烟气中颗粒物的含量，其部分目的也是减少二噁英的含量。其中德国组伦堡垃圾焚烧厂每立方米烟气中的颗粒物含量平均还不到$0.7mg/m^3$；而维尔茨堡最新的焚烧技术甚至可以达到$0.01mg/m^3$，与欧盟、德国标准规定的上限相差1000倍。

④ 吸附去除。让烟气通过由氢氧化钙、活性炭和黏土作为吸附剂的反应器，让二噁英与吸附剂发生反应，进一步减少烟气中二噁英的含量。用过的吸附剂则投入垃圾焚烧炉中进行燃烧处理。

如果这四道处理工序做得好，就可将二噁英降低到很低的水平。21世纪初欧盟颁布的标准和中国刚颁布的标准都规定每立方米烟气中二噁英的含量不得超过0.1ng，而德国组伦堡垃圾焚烧厂每立方米烟气中二噁英的含量却仅为0.003ng，维尔茨堡更甚，仅为0.0012ng，只有标准上限的约1/80。

(2) 酸性气体的净化

焚烧烟气产生的酸性气体可以采用干法、半干法和湿法三种工艺进行去除。

① 干法净化工艺。干法是将熟石灰通过专用喷头喷入反应器内，让熟石灰微粒表面直接和烟气中的酸性气体接触，产生化学中和反应，反应要有一个合适的温度，一般为

140℃，生成无害的中性盐粒子，再进入下游的粒状物去除设备。在除尘器里，反应产物连同烟气粉尘和未反应的吸收剂一起被捕集下来，达到净化酸性气体的目的。干法净化工艺流程简单，操作简便，不产生废液，但药剂消耗量大，过量系数一般达到 3 以上；HCl 和 SO_2 去除效率低。目前，国内城市垃圾焚烧厂较少单一采用此法。

② 湿法净化工艺。湿法净化工艺一般采用湿式洗涤塔脱酸，系统由湿式洗涤塔、循环水（液）喷射系统、循环冷却水（液）系统、NaOH 储存与制备系统等组成。

湿法净化工艺 HCl 去除效率高，一般在 98% 左右；SO_2 去除效率也很高，一般在 90% 左右；适应范围广、钙硫比低、技术成熟，在发达国家的垃圾焚烧发电厂中应用广泛。但投资大、动力消耗大、占地面积大、设备复杂、运行费用和技术要求高，在国内常规火电的应用比例较高，垃圾焚烧行业应用湿法工艺较少。

③ 半干法净化工艺。半干法烟气净化系统是介于湿法和干法之间的一种工艺（图 4-7），半干法脱酸系统是由旋转喷雾反应塔、石灰浆制备系统组成。半干法湿法净化工艺脱酸效率较高，HCl 去除率一般在 97% 左右；SO_2 去除率一般在 85% 左右；不产生废液；操作温度通常在 200℃ 左右，烟气温度满足排放要求；耗水量较湿法少；技术成熟可靠，已在国内大部分城市垃圾焚烧发电厂成功运用。不足之处为管道和喷嘴易堵塞，可通过良好的设计及操作管理等措施克服此问题，喷嘴也需定期更换维护。

半干法烟气脱酸技术采用"半干法＋袋式除尘器"工艺对垃圾焚烧烟气进行处理，以 CaO 或 Ca(OH)$_2$ 粉剂作为吸收剂，以活性炭作为吸附剂，吸附烟气中的二噁英等有毒有害物质，整个烟气处理系统无二次污染，流程紧凑。垃圾焚烧烟气经半干法整体处理工艺处理后，烟气排放浓度达到《生活垃圾焚烧污染控制标准》排放要求。旋转喷雾半干法和循环悬浮式半干法各有优点，与其他脱硫工艺相比，该工艺能使处理后的烟气达到排放标准，且工艺简单、节约成本，工艺本身所带来的环境污染也少。另外，半干法烟气净化技术对反应条件要求严格，包括半干法中烟气停留时间的控制、吸收剂粒度等的控制，并且该法对喷嘴的要求非常高。这些要求都是半干法脱硫在实际应用中应当注意并进一步改善的问题。

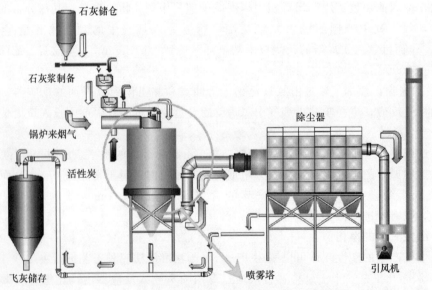

图 4-7　半干法烟气净化

④ 工艺组合。"半干法＋干法"烟气净化工艺整体复杂性较低，在国内拥有较多的应用案例，"半干法＋干法＋湿法"烟气净化工艺整体系统复杂性高，但经该系统可将垃圾焚烧产生的烟气净化到更高标准。工艺配置比较超前，而且大量的湿法工艺设备运行维护成本也较高。组合脱酸工艺中的"半干法"和"湿法"在正常工况下独立运行都可使处理后的烟气达到欧盟的排放指标。这样的配置确保了整套系统的备用性：当任意一级烟气脱酸系统出现严重的设备故障需要暂停雾化器运行或者通过旁路绕湿法脱酸系统时，组合脱酸工艺中的另一套系统单元在正常情况下都可以完成烟气脱酸的要求。

垃圾焚烧烟气中的污染物，有一些可以在线直接监测，有一些不能在线直接监测。二噁英就属于不能直接在线监测的污染物。但是二噁英的排放值与一些可以直接监测的数据有很密切的关系。因此，人们就通过这些能够直接在线测量数据，对二噁英的排放实施间接的实时监控。与二噁英的排放量间接相关的数据有：炉膛燃烧温度，保证控制在 850℃以上，并对启动和停止的状态严密监控；烟尘的排放量，因为二噁英在 300℃以下是固体，作为烟尘或附着在烟尘上排放。对于垃圾焚烧排放烟气中二噁英的监测，国际通行的办法是委托第三方进行监控和抽查。

4.2.3　渗滤液的处理与控制

在欧美及亚洲的部分发达国家，由于气候条件、能源结构、生活水平、生活习惯及垃圾分类预处理等不同于我国，其城市生活垃圾本身含水率低，易腐有机物含量少。将热值高的生活垃圾进行焚烧处理热值低的垃圾进行填埋后，焚烧厂垃圾贮仓中只产生少量的渗滤液，水质也没有我国焚烧发电厂垃圾渗滤液复杂，多采用回喷、稀释后送污水厂等几种途径消纳。

由于垃圾在焚烧场贮仓时间一般小于 1 周，垃圾中有机物只经过短暂时间的厌氧发酵、水解、酸化过程，微生物水解酸化作用形成的脂肪酸还未进一步降解，使产生的渗滤液具有高浓度的 COD_{Cr}，其 COD_{Cr} 约 $40000 \sim 80000 mg/L$，且夏季时较低，冬季较高；BOD_5 / COD_{Cr} 约 $0.4 \sim 0.8$，可生化性好，适合直接进行生化处理；氨氮浓度为 $1000 \sim 2000 mg/L$；同时焚烧厂垃圾渗滤液含有高浓度的挥发性污染物，低碳醇和碳原子数小于 7 的挥发性有机酸（VFA）约占有机碳质量浓度的 50%；pH 值为 $5.0 \sim 6.5$，甚至更低，主要是由于渗滤液中大量有机酸的存在；活性污泥浓度为 $1000 \sim 5000 mg/L$；其总体特点是污染物浓度高、水质水量变化大，呈黄褐色或灰褐色，强烈恶臭。

处理焚烧厂渗滤液的方法主要有物化法和生物法两种。

① 物化法。物化法在渗滤液预处理及后续深度处理工艺中应用广泛，它不受水质、水量变化的影响，尤其对于 BOD/COD_{Cr} 比值低于 0.20 并且难以采用生物处理的垃圾渗滤液具有较好的处理效果，且出水性质较稳定；但其处理成本较高，投资、运行费用比生物法高出数倍甚至数十倍，不适合大量渗滤液的处理。渗滤液深度处理中常使用的物化法主要有混凝-沉淀法、吸附法、光催化氧化法、膜处理法等，一般与成本较低的厌氧生化处理法结合使用。

② 生物法。生物法包括好氧生物、厌氧生物以及厌氧-好氧结合的处理方法。好氧生物法可有效降低渗滤液中的 BOD_5、COD 和 NH_3-N 浓度，同时还可以去除 Fe、Mn 等金属类污染物，但是，好氧生物处理过程必须满足氧气的供应，其实质是通过电能消耗来改善废水水质，发达国家用于废水处理的能耗已占全国总电耗的 1% 左右，以好氧生物处理的高能耗

解决环境问题，无论对于第三世界国家还是发达国家都是沉重的负担。

除此之外，好氧处理产生的污泥量大，污泥处理、处置费用相对较高；对无机营养元素的要求较高，如对于磷含量较低的渗滤液需投加磷；较厌氧生物处理承受的有机负荷低，对 COD_{Cr} 浓度低于 5000mg/L 的渗滤液处理效果好。

相比之下，厌氧生物处理能耗少（国外在污泥厌氧消化的实践中指出，污泥和消化池的保温只需利用 35%～45% 的所产沼气量）、操作简单、污泥产率低，因此投资及运行费用低廉，且产生的剩余污泥量少，所需的营养物质也少（如对 BOD_5/P 值的要求只需 400∶1），同时由于厌氧菌对有机物降解能力较强，某些不被好氧菌降解的高分子有机物可以被厌氧菌生物降解，所以近年来厌氧生物处理得到广泛应用。同时，随着微生物学、生物化学等学科的发展和工程实践的经验积累，厌氧生物处理在理论和实践方面都有了很大的进步，解决了传统工艺水力停留时间长，有机负荷低的问题；例如，普通厌氧消化，35℃条件下有机负荷为 1kgCOD/(m·d)，水力停留时间为 10d，渗滤液的 COD 去除率可达 90%。

对于中小型垃圾焚烧厂，其产生的渗滤液量较少，通过"浓缩"法将渗滤液浓缩至原液体积的 2%～10%，再将浓缩液（COD_{Cr} 超过 300g/L 以上）回喷焚烧炉进行焚烧处理。应用焚烧法较广泛的西方国家及其他发达国家、地区，因该法垃圾热值高、含水率低，产生的少量渗滤液常用"浓缩＋生化法"消纳处理。

现有的焚烧厂垃圾渗滤液处理工艺多采用成本较低的厌氧消化技术降解渗滤液中绝大多数的有机污染物质，同时利用沼气发电或焚烧炉助燃来降低整体工艺的成本，运用好氧MBR法、SBR法做进一步处理，再运用其他物化法进行脱氮及深度处理，获得达标排放的出水。

【思考与练习 4.2】

1. 焚烧设施排放的大气污染物包括哪几种？（　　　）

A. 烟尘　　　　　　B. 有害气体　　　　　C. 重金属元素　　　　　D. 有机污染物

2. 可以采用哪些措施来减少焚烧处理烟气中二噁英排放？（　　　）

A. 控制焚烧工况　　　　　　　　　　B. 阻止烟气重新合成

C. 减少烟气中的颗粒物　　　　　　　D. 吸附去除

3. 对焚烧烟气中的酸性气体去除工艺有哪些？（　　　）

A. 干法净化工艺　　　　　　　　　　B. 湿法净化工艺

C. 半干法净化工艺　　　　　　　　　D. 工艺组合

4.3　焚烧处理与资源化

生活垃圾焚烧处理过程中固态灰渣约占原来垃圾物料质量的 20%～30%，这部分固体废弃物需要进一步进行处理，其中垃圾焚烧飞灰属于危险废物，处理处置之前需要进行解毒或钝化处理。如何提高焚烧释放热能利用率也是重要的资源化方向。

4.3.1　焚烧飞灰的资源化

主流生活垃圾焚烧技术主要有机械炉排炉焚烧技术和流化床焚烧技术，焚烧产生的残渣占所处理的垃圾固体质量的 30%～35%，其中炉排炉焚烧技术飞灰产生量约为入炉垃圾量的 5%，流化床技术则约为 15%。按 2019 年全国生活垃圾量一半进行焚烧处理，飞灰产生量约为入炉垃圾量的 5% 计算，则焚烧飞灰年产生量约 587 万吨。飞灰含有高浸出浓度的重金属以及高毒性的二噁英等，属于危险固体废弃物，生态环境部门要求在对其进行最终处置之前必须先经过固化或稳定化处理。

(1) 焚烧飞灰的化学组成

飞灰一般呈灰白色或深灰色，主要成分为 CaO、SiO_2、Al_2O_3 和 Fe_2O_3，这些活性物质含量占 46% 以上，而且飞灰颗粒细小（粒径分布通常在 $1～150\mu m$ 之间），比表面积大（$3～18m^2/g$），具有吸湿性和飞扬性，易与其他成分反应生成新的胶凝相。经 X 射线荧光光谱仪分析，其化学组成如表 4-1 所示。

表 4-1 飞灰基本化学组成分析（以氧化物计）

成分	含量/%	成分	含量/%
CaO	4112	MgO	0488
Cl	27.11	P_2O_5	0.426
Na_2O	12.83	PbO	0.323
K_2O	9.302	TiO_2	0.213
SO_3	3.370	CuO	0.141
SiO_2	3.360	SnO_2	0.0602
ZnO	1.373	Sb_2O_3	0.037
Al_2O_3	0.838	SrO	0.030
Fe_2O_3	0.608	MnO	0.024

飞灰中含有大量的 K、Na 等盐类成分，主要以氯盐形式存在，在飞灰中的含量大约为 7.9%。将飞灰掺入混凝土中，氯离子是影响混凝土结构耐久性的主要因素。所以氯离子是飞灰使用在混凝土上的主要检测和控制元素之一。

飞灰的主要矿物属于 $CaO\text{-}SiO_2\text{-}Al_2O_3\text{-}Fe_2O_3$ 体系，同一些矿物掺合料，如矿渣、粉煤灰胶凝材料的矿物相成分相似，可以将其作为掺合料代替部分水泥掺入混凝土中，达到节约水泥和环保的效果。

从全国生活垃圾焚烧厂的飞灰成分分析来看（表 4-2），其主要组成为氧化钙、氯盐等，

表 4-2 全国部分地区的垃圾焚烧飞灰基本化学组成分析（以氧化物计） 单位：%

飞灰来源	CaO	Cl	Na_2O	SO_3	K_2O	SiO_2	MgO	Fe_2O_3	Al_2O_3
辽宁省	45.3	21.5	9.9	—	8.2	2.1	1.2	0.8	0.4
江苏省	54.57	18.59	8.525	5.7	5.112	2.537	0.833	0.773	0.511
广东省	44.4	23.7	10	6.58	5.13	4.17	1.08	1.05	0.97
湖南省	38.12	17.99	1.32	—	8.56	5.8	—	1.03	2.79
北京市	48.75	20.99	7.97	6.3	5.58	3.75	1.89	1.21	1.09
哈尔滨市	40.34	4.84	0.28	—	—	21.8	4.44	7.19	10.75
上海市	38.2	—	—	48.9	0.1	17.6	1.8	0.4	1.1

飞灰碱度（CaO/SiO_2）约为 12.24。由飞灰基本化学组成可知，其含有大量的活性氧化钙、氯化钠和氯化钾。此三类成分均有一定的吸湿性，且粉状飞灰在转运过程中，为抑制其扬尘污染，通常也保持有一定含水率。

另外布袋飞灰与急冷塔飞灰也存在着不同。两种飞灰含水率分别为 34.7% 和 14.28%，两类飞灰组成情况见表 4-3。急冷塔飞灰的 Na 和 Cl 含量远低于布袋飞灰。特别是 Na 含量，急冷塔飞灰只有布袋飞灰的十分之一。

表 4-3　布袋飞灰与急冷塔飞灰组成差异　　　　　　单位：mg/kg

指标	Ba	Ca	Cd	Cr	Hg	Si	K	SO_4^{2-}	Cr^{6+}	Al	Fe	Mg
布袋	965	201000	10.7	61.9	<8	7560	20600	252000	<2	2130	2200	3420
急冷塔	881	369000	1.9	20.7	<8	2970	1160	30600	<2	2900	1760	3450
指标	Mn	Na	As	B	Be	Pb	Ni	Cl	Se	Cu	Zn	
布袋	91.8	131000	<7	1030	<0.2	672	1160	97500	<40	9810	3970	
急冷塔	89.5	13700	<7	773	<0.2	105	317	32900	<40	1000	703	

(2) 飞灰稳定化处理方法

2020 年 8 月，HJ 1134—2020《生活垃圾焚烧飞灰污染控制技术规范（试行）》发布，其中规定了生活垃圾焚烧飞灰收集、贮存、运输、处理和处置过程的污染控制技术要求。为了避免飞灰对环境产生影响，应在进入填埋场之前对飞灰中的二噁英、重金属等浸出毒性进行有效的控制。飞灰稳定化处理常用方法主要有水泥固化、化学药剂稳定化和熔融固化技术三类。

① 水泥固化。利用螯合剂与重金属螯合稳定之后固化进入填埋场是目前最经济、最方便的一种方式，得到大部分垃圾焚烧发电厂的应用。根据《生活垃圾卫生填埋处理技术规范》（GB 50869—2013），焚烧飞灰属于危险废物，不能直接进入生活垃圾填埋场进行填埋处置。焚烧飞灰需进行固化、稳定化处理，满足《生活垃圾填埋场污染控制标准》（GB 16889—2008）中 6.3 节的要求，才能进入生活垃圾填埋场，且需要设置与生活垃圾填埋库区有效分隔的独立填埋库区。GB 16889—2008 第 6.3 条规定，焚烧飞灰进入生活垃圾填埋场处理的条件是：①含水率小于 30%；②二噁英的含量低于 3μg/kg；③按照 HJ/T 300 制备的浸出液中危害成分浓度低于 GB 16889—2008 中的限值。水泥、石灰固化飞灰，虽然成本低且飞灰固化后物理力学特性好，但增重和增容较大，且随着时间增长，重金属有重新释放危险。

② 化学药剂稳定化。固化稳定化过程中一般为几种固化剂、稳定剂通过一定的配比联合使用（图 4-8），目前飞灰固化稳定化工艺多，固化剂、稳定剂种类繁多，造成固化稳定化飞灰的化学组分、物理形态、力学特性差异较大。化学药剂稳定化飞灰，虽然成本高，但固化不增容或少增容，处理效果稳定，由于水泥类固化剂添加很少，呈螯合散粒状。

水泥固化及药剂稳定化属于目前广泛应用的处理技术，但配套建设相应填埋场，占用了大量土地，增加了后期运行管理成本，不宜作为未来飞灰处理处置的方向。

③ 熔融固化。熔融固化技术是指在 1200℃ 以上的高温下，对固体废物进行熔融，生成熔融炉渣，使废物中的有害物质稳定。经过熔融后，飞灰中的二噁英等有机污染物受热分解；飞灰中所含的沸点较低的重金属盐类，少部分发生气化现象，大部分则转移到玻璃态熔渣中，极大地降低了重金属溶出的可能性。熔融固化技术的固化效果好，熔渣可重复利用，

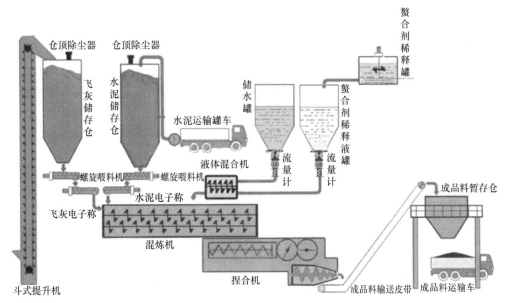

图 4-8　焚烧飞灰常规固化、稳定化工艺流程

但能量消耗巨大，且熔融过程中，飞灰中的重金属及无机盐易挥发使得后续处理困难。有学者发现当 CaO/SiO_2 降低，易挥发重金属如 Pb、Cd 的固定率呈上升趋势。较高的氯含量会加剧重金属的挥发，而惰性气体能够抑制金属氯化物的挥发。飞灰熔融玻璃化技术由于其突出的减容效果和资源化利用的优势得到广泛关注和研究。生活垃圾焚烧飞灰颗粒粒径小、间距大、孔隙率大，其自然堆积密度在 0.5～0.8g/cm，作业过程易扬尘逸散，不利直接入炉熔融处置，实际工程中通常以添加胶凝材料养护成球团或砌块的方式，改善飞灰作业性能。然而飞灰胶凝团块的生产与养护，既复杂了生产工序，也提高了场地要求。

④ 水热稳定化。垃圾焚烧飞灰可通过水热法稳定其中的重金属。一般流化床飞灰硅铝含量较高，直接进行碱性水热处理即可达到稳定重金属的效果，而炉排炉飞灰硅铝含量低，需要搭配硅铝添加剂后水热处理实现重金属稳定。硅铝元素进行碱性水热处理后可形成硅铝酸盐矿物，在硅铝酸盐矿物形成的过程中，重金属通过物理/化学吸附、离子交换和物理封装等形式被固定在硅铝酸盐结构中，从而提高了重金属离子的稳定性，降低了飞灰的重金属毒性，达到减少环境污染的目的。

以沸石类硅铝酸盐矿物为例，其对重金属的吸附和离子交换如下：

a. 与 Na^+/H^+ 进行离子交换：

$$n\text{X-ONa/H} + \text{Me}^{n+} \longrightarrow (\text{X-O})_n\text{-Me} + n\text{Na}^+/\text{H}^+$$

b. 在带负电荷的位置直接吸附：

$$n\text{X-O}^- + \text{Me}^{n+} \longrightarrow (\text{X-O})_n\text{-Me}$$

式中，X-O^- 代表沸石类矿物的表面；Me^{n+} 代表化合价为 n 的重金属阳离子。

Liu 等采用 DFT 方法在分子水平上解释了重金属离子在方钠石笼中的固定机制，引入交换能从热力学角度定量评估了固定化的长期稳定性。重金属离子的固定化主要取决于结晶水的溶剂化作用和方钠石（或称钠沸石）的笼状结构的分子键合作用。重金属的固定化与其溶剂化半径有关：溶剂化半径越大，固定效果越好。重金属的溶剂化半径的顺序为：$Cr^{3+} > Zn^{2+} > Cd^{2+} > Cu^{2+} > Ni^{2+} > Pb^{2+}$；而固定重金属离子遵循的顺序为：$Cr^{3+} > Zn^{2+}$

$>Cd^{2+}>Cu^{2+}>Ni^{2+}>Pb^{2+}$。由于溶剂化效应和方钠石笼状结构的吸附之间的协同作用，Cr^{3+}、Cd^{2+}、Cu^{2+}、Ni^{2+} 和 Pb^{2+} 在溶剂化不足的情况下不利于其稳定。这一发现可广泛解释重金属稳定于以 sod（t-toc）笼为单位的沸石（如 SOD、LTA、EMT、FAR、FAU、FRA、GIU、IFY、LTN、MAR 和 TSC 型沸石）和含有 sod（t-toc）笼的低聚合物中。另外，水热法可以同时达到稳定重金属和降解二噁英的效果，且水热产物具有一定的应用价值，因此水热法被认为是最具前景的垃圾焚烧飞灰处理方法之一。但水热处理对炉排炉飞灰的重金属稳定效果有限，使得该方法的应用受到了一定限制。

我国飞灰安全处置是生活垃圾焚烧污染控制及风险管理的薄弱环节，由于飞灰固定稳定化工艺的多样性，固化飞灰化学、物理、力学特性差异大，固化飞灰填埋设计标准、规范缺失，导致固化飞灰填埋处置存在扬尘大、刺激性气味强、渗滤液产量大、渗滤液组分复杂、渗滤液处理难等一系列问题，造成填埋场持续运行困难。

（3）垃圾焚烧飞灰主要资源化途径

垃圾焚烧飞灰主要资源化途径是生产建筑材料，可以分为水泥窑协同共处置生产水泥熟料和制备免烧砖两种，其中生产水泥熟料已经产业化，而制备免烧砖仍然在进行工艺完善。

焚烧垃圾的飞灰相较于底灰具有胶凝性，可以替代部分水泥用于混凝土制品。但飞灰由于含有大量重金属，属于危险固体废物，传统的做法是将其进行水泥固化掩埋。研究表明单掺 10% 飞灰替代水泥的混凝土抗压强度、耐久性符合国家标准，而且飞灰混凝土重金属浸出试验结果表明，除 Cr 元素外，其余重金属元素都被很好地固化在混凝土中，浸出量几乎均为零，固化率接近 100%，飞灰混凝土中 Cr 在 1～16 周总浸出量是 0.007mg/mL（浓度限值为 0.01mg/mL），未超过国家标准，对环境无影响，符合废弃物制备混凝土的安全性要求。

水泥是由石灰石、黏土和其他材料混合并经高温煅烧后研磨而成的。在水泥回转窑中，石灰石（$CaCO_3$）、黏土等经高温煅烧能生成制作水泥的材料，这一过程需消耗大量的能量同时释放出大量温室气体 CO_2。而焚烧垃圾的飞灰本身即含有石灰（CaO）以及一些活性组分氧化铝（Al_2O_3）、二氧化硅（SiO_2），具有一定胶凝性，所以将飞灰用作石灰源，既能减少因煅烧石灰而消耗的能量，又能减少分解石灰石时所释放的 CO_2。

研究还发现将 5% 的焚烧垃圾飞灰作为活性矿物掺料同具有高火山灰活性的气化稻壳灰及其他活性矿物掺合料复合掺入混凝土中，制得等级强度为 C100 的超高强混凝土，其 28d 抗压强度高达 117.8MPa，获得良好的工作性能，同时掺垃圾焚烧飞灰超高强混凝土的重金属浸出量均没有超过国家标准，不影响使用安全。因此，垃圾焚烧飞灰作为辅助胶凝材料制备超高强混凝土是安全可行的。

研究表明掺加焚烧垃圾飞灰的水泥生料的易烧性得到改善，有效降低了煅烧成本，有效实现了资源化利用，而且水泥水化后重金属能被有效地固化，浸出量低于工业固体废物浸出毒性鉴别标准规定的指标，不会影响人员的健康也不会对环境造成二次污染。将 16.32% 的飞灰掺入水泥中，烧成的熟料制得的水泥胶凝性能好，早期强度高，后期增进率大，28d 抗压强度可达 65.4MPa。

水泥窑具有煅烧温度高、工艺时间长及碱性气氛强等特性，高温下可彻底分解飞灰中二噁英，同时能将飞灰中大部分有害重金属固化；并且飞灰的化学成分与水泥原料成分相近，能替代水泥生产原料。因而，水泥窑协同处置飞灰的路线被认为是将飞灰资源化并且环境安全风险最小的最佳处置方式。

水泥原料中的氯元素及钾、钠盐等是水泥生产过程中的有害成分，国家标准对水泥中这些成分的含量均有限定值。上述有害元素在窑系统内不断循环富集，给水泥质量及系统稳定运行带来严重后果，主要影响如下：

① 水泥熟料中氯含量较高，对混凝土中的钢筋具有腐蚀性，进而影响建筑物的结构强度。

② 窑尾分解炉下的烟室及下料斜坡、缩口等部位极易结皮堵塞，严重时会影响到水泥烧成系统的正常运行。

③ 熟料碱含量过高会导致砂浆发生膨胀性的碱骨料反应，影响水泥质量。美国 ASTM 标准规定低碱水泥熟料中钠含量不得大于 0.6%，普通水泥目前无最大含碱量规定；我国生产经验熟料碱含量一般不得大于 1.3%。

我国垃圾焚烧飞灰氯含量通常在 $5\%\sim10\%$，经济发达地区高达 20% 以上。高氯飞灰入窑会加剧系统结皮、堵塞，进而影响熟料质量。

国内水泥行业目前可接受的限值是生料中总碱量（K_2O+Na_2O）不大于 1%，氯含量 $\leqslant0.015\%\sim0.020\%$ 或者硫碱比 $\leqslant1.0$。HJ 662—2013《水泥窑协同处置固体废物环境保护技术规范》规定，入窑氯含量不得大于 0.04%，氟元素含量不得大于 0.5%，且各种重金属含量也必须低于限定指标。国外部分企业对入窑生料有害成分的限制如表 4-4 所示。

表 4-4　国外部分企业对入窑生料有害成分的限制

企业名称	$R_2O/\%$	$Cl^-/\%$	$S/\%$	硫碱比
日本川崎	<1.5	<0.020	—	—
拉法基	—	<0.015	—	<1
丹麦史密斯	<1.0	<0.015	—	—
德国洪堡	<1.0	<0.015	≤3	—
日本三菱	<1.5	<0.015	—	—

有效脱氯是保障飞灰生产水泥熟料品质的重要措施。为了控制进入系统的氯量，采用调质除氯、旁路放风、水洗飞灰三种方式进行脱氯。

① 调质除氯工艺是在水泥窑烟室处连接两段式预处理装置，飞灰进入预处理装置后，借助回转装置和预设坡度向前送料，与来自烟室的高温烟气逆向换热。焚烧飞灰预处理装置由两段回转缸筒组成，该装置与水泥窑接口的位置选在烟室部位，烟气入口温度控制在 1100℃ 左右。飞灰预处理时，分段加入辅料，辅料 1 的主要成分为萤石、环氧树脂，起降低飞灰熔融温度、加速二噁英分解的作用；辅料 2 的主要成分为高岭石和铁尾矿，添加目的在于吸附第一段挥发出的重金属和蒸发出的飞灰中的氯化钾盐，并形成水泥熟料类似的矿物相。从而实现焚烧飞灰的在线除氯、解毒及配料烧结等。烟气经回收余热后，送入烟气处理系统处置后排放。采取该工艺技术对飞灰进行预处理后，飞灰化学成分和水泥熟料类似，可直接用作水泥混合材。但因烧结烟气温度低于水泥回转窑内煅烧温度，不易挥发的重金属固化效果相对较差，导致水泥重金属元素有超标风险。

② 水泥窑旁路放风协同处置飞灰的主要技术方案（图 4-9）是焚烧飞灰不经过预处理，直接通过气力输送进入窑尾分解炉内进行高温焚烧处置；也有部分技术方案是将焚烧飞灰直接加入窑头煅烧。采取旁路放风处置飞灰方式，有害元素在窑内循环富集后，从烟室抽取部分烟气，通过骤冷风机鼓入适量冷风对烟气进行快速冷却降温，使 KCl、NaCl 等成分冷却

结晶固化到粉尘上；然后经过旋风分离器、布袋除尘器依次实现粉尘收集，最后将降温除尘后的烟气送入窑尾废气处理系统或篦冷机，实现尾气的环保排放。放风位置通常考虑两点，第一，抽气口废气中有害成分浓度应尽量高，含尘浓度应尽量低；第二，抽气口风速适宜，一般选取 10m/s 以下。这样既能保证定量的粉尘表面积，供气态物质凝结，又不会带来过多粉尘外排。依据现场情况，放风位置通常可选在窑尾下料溜子前段、烟室两侧及烟室后侧。放风量根据飞灰化学成分、水泥原料及燃料情况计算确定。放风烟气温度在 1000℃ 左右，热损耗不容忽视，每 1% 放风量通常会使 1kg 熟料热耗以及 1t 熟料的料耗和电耗分别增加 17~21kJ、1~3kg 和 0.1~0.2kW·h。为保证水泥生产线稳定，宜采用小风量连续放风的方式。水泥窑旁路放风处置飞灰工艺因焚烧飞灰气力输送直接入窑，设备成本和建设成本均投入较少，运行成本主要来自于旁路放风带来的热损耗，也较少，整个工艺的建设和运行费用相对较低。

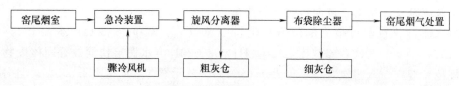

图 4-9　水泥窑旁路放风协同处置飞灰技术工艺

垃圾焚烧飞灰通过多级逆流水洗工艺（图 4-10），将飞灰中的可溶性氯盐脱除，水洗后的飞灰氯离子含量降至 1% 以下，实现了飞灰的高效脱氯效果。实际运行情况表明：水灰比在 3:1、水洗次数为 3 次时，水洗经济性较好，飞灰中 >95% 的氯离子及 70% 以上的碱金属能够被去除。水洗工艺为水泥窑的运行创造低氯条件，窑况稳定性及飞灰处置量显著提高。预处理后的飞灰进入窑尾，水泥窑高温碱性条件使水洗飞灰中剩余的有毒有害物质分解，重金属固化在熟料晶格内。飞灰水洗废水可通过去除重金属等，在满足制盐水质要求后蒸发制盐，可得到高纯度钾盐和钠盐。

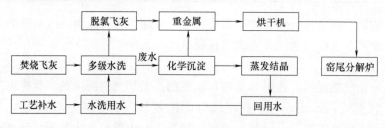

图 4-10　水泥窑水洗飞灰技术工艺

在飞灰制备免烧砖方面，由于相比较底灰的微弱胶凝性，飞灰具有较强的胶凝性，在制备砖时不需要添加其他激发材料。将焚烧垃圾的飞灰和黏土配比按 3:2（重量比）配伍，在 1000~1050℃ 的温度下煅烧 7h，可以烧出质量合格的产品。

飞灰在激发剂作用下，含有的铝硅质原料通过溶解、水解、缩聚和固化等过程形成具有由共价键组成的网状结构。该固化材料为液体，由激发固化剂和胶凝原料固化剂组成，其中，激发固化剂为碱性混合物，胶凝原料固化剂主要含 Si、Al、Ca、Na、K 等元素，与飞灰成分相近。

将飞灰和激发固化剂、胶凝原料固化剂按比例进行配伍，加水搅拌混合，然后将混合料装入灰砂砖模具，压制成型，放置 24h 后拆模，在 25℃ 下标准养护 28d，得到飞灰免烧砖。

当飞灰：激发固化剂：胶凝原料固化剂为 8.5：1.5：1.5 时，达到 15MPa，满足 GB 11945—2019《蒸压灰砂实心砖和实心砌块》中 MU15 抗压强度等级要求。实践发现飞灰免烧砖挤压后可直接拆模成稳定砖型，进一步提高了生产效率。

随着挤压压力增大，飞灰免烧砖减容率增加，挤压压力为 200kN 时减容率可达 44%，当挤压压力增至 300kN 时，飞灰免烧砖减容率可达到 47%。飞灰固化后减容效果明显，致密度大，避免了传统水泥、沥青等固化技术带来的增容量大的问题，可减少堆放空间。由于挤压压力增加对压力机要求增大，增加制砖成本。因此可以设计挤压压力为 200kN。初始养护温度升高虽然可加速水化反应速度，有利于免烧砖早期强度形成，但对 28d 抗压强度影响较小。

在最佳固化条件下制得免烧砖，按 GB 5086.1—1997《固体废物　浸出毒性浸出方法　翻转法》进行重金属浸出检测，两种飞灰免烧砖中 As、Be、Cd、Ni、Pb、Zn 均未被浸出，可能是因为这些金属离子与飞灰中的 Ca 在固化剂作用下形成稳定螯合沉淀抑制析出。Ba、Cr、Cu 少量被浸出，浸出浓度低于 GB 18598—2019《危险废物填埋污染控制标准》和 GB 16889—2008《生活垃圾填埋场污染控制标准》中规定（表 4-5）。

表 4-5　飞灰免烧砖浸出毒性　　　　　　　　　　单位：mg/L

项目	As	Ba	Be	Cd	Cr	Cu	Ni	Pb	Zn
布袋飞灰砖	—	0.084	—	—	0.027	0.05	—	—	—
急冷塔飞灰砖	—	0.30	—	—	0.064	0.029	—	—	—
GB 18598—2019	1.2	85	0.2	0.6	15	120	2	1.2	120
GB 16889—2008	0.3	25	0.02	0.15	4.5	40	0.5	0.25	100

4.3.2　焚烧底渣的资源化

炉渣是生活垃圾焚烧过程中不可避免的副产物，具有产生量大、资源化潜力高的特性。随着我国生活垃圾焚烧发电厂建设管理水平的提高，炉渣规范化综合利用已经成为焚烧厂管理的重点关注问题。

焚烧炉渣是生活垃圾焚烧过程伴生副产物，其产生量约为进厂垃圾量的 20%，2019 年，196 个大、中城市生活垃圾产生量 23560.2 万吨，处理量 23487.2 万吨，按 2019 年全国生活垃圾量一半进行焚烧处理，则焚烧炉渣年产生量约为 2.35×10^7 t。炉渣主要由陶瓷和砖石碎片、石头、玻璃、熔渣、铁和其他废旧金属及未燃尽可燃物组成。炉渣的化学成分与水泥混凝土工业中的硅质混合材料相似，矿物组成主要与建筑天然集料相似，因此具有良好的资源化潜力。

焚烧炉渣为一般固体废物，在生活垃圾管理及技术研究中对其重视度远低于飞灰、渗沥液、烟气，我国垃圾焚烧厂焚烧炉渣基本上采用委托第三方处理的方式。2018 年住建部组织对全国 125 家焚烧厂炉渣处理情况进行调研。结果显示，炉渣进行综合利用的焚烧厂有 102 座，填埋处理的有 19 家，由水泥厂处理的有 4 家（表 4-6）。

焚烧垃圾的底灰根据组成不同呈灰黑色和灰白色，有轻微异味。底灰的主要成分为熔渣、黑色金属、有色金属、陶瓷碎片、玻璃、2%～4% 未燃烧的有机物和其他不燃物质。底灰中的主要元素为 O、Si、Fe、Ca、Al、Na、K、C，此外还含有一定量的 Ag、B、Ba 等

表 4-6 部分地区焚烧底渣利用情况

项目所在地	处理能力/(t/d)	总体技术路线	综合利用产品	设备投资/万元	占地面积/hm²①	主要管理问题
惠州	500	湿法预处理-免烧砖	免烧砖、建材集料	2000	1.33	废铁积存厂内
上海	3000	湿法预处理	道路集料	6000	1.47	污水处理不规范
深圳	1300	湿法预处理-免烧砖	免烧砖、道路/建材集料	1700	2.67	设备维护管理不到位,污水处理不规范
深圳	2800	湿法预处理-免烧砖(蒸汽养护)	免烧砖	2000	2.67	预处理设备维护不到位,厂区管理较乱
泰州	200	湿法预处理-免烧砖	免烧砖、道路集料	1500	2.00	预处理设备维护不到位
重庆	200	湿法预处理-免烧砖	免烧砖、建材/道路集料	500	6.67	炉渣积存严重,设备陈旧,厂区环境差

① $1hm^2 = 10^4 m^2$。

元素。另外由于焚烧垃圾中存在废旧电池等产品,导致焚烧后的底灰当中存在少量的重金属元素,包括 Zn、Mn、Cu、Pb、Cr、Cd、As 等,其中 Zn 是底灰中最主要的重金属元素,然后依次是 Mn、Cu、Pb 等元素,重金属含量也与底灰本身的垃圾来源有关。

底灰中熔融块和灰分浸出液的重金属浓度非常低,远远低于固体废物浸出毒性鉴别标准,可认为基本上没有什么毒性。相对于飞灰来说底灰有物质组成复杂多样、重金属含量小的特点,可按照一般固体废物处理。底灰比较符合用作骨料和砾石的很多技术要求,并且其重金属浸出量小,有机毒物含量低,适合在建筑业上资源化再利用。

由于焚烧垃圾底灰的物理化学性能与天然骨料相似,而且重金属浸出浓度远低于固体废物浸出毒性鉴别标准或可以直接用于建筑材料中替代原材料。研究证明:生活垃圾焚烧发电厂炉渣可以替代普通矿石作为混凝土粗骨料配制混凝土,但以垃圾炉渣作为全部或部分混凝土粗骨料,其抗压强度远低于天然粗骨料,因此焚烧垃圾底灰比较适合配制强度不高的混凝土,而且从经济角度来讲,只有大掺量的垃圾炉渣骨料才有意义,因此焚烧垃圾炉渣更适合配制 C20 和 C25 的混凝土,尤其适用于对抗压强度要求不高的道路工程领域,如道路垫层等。

底灰是垃圾焚烧的主要废弃物,底灰的主要矿物为石英、钙长石、斜方石,组成类似粉煤灰,但由于底灰矿相的结晶程度比较高,故生活焚烧垃圾的底灰不具有火山活性,属于具有潜在活性的废渣,实际应用在制砖中需要添加其他激发材料。研究表明:生活焚烧垃圾底灰试样的 7d、28d 活性为 50%,活性不高,而粉煤灰和高炉矿渣微粉 7d、28d 活性指数通常能达到 70% 以上,相比较而言,底灰的活性远低于粉煤灰和高炉矿渣,故底灰作为活性材料用的话就需要其他激发剂激发其活性。将 Na_2SiO_3、NaOH 和 Na_2SO_4 作为激发剂材料添加进炉渣中,可制备出符合国家标准的免烧路面透水砖,在创造良好经济价值的同时也开辟了一条绿色应用生活焚烧垃圾炉渣的途径。

焚烧垃圾灰渣用作停车场、道路等的建筑填料,成为欧洲目前焚烧垃圾灰渣资源化利用的主要途径之一,在美国、法国、瑞典等发达国家也有一些示范工程应用。研究表明,选择粒径<19mm 并经过磁选除去金属杂质的焚烧垃圾灰渣,同一定比例的碎石、水泥制成混合料,可满足高等级道路(包括高速公路和一级公路)路基基层和底基层的强度要求,同时,

水泥稳定灰渣混合料较常规水泥稳定碎石混合料成本降低 30.2%，总体体现了基层整体性好、早期强度增长快、水稳定性强和适宜机械化施工的优点。

随着我国经济的高速发展，中国的基础设施建设仍然处于高水平的建设阶段，这势必需要消耗大量的砂石资源，不符合节能环保的要求。而采用焚烧垃圾灰渣代替部分传统路基材料，既可将焚烧垃圾的灰渣资源化，减少其处置费用，也可减少天然砂石的用量。同时，焚烧垃圾灰渣用于道路基层材料有成本低、用量大、不与人直接接触等优点，而且技术上成熟，因此，将焚烧垃圾灰渣用于道路基层材料符合中国的经济发展需要，应是我国焚烧垃圾资源化利用的主要方向。

4.3.3　热能转化

从能量转换的观点来看，焚烧系统是一个能量转化设备，它将垃圾燃料的化学能，通过燃烧过程转化成烟气的热能，烟气再通过辐射、对流、导热等基本传热方式将热能分配交换给工质或排放到大气环境。

（1）焚烧热量平衡

在稳定工况下，输入锅炉的热量等于输出锅炉的热量，输入锅炉的热量包括被有效利用的热量和损失的热量，分析焚烧系统热平衡的目的就在于计算各项能量的大小，找出引起损失的原因，提出减少损失的措施，提高锅炉效率，降低成本投入。

在一个封闭的焚烧系统内，能量的输入等于能量的输出。输入项即为固体物料和辅助燃料焚烧时产生的热量，而输出项则包括水的蒸发热、辐射热损失、残渣热损失、可燃组分的未完全燃烧、烟气热损失等（图 4-11）。当焚烧用来生产蒸汽时，输入项还应包括锅炉进水带入的热量，而输出项还应包括蒸汽的热量。

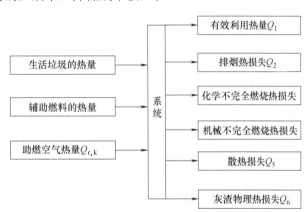

图 4-11　焚烧系统热量的输入与输出

① 放热量指进入控制体的热量，有垃圾入炉物理热、一次风物理热、二次风物理热、燃料燃烧放热。故输入热量为：

$$Q_r = Q_{ydw} + L_1 C_{p_1} t_1 + L_2 C_{p_2} t_2 + Q_1$$

式中　L_1，L_2——一次、二次风量；

　　　C_{p_1}，C_{p_2}——一次、二次风比热容；

　　　　t_1，t_2——一次、二次风温；

　　　　Q_1——垃圾入炉物理热，取为 0；

　　　Q_{ydw}——垃圾低位发热量。

计算时取过量空气系数 $\alpha = 1.25$，一次风占 80%。

② 由于各种原因，进入炉内的垃圾不可能完全燃烧，而且燃烧放出的热量也不会全部被有效地利用，不可避免地要产生一部分热损失；参考燃煤锅炉的经验，热损失有：

灰渣物理热损失 $Q_{ash}=Q_r\times1\%$；

固体不完全燃烧热损失 $Q_z=Q_r\times4\%$；

气体不完全燃烧热损失 $Q_g=Q_r\times1\%$；

炉墙散热损失 $Q_w=Q_r\times2\%$。

③ 烟温及烟气焓。由热平衡可知：进入控制体（焚烧炉）的热量应等于排出控制体（焚烧炉）的热量，用迭代法可求出热平衡时的烟温。先假定烟温 $t_y=800℃$。烟气焓为每千克垃圾燃烧生成的烟气量在等压下（通常为大气压）从 $0℃$ 加热到 $t_y℃$ 所需的热量，其中 t_y 为烟气温度。

那么有计算式：

$$I_y=I_y^0+(\alpha-1)I_k^0+I_{fh}$$

其中理论烟气焓为：

$$I_y^0=V_{RO_2}(Ct_y)_{RO_2}+V_{N_2}^0(Ct_y)_{N_2}+V_{H_2O}^0(Ct_y)_{H_2O}$$

式中　I_y^0——理论烟气焓；

V_{RO_2}——氧化物体积；

$(Ct_y)_{RO_2}$——$1m^3$ 三原子气体氧化物在温度 t_y 时的焓（标准状况），单位为 kJ/m^3，可查表得到；

$V_{N_2}^0$——氮气体积；

$(Ct_y)_{N_2}$——$1m^3$ 氮气在温度 t_y 时的焓（标准状况），单位为 kJ/m^3，可查表得到；

$V_{H_2O}^0$——水蒸气体积；

$(Ct_y)_{H_2O}$——$1m^3$ 水蒸气在温度 t_y 时的焓（标准状况），单位为 kJ/m^3，可查表得到。

理论空气焓为：

$$I_k^0=V_k^0(Ct_y)_k$$

式中　I_k^0——理论空气焓；

V_k^0——空气体积；

$(Ct_y)_k$——$1m^3$ 空气在温度 t_y 时的焓（标准状况）。

飞灰焓为：

$$I_{fh}=V_k^0\frac{a_{fh}A_y}{100}(Ct_y)_h$$

式中　$(Ct_y)_h$——$1kg$ 灰在温度 t_y 时的焓，也可查表得到；

$\dfrac{a_{fh}A_y}{100}$——$1kg$ 燃料中的飞灰质量，kg/kg；

a_{fh}——烟气携带的飞灰质量份额，与焚烧炉类型及工况有关。

④ 着火热为把燃料加热到着火温度所需的热量，而着火温度表示可燃混合物系统化学反应可以自动加速而达到自燃着火的最低温度。着火所需热量包括下列 4 项：

a. 垃圾干基从常温升温至着火温度 t_{zh} 所需热量：$Q_1=m_gC_{pg}\Delta t$

b. 水从常温升温至 $100℃$ 时吸收热：$Q_2=m_wC_{pw}\Delta t$

c. 水汽化潜热：$r_w=m_wr$

d. 水蒸气升温至着火温度所需热：$Q_3=m_wC_{pv}\Delta t$

所以着火热为：$Q_{zh}=Q_1+Q_2+Q_3+r_w$

对于 C_{pg}，参照煤比热容线性关系式：

$$C_p = \frac{4.187(0.24C_r + W + 0.165A)}{100}$$

式中　C_p——恒压比热容；

　　　C_r——煤中碳的可燃成分，%；

　　　W——煤中水的含量，%；

　　　A——煤中灰分含量，%。

加以修正，取 $C_{pg} = 2.8\text{kJ}/(\text{kg} \cdot \text{℃})$，其余 C_p 可查表。垃圾析出的挥发分大约在 750℃燃烧，可设 $t_{zh} = 750$℃，着火热计算见表4-7。

通过上述参数可以计算得到烟气焓，当烟温超过着火点温度时，即可自主燃烧，否则需要添加辅助燃料。燃烧稳定的条件是同时满足 $t_y > t_{zh}$ 和 $Q_j > Q_{zh}$。

表 4-7　层燃炉热平衡计算结果

垃圾编号	A_y /%	W_y /%	Q_{ydw} /(kJ/kg)	烟温 t_v/℃	着火热 Q_{zh} /(kJ/kg)	净热量 Q_j /(kJ/kg)	着火温度 t_{zh}/℃
1	17.03	25	11242	1000	2555.45	11774.4	750
2	13.62	40	8491	960	2862.32	8913.7	750
3	10.22	55	5740	730	3169.19	6031.6	750

当垃圾水分大于50%时，就不能稳定燃烧了。而在夏季，瓜果蔬菜丰富，故垃圾水分会增大，还有在雨季时，垃圾水分也会增大。为了能稳定燃烧，采取的措施包括：利用烟气再循环烘干垃圾或用烟气加热空气，再由热空气烘干垃圾；炉拱设计时为增强辐射与对流换热，前后拱都采用低而长的斜直线拱或人字形拱。同时垃圾焚烧锅炉一般把焚烧炉与余热锅炉分开，而且不布置水冷壁管，以提高炉拱温度，促进着火与燃烧；当垃圾的热值小于4600kJ/kg时，焚烧过程中需要添加辅助燃料，用以维持炉膛焚烧温度。

(2) 余热利用

余热利用是在垃圾焚烧炉的炉膛和烟道中布置换热面，以吸收垃圾焚烧所产生的热量，从而达到回收能量的目的。

我国城市生活垃圾的特点是有机物、灰土、水分含量高而热值普遍偏低，一般有机物占30%～50%、灰土占10%～50%、水分占40%～60%，而热值大多数低于4000kJ/kg，也远低于发达国家城市生垃圾的热值（8400～17000kJ/kg）。垃圾的热值偏低，将直接影响垃圾在焚烧炉内的热化学行为，降低垃圾的焚烧效率。垃圾分类收集可增加可燃物含量，降低含水率，有效提高单位质量入炉垃圾低位热值，控制湿基低位热值在5000kJ/kg以上，因而使焚烧炉膛温度能始终保持在885℃以上，促进垃圾在炉内的完全燃烧，提高焚烧垃圾燃烧热效率。

对各项热损失综合分析发现，影响生活垃圾热效率的因素主要包括生活垃圾的性质，如水、灰、挥发分等成分的含量、焚烧的停留时间（time）、焚烧炉内温度（temperature）、焚烧炉内湍流度（turbulence）和炉膛空气过量系数（excessaircoefficient），简单归纳为"3T+E"，这些也是焚烧设计和运行的主要控制参数，下面进行详细论述。

生活垃圾的热值、成分组成和颗粒粒度等是影响生活垃圾焚烧的主要因素。生活垃圾热值越高，焚烧释放的热能越高，焚烧也就越容易启动。生活垃圾的粒度越小，生活垃圾与周围氧气的接触面积越大，焚烧过程中的传热及传质过程越好，燃烧越完全。

生活垃圾的焚烧是气相和非均相燃烧的混合过程，因此生活垃圾在炉内的停留时间必须大于理论上固体废物干燥、热分解及固定碳组分完全燃烧所需的总时间；同时还满足固体废物的挥发分在燃烧室中有足够的停留时间以保证完全燃烧，虽然停留时间越长燃烧效果越好，但停留时间过长也会使焚烧炉的处理量减少，导致焚烧炉的建设费用大。

温度是指生活垃圾焚烧所能达到的最高焚烧温度，一般来说，位于生活垃圾层上方并靠近燃烧火焰区域的温度最高，可达 $850\sim1000℃$。焚烧温度越高，燃烧越充分，二噁英等物质去除得也就越彻底。

停留时间和温度的乘积又称为可燃组分的高温暴露。在满足最低高温暴露的条件下，可以通过提高焚烧温度，缩短停留时间；同样，可以在燃烧温度较低的情况下，通过延长停留时间来达到可燃组分完全燃烧。

湍流度是表征生活垃圾与空气混合程度的指标，在生活垃圾焚烧过程中，当焚烧炉一定时，可以通过提高助燃空气量来提高焚烧炉中流场的湍流度，改善传质和传热效果。

在焚烧室中，固体废物很难与空气形成理想混合，因此为了保证垃圾焚烧完全，实际空气的供给量要明显高于理论空气需要量。实际空气量与理论空气量的比值为过量空气系数。但是如果助燃空气过剩系数太高，会导致炉温降低，影响固体废物的焚烧效果。

综上所述，可以发现"3T＋E"因素是相互制约、相互依赖，构成一个有机系统，因此，必须从系统的角度来控制选择以上参数。

对于采用余热锅炉的垃圾焚烧厂，余热利用系统的工艺流程如图 4-12 所示：

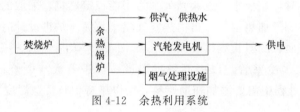

图 4-12　余热利用系统

在焚烧处理过程中，除了烟气热损失外，渣和未燃物热损失非常大，有必要改善垃圾焚烧条件。垃圾焚烧电厂热损失中，固体未完全燃烧损失有较大的降低空间。影响的主要因素可以归结为"3T＋E"。提高垃圾电厂焚烧热效率和全厂热效率的主要技术有富氧焚烧技术、热电联产技术和垃圾分类收集焚烧技术。

随着技术进步，垃圾焚烧余热利用的方式可以拓展为 3 种：供热、发电和热电冷联供。所谓供热方式是指将垃圾焚烧产生的烟气余热转化为蒸汽、热水和热空气后加以利用的方式。这种典型的热能直接利用形式虽然余热利用效率较高，但往往受垃圾焚烧厂自身生产需要和与热产品受纳点距离等因素限制，无法实现良好的供求关系，使热量白白浪费。与之相比，将垃圾焚烧余热转化为电力的焚烧发电方式不仅解决了受建厂规划限制不能充分利用余热的问题，而且可以通过整合小型分散的焚烧厂，实现规模效应，因此在我国得到广泛应用。但是由于受垃圾热值、焚烧设备和发电模式等诸多因素的影响，目前在我国垃圾焚烧发电领域普遍存在余热锅炉热效率不高、发电效率较低、商业化运行困难等问题。

热电冷联供方式是将垃圾焚烧余热同时转化成热能和电能加以联合利用的一种高效能源利用方式，主要形式包括供电、供热水和蒸汽、供冷等（图 4-13）。其中制冷发生器内浓度较低的溴化锂溶液被加热介质（蒸汽、热水、废气等）加热，温度升高，并在一定的压力下沸腾，使水分离出来，成为冷剂水蒸气，溴化锂溶液被浓缩。冷剂水蒸气进入冷凝器，被冷凝器内的冷却水冷却，而凝结成冷剂水。冷剂水经节流阀降压降温后进入蒸发器，在低压下吸收冷冻水热量后蒸发，冷冻水温度降低并送往需冷用户。蒸发器出来的冷剂水蒸气进入吸收器。从发生器出来的溴化锂浓溶液，经热交换器降温和沿途管道降压后进入吸收器，吸收由蒸发器产生的冷剂水蒸气，形成稀溶液由溶液泵加压后经热交换器升温，被输送至发生器，重新被加热发生反应，形成冷剂水蒸气和浓溶液。这样，制冷机便完成一个制冷循环，如此循环往复，蒸发器内连续产生冷效应，达到制冷目的。

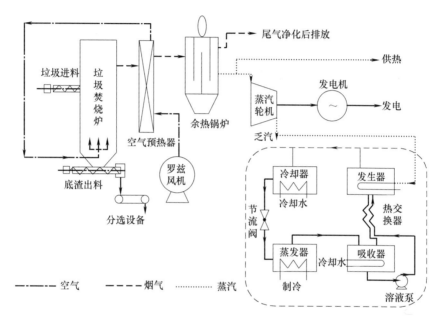

图 4-13 热电冷联用图（虚线框中为制冷循环）

该方式将发电过程中产生的低品位热能用于供热或供冷，实现了能源梯级利用，使能源利用效率大幅度提高，与余热发电相比，其远程输电损耗较少，余热的利用率更高。资料显示，采用焚烧发电余热有效利用率一般为 $13\%\sim22.5\%$，通过合理组合的热电冷联供方式，焚烧余热的有效利用率可提高到 $50\%\sim70\%$。目前，我国还没有垃圾焚烧厂采用热电冷联供的余热利用方式，但在法国、丹麦和美国等发达国家，这种方式越来越得到青睐，并已经应用于许多大型的垃圾焚烧厂。

【思考与练习 4.3】
1. 焚烧飞灰可以采用哪些措施来进行稳定化？（　　　）
A. 水泥固化　　　　　B. 化学药剂稳定化　　　　C. 熔融固化　　　　D. 水热稳定化
2. 焚烧处理资源化途径包括哪些？（　　　）
A. 飞灰利用　　　　　B. 焚烧底渣利用　　　　C. 热能转化
3. 焚烧处理输入热量来源包括下列哪些？（　　　）
A. 垃圾入炉物理热　　B. 一次风物理热　　　　C. 二次风物理热　　　D. 燃料燃烧放热

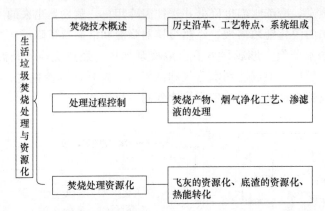

生活垃圾焚烧处理与资源化
- 焚烧技术概述 — 历史沿革、工艺特点、系统组成
- 处理过程控制 — 焚烧产物、烟气净化工艺、渗滤液的处理
- 焚烧处理资源化 — 飞灰的资源化、底渣的资源化、热能转化

本章小结

生活垃圾焚烧作为一项高度技术集成的固体废物处理技术涉及了热力工程、机械、化学多个学科门类。该处理系统组成包括前端供料系统、焚烧系统、烟气净化系统、余热利用系统、灰渣处理系统和配套的给排水、污水处理系统。是固体废物处理行业中操作工艺最复杂的处理方式。

生活垃圾焚烧处理过程中需要控制焚烧炉工况，在提高燃尽率的同时，减少有害物质的排放。包括以减少二噁英等污染排放的烟气净化工艺和垃圾料坑渗滤液处理技术，能减少二次污染发生。

垃圾焚烧资源化主要是固体废物资源化和能量利用。垃圾焚烧最终产物有飞灰和底渣。飞灰的资源化利用技术主要是水泥窑协同处置制备水泥熟料和解毒后制备免烧砖两个方面，焚烧底渣作为一般固体废物用在道路基础建设、制备建筑用骨料或直接制备免烧砖。焚烧产生的热能主要用来发电，由于我国生活垃圾热值普遍偏低及换热工艺差异，垃圾焚烧电能转化效率低于煤电或燃气发电。因此提高余热利用效率和热、电、冷联产是未来发展方向。

 ## 复习思考题

1. 何谓热值？热值的表示方法有哪两种？
2. 固体废物燃烧方式有哪几种？各有何特点？
3. 影响固体废物燃烧的因素有哪些？
4. 固体废物的焚烧系统包括哪几部分？
5. 何谓热解？热解的产物有哪些？
6. 热解和焚烧有何区别？

5 有机固废的生化处理与资源化

导读导学

有机固废生化处理的概念、工艺、过程是什么？
有机固废生化处理过程中污染控制与环境释放是怎样的？
有机固废的资源化途径如何？

知识目标：掌握有机固废生化处理的基本概念与工艺。
能力目标：堆肥处理方法与控制参数。
职业素养：建立生物处理全过程控制理念。

生化处理技术最早起源于堆肥，《齐民要术》卷首杂说中记载有我国最早的肥料堆制方法，记载了利用土壤中的土著微生物，对农业有机固体废物进行分解转化的过程。随着时代的发展与技术的进步，生化处理拥有更加丰富的内涵。它利用了自然界存在的天然降解系统，使得二次污染的风险得到有效控制，拥有广阔的应用前景。

5.1 生化处理技术概述

生化处理技术是使固体废物与微生物或其他生物混合接触，利用生物化学作用分解固体废物中的有机物和某些无机毒物（如氰化物、硫化物等），使不稳定的有机物和无机毒物转化为无毒物质的一种处理方法。

5.1.1 生化处理技术的发展

人类的生产与消费活动所造成的环境污染是全世界的共同问题。在我国过去几十年的经济发展中，由于忽视了发展中的环境保护问题，目前环境状况十分严峻，已经影响了我国经济的可持续发展。近年来虽然采取了大量控制措施，但环境质量下降的趋势仍在继续。世界各国的科学家和工程技术人员，针对环境污染的问题和不同的环境污染类型，发展了各种处理办法。主要可以分为三大类：化学法（如絮凝沉淀法）、物理法（过滤）和生物法（如活性污泥法）。在污染物的处理中，虽然物理、化学方法做出了一定的贡献，但由于这些方法存在投资大、成本高、二次污染的问题，而逐渐被生物法所代替。

生物处理（biological treatment）也叫生化处理，是指利用处理系统中的生物，特别是微生物的代谢活动来处理各种废弃物的过程。主要是针对各种污染源和小范围的环境污染。生物技术在处理环境污染物方面具有速度快、消耗低、效率高、成本低、反应条件温和以及无二次污染等显著优点，为从根本上解决环境问题提供了希望，因而越来越受到人们的青睐。生物技术将成为 21 世纪治理环境污染的优选技术。它区别于其他技术的最根本特点是消除污染物而不是分离转移污染物。

有机固体废物包括农业固体废物、工业废物以及城市生活垃圾中的有机成分。其中，农业固体废物是有机固体废物流中最庞大的一支，绝大部分为农作物秸秆。在有机固体废物污染不断威胁人类的同时，有机固体废物中还含有大量可利用的植物性营养和生物能源。通过生物转化的方法，这些可再生的物质可以被有效地转化为可利用的营养物质和能源，对解决环境压力有非常重大的意义，以有机垃圾生化处理为代表的这类生化处理技术，以其能实现分类垃圾就地处理、实现垃圾源头减量，尤其是在推行源头垃圾分类收集的新形势下，在一些城市得到了不同程度的推广应用。随着固体废物处理技术的不断发展，有机固废的生化处理作为现代生物工程与传统环境工程相结合的一项技术已受到人们的广泛关注。

5.1.2 有机固废生化处理工艺特点

(1) 堆肥工艺特点

堆肥化是在控制条件下，使来源于生物的有机废物发生生物稳定作用的过程。具体讲就是依靠自然界广泛分布的细菌、放线菌、真菌等微生物，在一定的人工条件下，有控制地促进可被生物降解的有机物向稳定的腐殖质转化的生物化学过程，其实质是一种发酵过程。根据堆肥过程中氧气的供应情况可以把堆肥化过程分为好氧堆肥和厌氧堆肥。

① 好氧堆肥。好氧堆肥是按照一定的比例将堆腐的有机物料与填充物料混合，在合适的水分、通气条件下，使微生物繁殖并降解有机质，从而产生高温，杀死其中的病原菌及杂草种子，使有机物达到稳定化。好氧堆肥堆体温度高，一般在 50～65℃，有时可高达 80～90℃，堆置周期短，故亦称为高温堆肥或高温快速堆肥。高温堆肥可以最大限度地杀灭病原菌，同时，对有机质的降解速度快。此过程又包括露天堆肥和机械化堆肥。垃圾堆肥技术的工艺有无发酵装置堆肥和快速发酵好氧堆肥工艺等，城市生活垃圾是堆肥最主要的原料（图 5-1）。

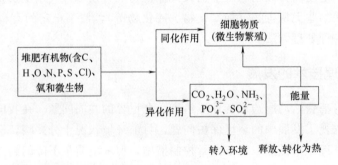

图 5-1　好氧堆肥原理

堆肥过程中有机物氧化分解总的关系可用下式表示：

$$C_s H_t N_u O_v \cdot a H_2O + b O_2 \longrightarrow C_w H_x N_y O_z \cdot c H_2O + d H_2O_{(气)} +$$
$$e H_2O_{(液)} + f CO_2 + g NH_3 + 能量$$

通常情况下，堆肥产品 $C_wH_xN_yO_z \cdot cH_2O$ 与堆肥原料 $C_sH_tN_uO_v \cdot aH_2O$ 的质量之比为 0.3～0.5。这是由于氧化分解后减量化的结果。一般情况，w、x、y、z 可取值范围为 $w=5\sim10$，$x=7\sim17$，$y=1$，$z=2\sim8$。

在堆肥过程中发生的有机物的氧化包括不含氮有机物和含氮有机物的氧化，同时微生物细胞物质也在不断合成与分解，表 5-1 所列举的反应及方程反映了这些物质变化。

表 5-1　堆肥过程中有机物的氧化与微生物细胞物质的合成与分解过程

反应类型	反应方程
不含氮有机物($C_xH_yO_z$)的氧化	$C_xH_yO_z+(x+1/4y-1/2z)O_2 \longrightarrow xCO_2+1/2yH_2O+$能量
含氮有机物($C_sH_tN_uO_v \cdot aH_2O$)的氧化	$C_sH_tN_uO_v \cdot aH_2O+bO_2 \longrightarrow C_wH_xN_yO_z \cdot cH_2O+$ $dH_2O_{(气)}+eH_2O_{(液)}+fCO_2+gNH_3+$能量
细胞物质的合成(包括有机物的氧化，并以 NH_3 为氮源)	$nC_xH_yO_z+NH_3+(nx+n/4y-n/2z-5)O_2 \longrightarrow C_5H_7NO_2$(细胞物质)$+$ $(nx-5)CO_2+1/2(ny-4)H_2O+$能量
细胞物质的分解	$C_5H_7NO_2$(细胞物质)$+5O_2 \longrightarrow 5CO_2+2H_2O+NH_3+$能量

以不含氮有机物纤维素为例，在好氧堆肥中纤维素的分解反应如下：

$$(C_6H_{12}O_6)_n \xrightarrow{\text{纤维素酶}} n(C_6H_{12}O_6)(\text{葡萄糖})$$

$$n(C_6H_{12}O_6)+6nO_2 \longrightarrow nH_2O+6nCO_2+\text{能量}$$

其中第一步反应为多糖的水解反应。第二步是氧化反应，可以套用表 5-1 中不含氮有机物的氧化方程进行推导。

好氧堆肥化过程是一系列微生物活动的复杂过程，包含着堆肥原料的矿质化和腐殖化过程。在该过程中，堆体内的有机物、无机物发生着复杂的分解与合成的变化，微生物的组成也发生着相应的变化。根据堆体温度随时间的变化，可以把堆肥物料从开始堆制到腐熟分为 4 个阶段（图 5-2）。

第一阶段为潜伏阶段（亦称驯化阶段），是堆肥化开始时微生物适应新环境的过程，即驯化过程。

第二阶段为中温阶段（亦称产热阶段），在此阶段，嗜温性细菌、酵母菌和放

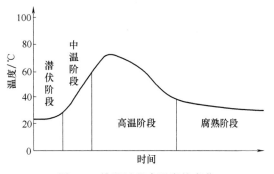

图 5-2　堆肥过程中温度的变化

线菌等嗜温性微生物利用堆肥中最容易分解的可溶性物质，如淀粉、糖类等而迅速增殖，并释放热量，使堆肥温度不断升高。当堆肥温度升到 45℃ 以上时，即进入高温阶段。

第三阶段为高温阶段，在此阶段，嗜热性微生物逐渐代替了嗜温性微生物的活动，堆肥中残留和新形成的可溶性有机物质继续分解转化，复杂的有机化合物如半纤维素、纤维素和蛋白质等开始被强烈分解。通常在 50℃ 左右进行活动的主要是嗜热性真菌和放线菌；温度上升到 60℃ 时，真菌几乎完全停止活动，仅有嗜热性放线菌与细菌活动；温度升到 70℃ 以上时，对大多数嗜热性微生物已不适宜，微生物大量死亡或进入休眠状态。

第四阶段为腐熟阶段，当高温持续一段时间后，易分解的有机物（包括纤维素等）已大部分分解，只剩下部分较难分解的有机物和新形成的腐殖质，此时微生物活性下降，发热量减少，温度下降。在此阶段嗜温性微生物又占优势，对残余的较难分解的有机物进一步分

解，腐殖质不断增多且稳定化，此时堆肥即进入腐熟阶段，堆肥可施用。

② 厌氧堆肥。厌氧堆肥化是指在氧气不足的条件下借助厌氧微生物发酵堆肥。其特点是：堆置温度低，工艺较简单，成品堆肥中氮素保留比较低。但堆置周期过长，需 3～12 个月，异味浓烈，分解不够充分。

通常所说的堆肥化一般是指好氧堆肥化，这是因为厌氧微生物对有机物分解速度缓慢，处理效率低，容易产生恶臭，其工艺条件也较难控制，因此利用较少；而好氧堆肥中堆肥温度较高，堆肥微生物活性强，有机物分解速度快，降解更彻底；而且在堆肥过程中，经过高温的灭菌作用，能够杀死固体废物中的病原菌、寄生虫（卵）等，提高堆肥的安全性能（表 5-2）。

表 5-2　几种常见病菌与寄生虫的死亡温度

名称	死亡情况	名称	死亡情况
沙门伤寒菌	46℃ 以上不生长；55～60℃，30min 内死亡	血吸虫卵	53℃，1 天死亡
沙门菌属	56℃ 1h 内死亡；60℃，15～20min 死亡	蝇蛆	51～56℃，1 天死亡
志贺杆菌	55℃，1h 内死亡	霍乱弧菌	65℃，30 天死亡
大肠埃希菌	绝大部分，55℃，1h 死亡；60℃，15～20min 死亡	炭疽杆菌	50～55℃，60 天死亡
阿米巴菌	50℃，3 天死亡；71℃，50min 内死亡	布鲁氏菌	55℃，60 天死亡
美洲钩虫	45℃，50min 内死亡	猪丹毒杆菌	50℃，15 天死亡
流产布鲁氏菌	61℃，3min 内死亡	猪瘟病毒	50～60℃，30 天死亡
酿脓链球菌	54℃，10min 内死亡	口蹄疫病毒	60℃，30 天死亡
化脓性细菌	50℃，10min 内死亡	小麦黑穗病菌	54℃，10 天死亡
结核分枝杆菌	66℃，15～20℃ min 内死亡；67℃，死亡	稻热病菌	51～52℃，10 天死亡
牛结核杆菌	55℃，45min 内死亡	麦蛾卵	60℃，5 天死亡
蛔虫卵	55～60℃，5～10 天死亡	二化螟卵	55℃，3 天死亡
钩虫卵	50℃，3 天死亡	小豆象虫	60℃，4 天死亡
鞭虫卵	45℃，60 天死亡	绕虫卵	50℃，1 天死亡

(2) 厌氧消化工艺

厌氧消化处理是指在厌氧状态下利用厌氧微生物使固体废物中的有机物转化为 CH_4 和 CO_2 的过程。

① 厌氧消化工艺特点。厌氧消化或称厌氧发酵是一种普遍存在于自然界的微生物活动过程。凡是存在有机物和一定水分的地方，只要供氧条件差和有机物含量多，都会发生厌氧消化现象，有机物经厌氧分解产生 CH_4、CO_2 和 H_2S 等气体。由于厌氧消化可以产生以 CH_4 为主要成分的气体，故又称为甲烷发酵。厌氧消化可以去除废物中 30%～50% 的有机物并使之稳定化。20 世纪 70 年代初，由于能源危机和石油价格的上涨，许多国家开始寻找新的替代能源，使得厌氧消化技术显示出其优势。

厌氧消化技术具有下列五大特点。a. 生产过程全封闭，可控性好；b. 有机废物降解快，可将潜在于废弃有机物中的低品位生物能转化为可以直接利用的高品位沼气；c. 与好氧生物处理相比，厌氧消化处理不需要通风动力，设施简单，运行成本低，易操作；d. 经厌氧消化后的废物基本得到稳定，可作农肥、饲料或堆肥化原料；e. 可杀死传染性病原菌，有利于防疫。

参与厌氧分解的微生物可以分为两大类，一类是一个十分复杂的混合发酵细菌群，其将复杂的有机物水解，并进一步分解为以有机酸为主的简单产物，通常将其称为水解菌。在中温沼气发酵中，水解菌主要属于厌氧细菌，包括梭菌属、拟杆菌属、真细菌属、双歧杆菌属等。在高温厌氧发酵中，有梭菌属、无芽孢的革兰氏阴性杆菌、链球菌和肠道菌等兼性厌氧细菌。另一类微生物为绝对厌氧细菌，其功能是将有机酸转变为甲烷，被称为产甲烷细菌。产甲烷细菌的繁殖相当缓慢，且对于温度、抑制物的存在等外界条件的变化相当敏感。产甲烷阶段在厌氧消化过程中是十分重要的环节，产甲烷细菌除了产生甲烷外，还起到分解脂肪酸调节 pH 的作用。同时，通过将氢气转化为甲烷，可以减小氢的分压，有利于产酸菌的活动。

有机物厌氧消化的生物化学反应过程与堆肥过程一样都是非常复杂的，中间反应及中间产物有数百种，每种反应都是在酶或其他物质的催化下进行的，总的反应式如下：

$$有机物 + H_2O + 营养物 \longrightarrow 细胞物质 + CH_4 \uparrow + CO_2 \uparrow +$$
$$NH_3 \uparrow + H_2 \uparrow + H_2S \uparrow + \cdots\cdots + 抗性物质 + 热量$$

② 厌氧消化原理——三阶段与两阶段理论。厌氧发酵是有机物在无氧条件下被微生物分解转化成甲烷和二氧化碳等，并合成自身细胞物质的生物学过程。厌氧发酵的原料来源复杂，参加反应的微生物种类繁多，使得厌氧发酵过程变得非常复杂。一些学者对厌氧发酵过程中物质的代谢、转化和各种菌群的作用等进行了大量的研究，但仍有许多问题有待进一步探讨。目前，厌氧发酵的生化过程有两阶段理论、三阶段理论和四阶段理论。这里主要介绍两阶段理论和三阶段理论。

三阶段理论将厌氧发酵分为三个阶段，即水解阶段、产酸阶段和产甲烷阶段，每一阶段各有其独特的微生物类群在起作用。水解阶段起作用的细菌称为发酵细菌，包括纤维素分解菌、蛋白质水解菌。产酸阶段起作用的细菌是醋酸分解菌。这两个阶段起作用的细菌统称为不产甲烷细菌。产甲烷阶段起作用的细菌是产甲烷细菌。有机物分解三阶段过程如图 5-3 所示。

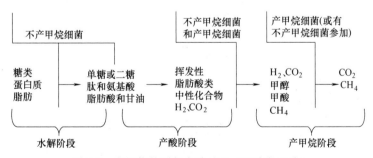

图 5-3　有机物的厌氧发酵过程（三阶段理论）

在水解阶段，发酵细菌利用胞外酶对有机物进行体外酶解，使固体物质变成可溶于水的物质，然后，细菌再吸收可溶于水的物质，并将其分解成为不同产物。高分子有机物的水解速率很低，它取决于物料的性质、微生物的浓度以及温度、pH 等环境条件。纤维素、淀粉等水解成单糖类，蛋白质水解成氨基酸，再经脱氨基作用形成有机酸和氨，脂肪水解后形成甘油和脂肪酸。水解阶段产生的简单的可溶性有机物在产氢和产酸细菌的作用下，进一步分解成挥发性脂肪酸（如丙酸、乙酸、丁酸、长链脂肪酸）、醇、酮、醛、CO_2 和 H_2 等进入产酸阶段。

产甲烷菌将第二阶段的产物进一步降解成 CH_4 和 CO_2，同时利用产酸阶段所产生的 H_2 将部分 CO_2 再转变为 CH_4。产甲烷阶段的生化反应相当复杂，其中 72% 的 CH_4 来自乙酸，目前已经得到验证的主要反应见表 5-3。

表 5-3　产甲烷阶段的生化反应

底物	分子式	反应方程
乙酸	CH_3COOH	$CH_3COOH \longrightarrow CH_4\uparrow + CO_2\uparrow$
氢气、二氧化碳	H_2、CO_2	$4H_2 + CO_2 \longrightarrow CH_4\uparrow + 2H_2O$
甲酸	$HCOOH$	$4HCOOH \longrightarrow CH_4\uparrow + 3CO_2\uparrow + 2H_2O$
甲醇	CH_3OH	$4CH_3OH \longrightarrow 3CH_4\uparrow + CO_2\uparrow + 2H_2O$
三甲胺	$(CH_3)_3N$	$4(CH_3)_3N + 6H_2O \longrightarrow 9CH_4\uparrow + 3CO_2\uparrow + 4NH_3\uparrow$
一氧化碳	CO	$4CO + 2H_2O \longrightarrow CH_4\uparrow + 3CO_2\uparrow$

由表 5-3 中可见，除乙酸外，CO_2 和 H_2 的反应也能产生一部分 CH_4，也有少量 CH_4 来自其他一些物质的转化。产甲烷细菌的活性大小取决于在水解和产酸阶段所提供的营养物质。对于以可溶性有机物为主的有机废水来说，由于产甲烷细菌的生长速率低，对环境和底物要求苛刻，产甲烷阶段是整个反应过程的控制步骤；而对于以不溶性高分子有机物为主的污泥、垃圾等废物，水解阶段是整个厌氧消化过程的控制步骤。

两阶段理论将厌氧消化过程分成两个阶段，即酸性发酵阶段和碱性发酵阶段（图 5-4）。在分解初期，产酸菌的活动占主导地位，有机物被分解成有机酸、醇、二氧化碳、氨、硫化氢等，由于有机酸大量积累，pH 随之下降，故把这一阶段称作酸性发酵阶段。在分解后期，产甲烷细菌占主导作用，在酸性发酵阶段产生的有机酸、醇等被产甲烷细菌进一步分解产生 CH_4 和 CO_2 等。由于有机酸的分解和所产生的氨的中和作用，pH 迅速上升，发酵从而进入第二个阶段——碱性发酵阶段。到碱性发酵后期，可降解有机物大都已经被分解，消化过程趋于完成。厌氧消化利用的是厌氧微生物的活动，可产生生物气体，生产可再生能源，且不需要氧气的供给，动力消耗低；但缺点是发酵效率低、消化速率低、稳定化时间长。

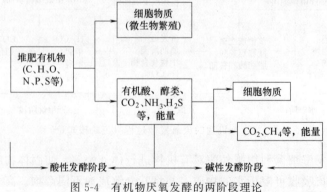

图 5-4　有机物厌氧发酵的两阶段理论

5.1.3　典型工艺系统组成

(1) 好氧堆肥工艺

传统的堆肥化技术采用厌氧野外堆肥法，这种方法占地面积大、时间长。现代化的堆肥生产一般采用好氧堆肥工艺，它通常由前（预）处理、主发酵（亦称一级发酵或初级发酵）、后发酵（亦称二级发酵或次级发酵）、后处理、脱臭及贮存等工序组成。

① 前处理。前处理往往包括分选、破碎、筛分和混合等预处理工序。主要是去除大块和非堆肥化物料如石块、金属物等。这些物质的存在会影响堆肥处理机械的正常运行，并降低发酵仓的有效容积，使堆肥温度不易达到无害化的要求，从而影响堆肥产品的质量。此外，前处理还应包括养分和水分的调节，如添加氮、磷调节碳氮比和碳磷比。

在前处理时应注意：在调节堆肥物料颗粒度时，颗粒不能太小，以免影响通气性。一般适宜的粒径范围是 2～60mm，最佳粒径随垃圾物理特性的变化而变化，如果堆肥物质坚固，不易挤压，则粒径应小些，反之，粒径应大些；其次，用含水率较高的固体废物（如污水污泥、人畜粪便等）为主要原料时，前处理的主要任务是调整水分和 C/N 比，有时需要添加菌种和酶制剂，以使发酵过程正常进行。

② 主发酵。主发酵主要在发酵仓内进行，也可露天堆积，靠强制通风或翻堆搅拌来供给氧气。在堆肥时，由于原料和土壤中存在微生物的作用开始发酵，首先是易分解的物质分解，产生二氧化碳和水，同时产生热量，使堆温上升。微生物吸收有机物的碳氮营养成分，在细菌自身繁殖的同时，将细胞中吸收的物质分解而产生热量。

发酵初期物质的分解作用是靠中温菌（也称嗜温菌）进行的。随着堆体温度的升高，最适宜温度为 45～60℃ 的高温菌（也称嗜热菌）代替了中温菌，在 60～70℃ 或更高温度下能进行高效率的分解（比低温分解快得多）。然后进入降温阶段，通常将温度升高到开始降低的阶段，称为主发酵期。以生活垃圾和家禽粪尿为主体的好氧堆肥主发酵期约 4～12d。

③ 后发酵。后发酵是将主发酵工序尚未分解的易分解有机物和较难分解的有机物进一步分解，使之变成腐殖酸、氨基酸等比较稳定的有机物，得到完全腐熟的堆肥制品。后发酵可在封闭的反应器内进行，但在敞开的场地、料仓内进行较多。此时，通常采用条堆或静态堆肥的方式，物料堆积高度一般为 1～2m。有时还需要翻堆或通气，但通常采用每周进行一次翻堆。后发酵时间的长短取决于堆肥的使用情况，通常在 20～30d。

④ 后处理。经过后发酵的物料中，几乎所有的有机物都被稳定化和减量化。但在前处理工序中还没有完全去除的塑料、玻璃、金属、小石块等杂物还要经过一道分选工序去除。可以用回转式振动筛、磁选机、风选机等预处理设备分离去除上述杂质，并根据需要进行再破碎（如生产精肥）。也可根据土壤的情况，在散装堆肥中加入 N、P、K 等添加剂后生产复合肥。

⑤ 脱臭。在堆肥化工艺过程中，因微生物的分解，会有臭味产生，必须进行脱臭。常见的产生臭味的物质有氨、硫化氢、甲基硫醇、胺类等。去除臭气的方法主要有化学除臭剂除臭；碱水和水溶液过滤；熟堆肥或活性炭、沸石等吸附剂吸附法等。其中，经济而实用的方法是熟堆肥吸附的生物除臭法。

5-1　发酵
系统流程

⑥ 贮存。堆肥一般在春秋两季使用，在夏冬两季就需贮存，所以一般的

5-2 卧式
回转圆筒
形发酵仓

堆肥化工厂有必要设置至少能容纳 6 个月产量的贮存设备。贮存方式可直接堆存在发酵池中或装袋,要求干燥透气,闭气和受潮会影响堆肥产品的质量。

⑦ 堆肥腐熟度评价。腐熟度是衡量堆肥进行程度的指标。堆肥腐熟度是指堆肥中的有机质经过矿化、腐殖化过程最后达到稳定的程度。由于堆肥的腐熟度评价是一个很复杂的问题,迄今为止,还未形成一个完整的评价指标体系。评价指标一般可分为物理学指标、化学指标、生物学指标以及工艺指标。

物理学指标随堆肥过程的变化比较直观,易于监测,常用于定性描述堆肥过程所处的状态,但不能定量说明堆肥的腐熟程度。常用的物理学指标有气味与色度两个方面。首先是气味,在堆肥进行过程中,臭味逐渐减弱并在堆肥结束后消失,此时也就不再吸引蚊虫;其次是粒度,腐熟后的堆肥产品呈现疏松的团粒结构。

堆肥的色度受其原料成分的影响很大,很难建立统一的色度标准以判别各种堆肥的腐熟程度。一般堆肥过程中堆料逐渐变黑,腐熟后的堆肥产品呈深褐色或黑色。

由于物理指标只能直观反映堆肥过程,所以常通过分析堆肥过程中堆料的化学成分或性质的变化以评价腐熟度。常用的化学指标包括 pH 值、有机质指标、碳氮比、氮化合物和腐殖酸含量几种。pH 随堆肥的进行而变化,可作为评价腐熟程度的一个指标;反映有机质变化的参数有化学需氧量(COD)、生化需氧量(BOD)、挥发性固体(VS)。在堆肥过程中,由于有机物的降解,物料中的含量会有所变化,因而可用 BOD、COD、VS 来反映堆肥有机物降解和稳定化的程度。碳氮比(C/N)是最常用的堆肥腐熟度评估方法之一。当 C/N 值降至(10~20)∶1 时,可认为堆肥达到腐熟。由于堆肥中含有大量的有机氮化合物,而在堆肥中伴随着明显的硝化反应过程,在堆肥后期,部分氨态氮可被氧化成硝态氮或亚硝态氮。因此,氨态氮、硝态氮及亚硝态氮的浓度变化,也是堆肥腐熟度评价的常用参数。随着堆肥腐熟化过程的进行,腐殖酸的含量上升,因此,腐殖酸含量是一个相对有效的反映堆肥质量的参数。

另外,不同腐熟度的堆肥耗氧速率、释放二氧化碳的速率、堆温、肥效等皆有区别,利用这些特征也可对堆肥的腐熟度做出判断。

(2) 厌氧消化工艺

一个完整的厌氧消化系统包括预处理,厌氧消化反应器,消化气净化与贮存,消化液与污泥的分离、处理和利用。厌氧消化工艺类型较多,按消化温度、消化方式、消化级差的不同划分成几种类型。

① 根据消化温度,厌氧消化工艺可分为高温消化工艺和自然消化工艺两种。

高温消化工艺的最佳温度范围是 47~55℃,此时有机物分解旺盛,消化快,物料在厌氧池内停留时间短,非常适用于城市垃圾、粪便和有机污泥的处理。其程序包括高温消化菌的培养、高温的维持、原料投入与排出、消化物料的搅拌几个步骤。高温消化菌种的培养一般是将污水池或地下水道有气泡产生的中性偏碱的污泥加到备好的培养基上,进行逐级扩大培养,直到消化稳定后即可为接种用的菌种。高温的维持通常是在消化池内布设盘管,通入蒸汽加热料浆来实现,也可利用余热和废热作为高温消化的热源。在高温消化过程中,原料的消化速率快,要求连续投入新料与排出消化液。同时,高温厌氧消化过程要求对物料进行搅拌,以迅速消除邻近蒸汽管道区域的高温状态,并保持全池温度的一致性。

自然温度厌氧消化是指在自然温度影响下消化温度发生变化的厌氧消化。目前我国农村基本上都采用这种消化类型，其工艺流程如图5-5所示。

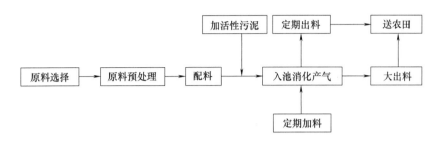

图 5-5　自然温度半批投料沼气消化工艺流程

这种工艺的消化池结构简单、成本低廉、施工容易、便于推广。但该工艺的消化温度不受人为控制，基本上是随气温变化而不断变化，通常夏季产气率较高，冬季产气率较低，故其消化周期需视季节和地区的不同加以控制。

② 根据投料运转方式，厌氧消化可分为连续消化、半连续消化、两步消化等。

连续消化工艺是从投料启动后，经过一段时间的消化产气，随时连续定量地添加消化原料和排出旧料，其消化时间能够长期连续进行。此消化工艺易于控制，能保持稳定的有机物消化速率和产气率，但该工艺要求较低的原料固形物浓度。

半连续消化工艺特点是启动时一次性投入较多的消化原料，当产气量趋于下降时，开始定期或不定期添加新料和排出旧料，以维持比较稳定的产气率。由于我国广大农村的原料特点和农村用肥集中等原因，该工艺在农村沼气池的应用已比较成熟。半连续消化工艺是固体有机原料沼气消化最常采用的消化工艺（图5-6）。

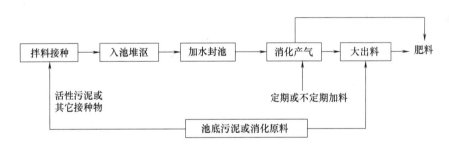

图 5-6　固体废物半连续消化工艺流程

两步消化工艺是根据沼气消化过程分为产酸和产甲烷两个阶段的原理开发的。两步消化工艺特点是将沼气消化全过程分成两个阶段，在两个反应器中进行。第一个反应器的功能是：水解和液化固态有机物为有机酸；缓冲和稀释负荷冲击与有害物质，并截留难降解的固体物质。第二个反应器的功能是：保持严格的厌氧条件和pH，以利于产甲烷细菌的生长；消化、降解来自前段反应器的产物，把它们转化成甲烷含量较高的消化气，并截留悬浮固体、改善出料性质。因此，两步消化工艺可大幅度地提高产气率，气体中甲烷含量也有所提高。同时实现渣、液的分离，使得在固体有机物的处理中，引入高效厌氧处理器成为可能。

【思考与练习5.1】

1. 典型的好氧堆肥处理一般包括下列哪些步骤?(　　　)

A. 前处理　　　　　　B. 主发酵　　　　　　C. 后发酵　　　　　　D. 后处理

E. 脱臭和贮存

2. 一个完整的厌氧消化系统包括哪些单元?(　　　)

A. 预处理　　　　　B. 厌氧消化反应器　　　C. 消化气净化与贮存

D. 消化液与污泥的分离、处理和利用

5.2 处理过程控制

在好氧堆肥和厌氧堆肥的过程中,均需要对物料配比、温度、水分、氧气浓度、微生物种群等条件进行控制,以保证生化处理正常进行。同时,在工厂化堆肥过程中还要对臭气污染进行有效控制,以解决这一突出问题。

5.2.1 好氧堆肥的过程控制

(1) 供氧量

氧气是堆肥过程有机物降解和微生物生长所必需的物质。因此,保证较好的通风条件,提供充足的氧气是好氧堆肥过程正常运行的基本保证。通风可使堆层内的水分以水蒸气的形式散失掉,达到调节堆温和堆肥内水分含量的双重目的,可避免后期堆肥温度过高。但在高温堆肥后期,主发酵排除的废气温度较高,会从堆肥中带走大量水分,从而使物料干化,因此需考虑通风与干化间的关系。

(2) 含水率

水分是维持微生物生长代谢活动的基本条件之一,水分适当与否直接影响堆肥发酵速率和腐熟程度,是影响好氧堆肥的关键因素之一。堆肥的最适含水率为 $50\%\sim60\%$(质量分数),此时微生物分解速率最快。当含水率在 $40\%\sim50\%$ 之间时,微生物的活性开始下降,堆肥温度随之降低。当含水率小于 20% 时,微生物的活动就基本停止。当水分超过 70% 时,温度难以上升,有机物分解速率降低,由于堆肥物料之间充满水,有碍于通风,从而造成厌氧状态,不利于好氧微生物生长,还会产生 H_2S 等恶臭气体。

(3) 温度和有机物含量

温度是堆肥得以顺利进行的重要因素。堆肥初期,堆体温度一般与环境温度相一致,经过中温菌的作用,堆体温度逐渐上升。随着堆体温度的升高,一方面加速分解消化过程;另一方面也可杀灭虫卵、致病菌以及杂草籽等,使得堆肥产品可以安全地用于农田。堆体最佳温度为 $55\sim60℃$。

有机质含量过低,分解产生的热量不足以维持堆肥所需要的温度,会影响无害化处理,且产生的堆肥成品由于肥效低而影响其使用价值。如果有机质含量过高,则给通风供氧带来困难,有可能产生厌氧状态。

(4) 颗粒度

堆肥过程中供给的氧气是通过颗粒间的空隙分布到物料内部的,因此,颗粒度的大小对通风供氧有重要影响。从理论上说，堆肥物颗粒应尽可能小，才能使空气有较大的接触面积，并使得好氧微生物更易更快将其分解。如果太小，易造成厌氧条件，不利于好氧微生物的生长繁殖。因此堆肥前需要通过破碎、分选等方法去除不可堆肥化物质，使堆肥物料粒度达到一定程度的均匀化。

(5) C/N 比和 C/P 比

堆肥原料中的 C/N 比是影响堆肥微生物对有机物分解的最重要因子之一。碳是堆肥化反应的能量来源，是生物发酵过程中的动力和热源；氮是微生物的营养来源，主要用于合成微生物体，是控制生物合成的重要因素，也是反应速率的控制因素。如果 C/N 比值过小，容易引起菌体衰老和自溶，造成氮源浪费和酶产量下降；如果 C/N 比值过高，容易引起杂菌感染，同时由于没有足够量的微生物来产酶，会造成碳源浪费和酶产量下降，也会导致成品堆肥的碳氮比过高，这样堆肥施入土壤后，将夺取土壤中的氮素，使土壤陷入"氮饥饿"状态，影响作物生长。因此，应根据各种微生物的特性，恰当地选择适宜的 C/N 比值。调整的方法是加入人粪尿、牲畜粪尿以及城市污泥等。常见有机废物的 C/N 比见表5-4。

表 5-4　常见有机废物的 C/N 比

有机废物	C/N 比	有机废物	C/N 比
稻草、麦秆	70～100	猪粪	7～15
木屑	200～1700	鸡粪	5～10
稻壳	70～100	污泥	6～12
树皮	100～350	杂草	12～19
牛粪	8～26	厨余垃圾	20～25
水果废物	34.8	活性污泥	6.3

除碳和氮之外，磷也是微生物必需的营养元素之一，它是磷酸和细胞核的重要组成元素，也是生物能 ATP 的重要组成部分，对微生物的生长也有重要的影响。有时，在垃圾中会添加一些污泥进行混合堆肥，就是利用污泥中丰富的磷来调整堆肥原料的 C/P 比。一般要求堆肥原料的 C/P 比为 75～150。

(6) pH

pH 是微生物生长的一个重要环境条件。一般情况下，在堆肥过程中，pH 有足够的缓冲作用，能使 pH 稳定在可以保证好氧分解的酸碱度水平。适宜的 pH 可使微生物发挥有效作用，一般来说，pH 在 7.5～8.5 之间，可获得最佳的堆肥效果。

5.2.2　厌氧工艺的过程控制

(1) 厌氧条件

厌氧消化最显著的一个特点是有机物在无氧的条件下被某些微生物分解，最终转化成 CH_4 和 CO_2，产酸阶段微生物大多数是厌氧菌，需要在厌氧的条件下才能把复杂的有机质分解成简单的有机酸等。而产气阶段的细菌是专性厌氧菌，氧对产甲烷细菌有毒害作用，因而需要严格的厌氧环境。判断厌氧程度可用氧化还原电位表示。当厌氧消化正常进行时，氧化还原电位应维持在 -300mV 左右。

(2) 原料配比

厌氧消化原料的碳氮比以 (20～30)∶1 为宜。碳氮比过小，细菌增殖量降低，氮不能被充分利用，过剩的氮变成游离的 NH_3 抑制了产甲烷细菌的活动，厌氧消化不易进行。但碳氮比过高，反应速率降低，产气量明显下降。磷含量（以磷酸盐计）一般为有机物量的 1/1000 为宜。

（3）温度

温度是影响产气量的重要因素，厌氧消化可在较为广泛的温度范围内进行（40～65℃）。温度过低，厌氧消化的速率低、产气量低，不易达到卫生要求中杀灭病原菌的目的；温度过高，微生物处于休眠状态，不利于消化。研究发现，厌氧微生物的代谢速率在35～38℃和50～65℃时各有一个高峰。因此，一般厌氧消化常把温度控制在这两个范围内，以获得尽可能高的消化效率和降解速率。

（4）pH

产甲烷微生物细胞内的细胞质 pH 一般呈中性。但对于产甲烷细菌来说，维持弱碱性环境是十分必要的，当 pH 低于 6.2 时，它就会失去活性。因此，在产酸菌和产甲烷细菌共存的厌氧消化过程中，系统的 pH 应控制在 6.5～7.5 之间，最佳 pH 范围是 7.0～7.2。为提高系统对 pH 的缓冲能力，需要维持一定的碱度，可通过投加石灰或含氮物料的办法进行调节。

（5）添加物和抑制物

在发酵液中添加少量的硫酸锌、磷矿粉、炼钢渣、碳酸钙、炉灰等，有助于促进厌氧发酵，提高产气量和原料利用率，其中以添加磷矿粉的效果最佳。同时添加少量钾、钠、镁、锌、磷等元素也能提高产气率。但是也有些化学物质能抑制发酵微生物的生命活力，当原料中含氮化合物过多，如蛋白质、氨基酸、尿素等被分解成铵盐，会抑制甲烷发酵。因此当原料中氮化合物比较高的时候应适当添加碳源，调节 C/N 在（20～30）∶1 范围内。此外，如铜、锌、铬等重金属及氰化物等含量过高时，也会不同程度地抑制厌氧消化。因此在厌氧消化过程中应尽量避免这些物质混入。

（6）接种物

厌氧消化中细菌数量和种群会直接影响甲烷的生成。不同来源的厌氧发酵接种物，对产气量有不同的影响。添加接种物可有效提高消化液中微生物的种类和数量，从而提高反应器的消化处理能力，加快有机物的分解速率，提高产气量，还可使开始产气的时间提前。用添加接种物的方法，开始发酵时，一般要求菌种量达到料液量的 5% 以上。

（7）搅拌

搅拌可使消化原料分布均匀，增加微生物与消化基质的接触，使消化产物及时分离，也可防止局部出现酸积累和排除抑制厌氧菌活动的气体，从而提高产气量。

5.2.3 堆肥过程中的臭气污染与控制

（1）恶臭物质产生来源

恶臭气体在好氧和厌氧条件下均可产生，但主要的恶臭物质来自于厌氧过程。垃圾在堆放或堆肥过程中，在氧气足够时，垃圾中的有机成分如蛋白质等，在好氧细菌的作用下产生刺激性气体 NH_3 等；在氧气不足时，厌氧细菌将有机物分解为不彻底的氧化产物如含硫的化合物 H_2S、SO_2、硫醇类等和含氮的化合物如胺类、酰胺类等。我国的生活垃圾含水率超过发达国家。以美国为例，其进场垃圾含水率普遍为 15%～20%，同时生活垃圾中的有机成分含量较高。因此，在进行处理时更易产生各类恶臭物质（表5-5）。

表 5-5 垃圾产生的恶臭物质特性

名称	分子式	沸点/℃	毒性
丙烯硫醇	$CH_2 =CHCH_2SH$	67~68	②
戊硫醇	$CH_3(CH_2)_3CH_2SH$	123~124	①
苯甲硫醇	$C_6H_5CH_2SH$	195	①
丁硫醇	C_4H_9SH	122	②
甲硫醚	CH_3SCH_3	36	①
乙硫醇	C_2H_5SH	36.2	①
硫化氢	H_2S	气态	①
甲硫醇	CH_3SH	5.8~6.2	②
丙硫醇	C_3H_7SH	67.73	②
二氧化硫	SO_2	气态	②
叔丁硫醇	$(CH_3)_3CSH$	64	②
对-苯甲基硫醇	$CH_3C_2H_4SH$	44	①
苯硫醇	C_6H_5SH	168.3	②
氨	NH_3	气态	①
β-氨基丙醇	$CH_3CH(NH_2)CH_2OH$	188	②
二甲胺	$(CH_3)_2NH$	6.88	①
肼	N_2H_4	119.4	①
甲胺	CH_3NH_2	-6.79	①
乙胺	$CH_3CH_2NH_2$	16.6	①
β-氨基丙酸	$NH_2CH_2CH_2COOH$	198	②
2-丁胺	$C_4H_{11}N$	44	①
三甲胺	$(CH_3)_3N$	-4	①
二甲二硫	CH_3SSCH_3	109	①
二硫化碳	CS_2	-30	①
苯乙烯	$C_6H_5CH=CH_2$	146	①

①有毒；②无毒或低毒。

恶臭物质种类复杂多样，迄今凭人的嗅觉即能感觉到的恶臭物质可分成 5 类：①含硫化合物，如 H_2S、SO_2、硫醇等；②含氮化合物，如氨气、胺类、吲哚等；③卤素及衍生物，如氯气、卤代烃等；④烃类及芳香烃；⑤含氧有机物，如醇、酚、醛、酮等。对健康危害较大的有硫醇类、氨、硫化氢、甲基硫、三甲胺、甲醛、苯乙烯、酪酸、酚类等几十种。

恶臭物质的发臭和它的分子结构有关，如两个烷基同硫结合时，就会变成二甲基硫 $[(CH_3)_2S]$ 和甲基乙基硫（$CH_3 \cdot C_2H_5S$）等带有恶臭的硫醚；若再改变化合结构中 S 的位置，其臭味的性质也会改变。各种化合物分子结构中的硫（=S）、巯基（—SH）和硫氰基（—SCN），是形成恶臭的原子团，通称为"发臭团"。另有一些有机物如苯酚（C_6H_5OH）、甲醛（HCHO）、丙酮（$C_2H_6C=O$）和酪酸（C_3H_7—COOH）等，其分子结构虽不含硫，但含有羟基、醛基、羰基和羧基，也散发各种臭味，起"发臭团"的作用。Aysen Muezzinoglu 在分析土耳其 Izmir 地区污水产生的恶臭污染物时发现，恶臭物质主要是 2-丙硫醇与 2-丁硫醇及二甲基二硫等化合物。人的感官对有机硫、有机胺类恶臭物质极其敏感，嗅觉阈值低者能达到 $0.0001mL/m^3$（表 5-6）。

表 5-6　部分恶臭物质的嗅觉阈值与排放限值

名称	分子式	嗅觉阈值/(mL/m)	厂界标准一级~三级/(mg/m)	臭味
硫化氢	H_2S	0.0005	0.03~0.6	臭蛋味
甲硫醇	CH_4S	0.0001	0.004~0.035	烂洋葱味
乙硫醚	$(C_2H_5)_2S$	0.005	0.03~1.1	蒜臭味
二硫化碳	CS_2	0.21	2.0~10	臭蛋味
氨	NH_3	0.1	1.0~5.0	刺激味
三甲胺	$(CH_3)_3N$	0.0001	0.05~0.8	烂鱼味

(2) 恶臭污染控制

去除臭气的方法主要有化学除臭剂除臭，碱水和水溶液过滤，熟堆肥或活性炭、沸石等吸附剂过滤。由于堆肥过程中的致臭物质种类多样，在露天堆肥时，可在堆肥表面覆盖熟堆肥，以防止臭气逸散。

5-3　除臭设备

在工厂化堆肥过程中，常采用生物净化的方法去除臭味。生物法净化有机废气的机理是利用微生物通过代谢活动，将废气中的有机组成转化成简单的无机物（CO_2、水等）及细胞组成物质的过程。由于气、液相（或固体表面液膜）之间的有机物浓度梯度和水溶性的作用，废气中的污染物首先要经过气、液相间的传质过程，然后在液相中被微生物降解，产生的代谢产物一部分溶于液相，一部分作为细胞物质或细胞代谢能源，还有一部分（如 CO_2）则从液相转移到气相，废气中的污染物通过上述过程不断减少，从而被净化。

根据营养来源分，能进行气态污染物降解的微生物可分为自养菌和异养菌两类。自养菌主要适于进行无机物的转化，如硝化菌、反硝化菌和硫酸菌可在无有机碳和氮的条件下靠氨、硝酸盐和硫化氢、硫及铁离子的氧化获得能量，进行生长繁殖。但是由于自养菌的新陈代谢活动较慢，它只适于较低浓度无机废气的处理。异养菌是通过对有机物的氧化代谢来获得能量和营养物质的，在适宜的温度、pH 值和氧条件下，能较快地完成污染物的降解，这类微生物多用于有机废气的净化处理。目前，适于生物处理的气态污染物主要有乙醇、硫酸、酚、甲酚、吲哚、脂肪酸、乙醛、酮、二硫化碳、氨和胺等。

生物滤池、生物洗涤塔、生物滴滤池是目前三种主要的废气生物处理方式（表 5-7）。与生物滤池相比，生物滴滤池的反应条件可以通过调节循环液的 pH 值、湿度进行控制，在处理卤代烃及含硫、含氮等微生物并在降解过程中会产生酸性代谢产物的污染物时，生物滴滤池比生物滤池更有效。另外，由于生物滴滤池的反应条件由人为控制，所以滴滤池中的环境更适于微生物的生长和繁殖，单位体积填料的生物量较生物过滤池多，也更适于净化负荷较高的废气。

表 5-7　生物滤池、生物洗涤塔、生物滴滤池 3 种臭气净化方式比较

方式	特点	优点	缺点	应用范围
生物滤池	单一反应器；微生物和液相固定	气/液表面积比值高；设备简单；运行费用低	反应条件不易控制；进气浓度发生变化，适应慢；占地面积大	适于处理化肥厂，污水处理厂以及工业、农业产生的污染物浓度介于 0.5~1.0g/m³ 的废气

方式	特点	优点	缺点	应用范围
生物洗涤塔	两个反应器；微生物悬浮于液体中；液相流动	设备紧凑；低压力损失；反应条件易于控制	传质表面积低；需大量提供氧才能维持高降解率；需要处理剩余污泥；投资和运行费用高	适于处理工业产生的污染物浓度介于 $1 \sim 5g/m^3$ 的废气
生物滴滤池	单个反应器；微生物固定，液相流动	与生物洗涤塔相比设备简单	传质表面积低；需要处理剩余污泥；运行费用高	适于处理化肥厂，污水处理厂以及农业产生的污染物浓度低于 $0.5g/m^3$ 的废气

采用生物滤池净化堆肥过程中产生的臭气是目前在运行生活垃圾堆肥厂常用的方法，它具有废气处理量大、成本低、易操作的特点，往往作为堆肥厂臭气集中收集后的末端处理方式。

下面以某大型生活垃圾堆肥厂运行过程中的除臭工艺为例进行说明。

该堆肥厂的除臭工艺主要分为前端臭气集中收集、发酵负压供氧和末端生物滤池处理三大部分。

① 前处理车间臭气控制。在堆肥厂的前处理车间臭气控制分成两大区域，即人工分拣区域和组合破袋筛分区域（含其他区域）。人工分拣区域由于人员工作时间较长，对臭气的控制要求也较高，因此将该部分区域用小房间与其他区域分隔开来，在房间内安装喷淋除臭系统，在人工分拣间顶棚内安装雾化系统装置，通过喷嘴向该区域空间定时喷洒天然植物提取液，空气中异味分子被分散在空间的天然植物提取液液滴吸附，在常温、常压下发生催化氧化反应生成无味无毒的分子，如氮气、水、无机盐等，垃圾散发出的臭气分解消除。同时，对这部分区域加强通排风，其中人工粗分拣平台处换气次数为 8 次/h，风量为 $2500m^3/h$，人工分拣平台处换气次数也是 8 次/h，风量为 $7000m^3/h$。人工粗分拣平台处采用局部送风，人工分拣平台处采用机械送排风并保持室内微正压的方式，使工作人员有较清洁的室内空气环境。组合破袋区（含其他区域）换气次数为 2 次/h，排出废气量 $10.1 \times 10^4 m^3/h$。

② 发酵负压供氧。前处理区域收集抽排的废气直接输送至发酵大厅，供发酵负压供氧。发酵采用底部负压抽排通风供氧的方式，抽出的含恶臭物质的气体首先经过分离，将携带的大量水分分离出去，然后通过风机加压、增湿直接进入多级生物滤池处理设施。最大废气量为 $70.6m^3/s$，25.4 万 m^3/h。

③ 生物滤池处理。末端的生物滤池由多种吸附型微孔材料和有机物底物混合构成滤池填料，建成生物反应层，控制通气量、水分、有机物底物等生物反应条件，培养驯化有效微生物。除臭原理是含有恶臭污染物分子的废气以一定的速率进入滤池，首先被滤池填料物理吸附，然后由填料中微生物快速分解，同时释放出大量的生物能，进一步吸收、转化、繁殖。通过调控生物反应条件，控制微生物适宜生长，一方面避免大量繁殖堵塞填料微孔，另一方面避免数量过少影响除臭效果。

【思考与练习5.2】

1. 好氧堆肥工艺控制包括下列哪些要素？（   ）

A. 供氧量　　　　B. 含水率　　　　C. 温度和有机物含量　　　D. 颗粒度

E. C/N 比和 C/P 比　　F. pH

2. 好氧堆肥恶臭污染生物处理方法包括哪些？（   ）

A. 生物滤池　　　　B. 生物洗涤塔　　　C. 生物滴滤池

5.3 其他生物技术

固体废物的蚯蚓分解处理是近年发展起来的一项主要针对农林废弃物、城市生活垃圾和污水处理厂污泥的生物处理技术。由于蚯蚓分布广、适应性强、繁殖快、抗病力强、养殖简单，可以大规模进行饲养与野外自然增殖。故利用蚯蚓处理有机固体废物是投资少、见效快、简单易行且效益高的工艺技术。

5.3.1 有机固体废物的蚯蚓处理技术

(1) 蚯蚓的生物学特征

蚯蚓俗称地龙，又名曲鳝，是环节动物门寡毛纲的代表性动物。蚯蚓是营腐生生活动物，生活在潮湿的环境中，以腐败的有机物为食，生活环境内充满了大量的微生物却极少得病，这与蚯蚓体内独特的抗菌免疫系统有关。在科学分类中，它们属于单向蚓目。身体呈圆筒状（与线形动物的圆柱形区别），两侧对称，具有分节现象：由 100 多个体节组成，在第 11 节以后，每节的背部中央有背孔；没有骨骼，属于无脊椎动物，体表裸露，无角质层。除了身体前两节之外，其余各节均具有刚毛。雌雄同体，异体受精，生殖时借由环带产生卵茧繁殖下一代。目前已知蚯蚓有 2500 多种，在环境工程中使用的典型蚯蚓种类有赤子爱胜蚓（*Eisenia foetida*）。

蚯蚓处理固体废物的过程实际上是蚯蚓和微生物共同处理的过程。二者构成了以蚯蚓为主导的蚯蚓-微生物处理系统。在此系统中，一方面蚯蚓直接吞食垃圾，经消化后，可将垃圾中有机物质转化为可给态物质，这些物质同蚯蚓排出的钙盐与黏液结合即形成蚓粪颗粒，蚓粪颗粒是微生物生长的理想基质。另一方面微生物分解或半分解的有机物质是蚯蚓的优质食物，二者构成了相互依存的关系，共同促进有机固体废物的分解。

蚯蚓是杂食性动物，喜欢吞食腐烂的落叶、枯草、蔬菜碎屑、作物秸秆、畜禽粪及居民的生活垃圾。蚯蚓消化力极强，它的消化道分泌蛋白酶、脂肪分解酶、纤维素酶、甲壳酶、淀粉酶等，除金属、玻璃、塑料及橡胶外，几乎所有的有机物质都可被它消化。

城市生活垃圾的特点是有机物含量相当高，最高可超过 80%，最低为 30% 左右。由于蚯蚓是以垃圾中腐烂的有机物质为食，垃圾中有机物质含量的多少直接关系到蚯蚓的生长繁殖是否正常。但许多实验研究表明，当城市生活垃圾中有机成分比例小于 40% 时，就会影响蚯蚓的正常生存和繁殖。因此，为了保证蚯蚓的正常生存和快速繁殖，用于蚯蚓处理的城市生活垃圾中的有机成分的含量需大于 40%。

在垃圾的生物发酵处理中，蚯蚓的引入可以起到以下几方面的作用：

① 蚯蚓对垃圾中的有机物质有选择作用。

② 通过砂囊和消化道，蚯蚓具有研磨和破碎有机物质的功能。

③ 垃圾中的有机物通过消化道的作用后，以颗粒状形式排出体外，利于与垃圾中其他物质的分离。

④ 蚯蚓的活动改善垃圾中的水气循环，同时也使得垃圾和其中的微生物得以运动。

⑤ 蚯蚓自身通过同化和代谢作用使得垃圾中的有机物质逐步降解，并释放出可为植物所利用的 N、P、K 等营养元素。

⑥ 可以非常方便地对整个垃圾处理过程及其产品进行毒理监察。

⑦ 蚯蚓堆肥相较于普通堆肥，去除病原微生物的能力更强。

（2）蚯蚓处理的工艺流程

生活垃圾的蚯蚓处理技术是指将生活垃圾经过分选，除去垃圾中的金属、玻璃、塑料、橡胶等物质后，经初步破碎、喷湿、堆派、发酵等处理，再经过蚯蚓吞食加工制成有机复合肥料的过程。从收集垃圾到蚯蚓处理获得最终肥料产品的过程见图 5-7。

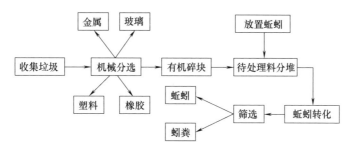

图 5-7　蚯蚓处理生活垃圾的工艺流程

① 垃圾的预处理。主要是将垃圾粉碎，以利于分离。

② 垃圾的分离。把金属、玻璃、塑料和橡胶等分离除去，再进一步粉碎，以增加微生物的接触表面积，利于与蚯蚓一起作用。

③ 垃圾的堆放。将处理后的垃圾进行分堆，堆的大小为宽度 180～200cm，长度按需要而定，高度为 40～50cm。

④ 放置蚯蚓。垃圾发酵熟化后达到蚯蚓生长的最佳条件时，大约在分堆 10～20d 后，就可以放置蚯蚓，开始转化垃圾。

⑤ 检查正在转化的料堆状况。要定期检测，修正可能发生变化的所有参数，如温度、湿度和酸碱度，保证蚯蚓迅速繁殖，加快垃圾的转化。

⑥ 收集堆料和最终产品的处理。在垃圾完全转化后，需将堆肥表面 5～6cm 的肥料层收集起来，剩下的蚯蚓粪经过筛分、干燥、装袋，即得有机复合肥料。

⑦ 添加有益微生物。适量的微生物将有利于堆肥快速而有效进行，蚯蚓以真菌为食，故在垃圾处理过程中应有选择地添加真菌群落。

（3）蚯蚓对农林废弃物的处理

① 农林废弃物的种类及性质。农林废弃物主要是指各种农作物的秸秆、牧草残渣、树叶、花卉残枝、蔬菜瓜果等。农林废弃物的主要成分有纤维素、半纤维素、木质素等，此外还含有一定量的粗蛋白、粗脂肪等。例如，作物残体一般含纤维素 30％～45％，半纤维素 16％～27％，木质素 3％～13％。因此，农林废弃物都能被蚯蚓分解转化，而形成优质有机肥料。

② 农林废弃物的预处理过程。

a. 废弃物的预处理。将杂草树叶、稻草、麦秸、玉米秸秆、高粱秸秆等锄切、粉碎成 1cm 左右；蔬菜瓜果、畜下脚料要切剁成小块，以利于发酵腐烂。

b. 发酵腐熟废弃物的条件。良好的通气条件；适当的水分；微生物所需的营养；料堆内的温度；料堆的酸碱度。

c. 堆制发酵。首先，对物料进行预湿处理，将植物秸秆浸泡吸足水分，预堆 10～20h。干畜禽粪同时淋水调湿、预堆。其次，建堆，原料配比为植物秸秆约 40％、粪料约 60％和适量的土。先在地面上按2m宽铺一层20～30cm厚的湿植物秸秆，接着铺一层约为3～6cm厚的湿畜禽粪，然后再铺约6～9cm厚的植物秸秆、3～6cm厚的湿畜禽粪。这样按植物秸秆、粪料交替铺放，直至铺完为止。堆料时，边堆料边分层浇水，下层少浇，上层多浇，直到堆底出水为止。料堆应松散，不要压实，料堆高度1m左右。料堆呈梯形、龟背形或圆锥形，最后，堆外面用塘泥封好或用塑料薄膜覆盖，以保温保湿。堆制后第二天堆温开始上升，4～5d后堆内温度可达60～70℃。待温度开始下降时，要翻堆以便进行二次发酵。翻堆时要求把底部的料翻到上部，边缘的料翻到中间，中间的料翻到边缘，同时充分拌松、拌和，适量淋水，使其干湿均匀。第一次翻堆7d后，再进行第二次翻堆，以后隔6d、4d各翻堆一次，共翻堆3～4次。

③ 蚯蚓分解转化发酵腐熟料。

a. 物料腐熟程度的鉴定。废弃物堆体发酵30d左右，需要鉴定物料的腐熟程度，发酵腐熟的物料应无臭味、无酸味，色泽为茶褐色，手抓有弹性，用力一拉即断，有一种特殊的香味。

b. 投喂前腐熟料的处理。将发酵好的物料摊开混合均匀，然后堆积压实，用清水从料堆顶部喷淋冲洗，直到堆底有水流出；检查物料的酸碱度是否合适，一般pH在6.5～8.0都可以使用，过酸可添加适量石灰，碱度过大用水淋洗；含水量需要控制在37%～40%，即用手抓一把物料挤捏，指缝间有水即可。

c. 蚯蚓对腐熟料的分解转化。经过上述处理的物料先用少量蚯蚓进行饲养实验，经1～2d后，如果有大量蚯蚓自由进入栖息、取食，无任何异常反应，即可大量正式喂养。

d. 蚯蚓和蚯蚓粪的分离。在废弃物的蚯蚓处理过程中要定期清理蚯蚓粪并将蚯蚓分离出来，这是促进蚯蚓正常生长的重要环节。

④ 畜禽粪便的蚯蚓处理技术。当前对畜牧废弃物进行无害化处理的方法很多，而利用蚯蚓的生命活动来处理畜禽粪便是很受人们欢迎的一种方法，此方法能获得优质有机肥料和高级蛋白质饲料，不产生二次污染，具有显著的环境效益、经济效益和社会效益，符合社会经济的可持续发展要求，是一种很有发展前途的畜禽废弃物处理方法。

⑤ 蚯蚓对固体废物中重金属的富集。蚯蚓对某些重金属具有很强的富集作用，因此，可以利用蚯蚓来处理含这类重金属的废弃物，从而实现重金属污染的生物净化。蚯蚓通过自身分泌物改变一些重金属的生物有效性，从而降低其对植物的毒性。在蚯蚓处理废弃物的过程中，废弃物中的重金属可被摄入蚯蚓体内，通过消化过程，一部分重金属会蓄积在蚯蚓体内，其余部分则排泄出体外。蚯蚓对镉有明显的富集作用，且对不同重金属有着不同的耐受能力。当某一种重金属元素的浓度超过蚯蚓的耐受极限时，它就会通过排粪或其他方式被排出体外。

(4) 利用蚯蚓处理固体废物的优势及局限性

同单纯的堆肥工艺相比，废弃物的蚯蚓处理工艺有以下一些优点：

① 过程为生物处理过程，无不良环境影响，对有机物消化完全彻底，其最终产物较单纯堆肥具有更高的肥效。

② 使养殖业和种植业产生的大量副产物得到合理利用，避免资源浪费。

③ 对废弃物减容作用更为明显，实验表明，单纯堆肥法减容效果一般为15%～20%，经蚯蚓处理后，其减容效果可超过30%。

④ 除获得大量高效优质有机肥外，还可以获得由废物生产的大量蚓体。

蚯蚓处理工艺局限性在于易受温度等生长条件的影响。在利用蚯蚓处理废弃物时，通常选用那些喜有机物质和能耐受较高温度的蚯蚓种类，以获得最好的处理效果。但即使是最耐热的蚯蚓种类，温度也不宜超过 30℃，否则蚯蚓不能生存。另外，蚯蚓的生存还需要一个较为潮湿的环境，理想的湿度为 60%～70%。因此，在利用蚯蚓处理固体废物时，应该从技术上考虑到避免不利于蚯蚓生长的因素，才能获得最佳的生态和经济效益。

5.3.2 有机固体废物的黑水虻处理技术

(1) 黑水虻简介

黑水虻（*hermetia illucens* L.）是双翅目水虻科的一种昆虫，英文名称 black soldier fly，又称光亮扁角水虻，幼虫营腐生性，取食范围非常广泛，是自然界碎屑食物链中的重要环节，常见于农村的猪栏鸡舍附近，取食新鲜的猪粪和鸡粪。

黑水虻（图 5-8）起源于南美洲的热带草原，主要以草原动物的粪便和尸体为食，随后逐渐扩散到整个美洲大陆，至 20 世纪中叶，从阿根廷的最南端到美国的西雅图都有黑水虻的分布。第二次世界大战期间，黑水虻随着美军迅速扩散到全世界，目前在全球的热带、亚热带和温带的大部分地区都有分布。黑水虻在我国的广东、广西、海南、云南、四川、福建、河北、北京等地区都有分布记载，属于水虻科的常见种。

(a) 成虫   (b) 幼虫

图 5-8 黑水虻形态

黑水虻幼虫对盐、调味品、食物毒素及其他化学添加剂不敏感，特别喜好油腻的食物。黑水虻的幼虫从 3 龄起进入大量取食阶段，在食物充分的情况下可 24 小时进食，取食效率非常高。$1m^3$ 饱和 4 龄幼虫在适宜的环境下，24h 内可处理约 800kg 餐厨废弃物。对处理死鱼、烂果、猪粪、剩饭菜等常见的有机废弃物特别有效。

液体状的泔水不能直接喂给幼虫，需先把水分过滤掉，剩下的固体物质才可以喂食。此外，黑水虻幼虫的营养价值也极高，烘干的黑水虻幼虫中含有 45% 的粗蛋白和 36% 的脂肪，以及氨基酸和脂肪酸等物质，优于普通的豆粉和骨粉，可加工成昆虫干粉替代鱼粉，成为优质的水产养殖饲料。黑水虻幼虫还可以直接作为饲料喂鸡、鱼等经济动物，由于其幼虫可以在水中生存，更是水产养殖不可多得的活体饵料。

黑水虻在环保方面中的应用十分广泛，可用来处理餐厨垃圾、畜禽粪便、病死畜禽等。据实际测，黑水虻幼虫对餐厨垃圾的转化效率很高，一只幼虫每天可吃掉相当于自身体重两倍的餐厨垃圾，每吨 70% 含水量的餐厨垃圾可以生产约 250kg 的黑水虻鲜虫。据分析，4 龄的黑水虻幼虫干物质可达 35% 以上，其中蛋白质含量达 50%，脂肪含量在 20%，多项营养指标都超出豆粕。水虻幼虫自身具有抗菌肽，能有效抵制沙门菌和大肠埃希菌，可以直接用来养鸡、鸭、鱼、蛙、龟等动物，也可以干燥粉碎替代鱼粉、豆粕等作为动物的蛋白饲料源，能大幅缓解养殖业带来的抗生素污染。据研究，黑水虻处理餐厨垃圾时，能够快速消化餐厨垃圾中的易腐败成分，强效杀灭垃圾中的病菌。黑水虻产生的粪叫虫砂，可以加工成高效有机肥，可用来改良土壤，增加有机质。

山东、河南和南京等城市的相关环保企业已形成以黑水虻为主的餐厨垃圾处理工艺，由于其低成本和较高价值可以为企业带来不错的经济利益。

(2) 养殖流程

黑水虻生命周期一般为 30～40 天，分为虫卵期、幼虫期、蛹期、成虫期。在一般养殖过程中，黑水虻要经历卵—小幼虫—大幼虫—蛹—成虫—卵的闭环过程。而在生物处理过程中黑水虻的养殖过程仅为卵—小幼虫—大幼虫，即外购虫卵，生化处理厂进行孵化和养殖，不进行化蛹、羽化及虫卵的生产过程。

餐厨预处理＋黑水虻 3 龄幼虫→生物转化生产线→分离（图5-9）。餐厨垃圾的处理主要依靠 3 龄幼虫来完成。

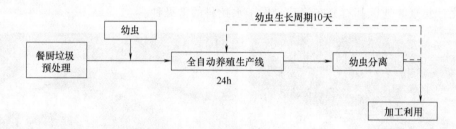

图 5-9　餐厨垃圾生物转化工艺

养殖过程中各阶段控制要求如下：

① 孵化阶段。将卵放置在孵化箱内，孵化箱内不需要光照，但是要保持温度 30℃ 左右，相对湿度 80％ 以上。卵需要放置在铁网制成的托盘上，托盘下是孵化盒，孵化盒底部铺一层食料（如湿度 80％ 的花生麸），并且在边沿部分撒一些植物粉末，孵化后的初龄小虫会从网眼中掉入下方的孵化盒中，并且因为有粉末而无法沿盒沿爬出来，当日孵化的初龄幼虫通常连带孵化盒一起取出，换新的孵化盒继续孵化，这样能保证幼虫尽可能地龄期一致。

② 小幼虫阶段。初龄幼虫在孵化料中培养 24h 后，移出孵化箱，做好标记，统一归集在孵化室中，孵化室温度保持在 28～38℃ 之间，空气湿度适当即可，通常约 3 天加一次料，加入的培养料以发酵的饲料为主，适当加入少量花生麸以补充蛋白，培养料湿度在 80％ 左右，培养料厚度小于 6cm，保持室内通风良好，小幼虫培养阶段通常为 2～3 天左右，可达到 3 龄，百虫重为 1g 左右。

③ 大幼虫阶段。大幼虫通常是指 3～5 龄幼虫，生长期约为 4～5 天，是黑水虻幼虫增长最快、食量最大的阶段，在工艺上，利用此阶段处置餐厨垃圾等有机废弃物，获得具有经济价值的商品虫，从卵孵化生长 15 天左右的商品虫，百虫重为 15g 左右。大幼虫的生长条件与小幼虫类似，不过培养料厚度可增加 2cm。

④ 幼虫分离。幼虫饲料较为干燥，并且该项目的物料已经经过了破碎除杂处理，其物料粒径小于大幼虫尺寸，可方便地使用滚筒筛进行分离。

卵、小幼虫、大幼虫阶段黑水虻养殖条件见表5-8。

表 5-8　不同生长阶段的黑水虻养殖条件

项目	卵	小幼虫	大幼虫
温度/℃	30 左右	25～28	32～38
相对湿度/%	80 以上	适度	适度
持续时间	70h	2～3 天	3～4 天
食料要求	发酵的花生麸,食料周边撒适量干燥的桑叶粉防止其逃逸	粗蛋白含量不低于 15% 的混合料,水分含量 80%～90%	常规有机废弃物,水分含量在 70%～90%
注意事项	1. 孵化箱内不需要光照 2. 待孵化虫卵不可沾水 3. 初孵的黑水虻幼虫在恒温箱内培养 24h 后方可移出	1. 培养料厚度小于 6cm 防止幼虫密度太大产生积热 2. 饲养盒需有尼龙纱网覆盖以防止家蝇等在食料中产卵以造成污染	1. 培养料厚度可增加 2cm,该阶段以防止幼虫积热为主 2. 饲养容器以金属材料为佳,侧边端部制成内弯防止幼虫逃逸

(3) 控制要点

① 温度控制。黑水虻幼虫的生长发育对温度极其敏感,低温和高温都会对黑水虻造成严重危害,很容易导致其大量死亡而使养殖过程失败。黑水虻幼虫的适宜温度范围为 15～40℃,但由于物料黏度、透气性、湿度等因子的影响,适宜于黑水虻幼虫生长发育的温度范围大致在 20～35℃之间,如何在冬季低温和夏季高温过程中保持适宜温度范围就成为养殖黑水虻成败的关键因素。

通过环境温度和加料控制保持黑水虻取食环境的适宜温度。在冬季低温条件下,通过保温和加温措施保持幼虫养殖室的温度在 15℃以上,同时增加食料厚度、降低食料含水率以提高取食环境的温度。夏季高温条件下则相反,通过水帘、排风扇、遮阳网等措施将幼虫养殖室的温度降低至在 30℃以下,同时降低食料厚度、增加食料含水率以提高取食环境的散热效率,以保持幼虫较为适宜的温度条件。

② 黑水虻幼虫分离技术。黑水虻的幼虫与物料的分离技术关系到后续的加工利用效率,对于能否实现高值化利用至关重要,因此高效率的幼虫分离技术是关系到产业化成败的关键。对需要处置的固体有机废弃物进行较为彻底的分拣,将杂质率降低到 5%以下,然后再将物料进行较为彻底的粉碎,粉碎粒径在 5～10mm 范围内,如果物料的可食用比例较高,那么经黑水虻处置后的残余废料所占比例极小,可以不必进行分离程序;而如果物料的可食用部分较低,那么处置后的残余废料可用 8 目滚筒筛高效分离出来,幼虫的杂质率可轻易保持在 1%以下,不影响后续的蛋白和油脂提取工艺。

(4) 黑水虻生物处理工艺流程

从收集开始,将餐厨垃圾和部分地沟油分装。餐厨垃圾经密闭罐车从餐厨垃圾收集点收集后运至餐厨垃圾处置中心,餐厨车倒车进入处理车间的卸料仓前端即卸料平台,密闭卸料仓的仓盖由液压缸打开,餐厨垃圾收集车打开卸料口,将罐内餐厨垃圾卸料至卸料仓内,罐车内部若有残余餐厨垃圾,用高压水枪冲洗后一并流入卸料仓内部,完成卸料过程后,卸料仓缸盖关闭。

卸料仓下设置一台倾斜安装的脱水螺旋输送机,脱水螺旋输送机底部设置沥水筛孔,卸料仓内部餐厨垃圾在被脱水螺旋输送并提升的过程中,油水经过沥水筛孔滤出并由收集槽收集后进入油水暂存池内部,剩余餐厨垃圾含水率在 70%左右,输送至预处理单元。分离出的液体进入油水分离系统,分出的油脂外销给废油脂生产加工企业。

进入预处理单元的物料首先经过圆盘除杂机,将餐厨垃圾内部塑料瓶、木竹、塑料袋、大棒骨等不利于养殖黑水虻的大杂物去除，此部分杂物运至填埋场填埋，因杂物的含水率和有机质含量很少，填埋处理后，不会增加太多的维护压力。

经过圆盘除杂机除去大部分杂物后，又经磁选去除金属，然后物料进入生物质分离器内

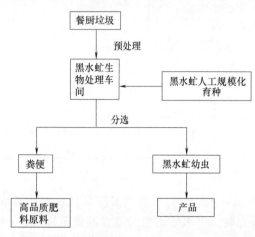

图 5-10　餐厨垃圾黑水虻生物处理工艺图

部，经过生物质分离器的作用，将餐厨垃圾打碎成浆料，同时将里面的小片的塑料、木竹、小骨头等杂物筛选出来。经过预处理系统后，获得有机质浆料，将浆料、部分油水分离机出来的水、废水处理系统的浓缩液以及麦麸一同送入混料机内，混合成含固率在 65% 左右的物料后，可直接投喂给黑水虻，用于养殖。经过黑水虻生物处理系统的生物处理，餐厨垃圾被黑水虻幼虫吃掉，同时黑水虻虫体长大后获得动物蛋白，黑水虻生长过程中排出粪便，经处理后最终得到虫粪和黑水虻鲜虫，两者经过筛分后分离开，虫粪做成生物有机肥原料，鲜虫一部分烘干后可长期储存，另一部分鲜虫可做畜禽渔业的养殖饲料，具体技术路线见图 5-10。

(5) 黑水虻生物处理系统

在整体上分为混料、黑水虻繁育，生物处置和烘干四个部分。

① 混料系统：主要由调整材（干料）料仓、吨袋卸料装置、输送系统、干料分配计量仓、湿料分配计量仓、混料机、输送上料设备等组成的成套封闭式自动处理线。

调整材（干料）由车辆经地磅计量后进入辅料上料间，由行吊将车辆上包装吨袋卸至吨袋卸料系统，吨袋人工解带后由输送机送至干料仓中。干料仓的干料经由输送系统送至预处理车间的干料分配计量仓中，经计量仓计量后输送至连续混拌机中与来自湿料分配计量仓的湿料进行连续均匀混合。

生物质分离器出料的高纯度有机质浆料通过螺旋输送机输送至混料器中，同时，麦麸、污水处理系统的浓缩液和污泥，一并进入混料器，通过机械搅拌，调节成含水率在 60% 左右的喂养黑水虻的食料，保证黑水虻生物系统的稳定性。

② 生物处置系统：项目所用黑水虻虫卵为外购。经过混料器处理的黑水虻饲料，几乎没有杂质，适合用来饲养黑水虻，进行生物处理，经黑水虻取食，剩余黑水虻幼虫、残余餐厨垃圾和虫粪，再经过分选，得到有机肥原料和黑水虻鲜虫。黑水虻鲜虫进入烘干系统。

③ 烘干系统：黑水虻的烘干系统主要将鲜虫含水率由 65% 降至 20% 以下，以便于存储，并减少运输成本。烘干设备主要采用微波烘干，烘干产生的气体主要由水蒸气组成，集中收集后，进行冷凝除水汽后输送至进入臭气收集系统，冷凝水进入污水处理系统。

生物处理设备总览见表 5-9。

表 5-9　生物处理系统设备一览表

编号	名称	规格	单位	数量
1	孵化培育室	自动化孵化箱 2m×1.8m×2.3m	台	1
2	自动化养殖设施	15t/d	套	1

编号	名称	规格	单位	数量
3	筛分设施	15t/d	套	1
4	烘干设施	15t/d	套	1

鲜虫经过烘干后，由塑料袋封装，可长期储存。

黑水虻鲜虫在养殖车间内用塑料容器暂存后直接出售，日产日清，不设仓库；其中一部分鲜虫烘干后用塑料袋封装暂存。有机肥原料在产品仓库内用袋装存储。

（6）产品

通过物理、生物处理技术生产出油脂、有机肥、黑水虻，实现资源循环利用，节约能源。餐厨垃圾经过处理后，其主要产品为：

① 工业油脂。餐厨垃圾中油脂含量都比较高，一般为 2%～3%，大量油脂的存在给餐厨垃圾的利用和处理带来严重影响。如将该油脂进行回收后，可外售至有资质的深加工企业再生利用。如 50t 餐厨垃圾则每日可回收油脂 1.0t。

② 有机肥料。餐厨垃圾经过黑水虻的消化分解后，产生的虫粪可作为有机肥使用，用于农业生产等领域。以 50t 项目为例，则每日可产有机肥料 10.34t。

③ 黑水虻。黑水虻消化餐厨垃圾时间较短（6 天左右），故在筛分时有大量的黑水虻鲜虫，黑水虻鲜虫含有丰富的蛋白质，可用于饲养家畜，也可制成干虫销售。以 50t 项目为例，则每日可产黑水虻鲜虫 6.0t，干虫 0.65t（表 5-10）。

表 5-10 日处理 50t 餐厨垃圾资源化产品

资源化产品	用途	生产量/t
油脂	生物柴油原料	1.0
有机肥	农林作物种植	10.34
黑水虻鲜虫	饲料、制备蛋白	6.0
黑水虻干虫	饲料、制备蛋白	0.65

5.4 工厂化堆肥工艺案例

目前国内常用的堆肥工艺有隧道式静态强制通风堆肥、长槽发酵工艺、厌氧干发酵工艺等。

5.4.1 隧道式静态强制通风堆肥

北京市某堆肥厂位于大兴区，总面积 6.6hm²（1hm² = 10⁴m²），总建筑面积 2.16 万平方米，其中厂房 1.5 万平方米。主要建筑有主厂房、熟化区、办公楼、综合车间、地磅房、化验室、中央控制室、加湿站、生物过滤池。在主厂房有 30 个 4m×4m×27m 隧道式发酵仓。采用静态强制通风堆肥，仓内发酵 7 天，出仓后再进行二次发酵（图 5-11）。该厂原设计日处理能力 400t，年产堆肥 3 万 t，自北京南部垃圾分流方案实施以来，堆肥厂垃圾进量大幅度增加，日平均进量约 604t，比额定处理能力 400t 增加了 50%，属于高度超负荷运

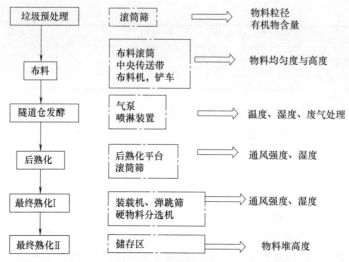

图 5-11　隧道仓堆肥工艺步骤、设备场地与控制要素

行。为保证进厂垃圾及时处理，采用添加外源辅助菌剂和利用发酵仓余热提高初始进仓物料发酵温度的方法缩短了堆肥一次发酵周期（缩短至 7 天），有效增加了垃圾处理量。

① 原料准备。堆肥厂堆肥垃圾来源主要分为两部分，一部分由转运站运来经筛分后的粒径在 15～80mm 且有机质含量在 50% 以上的垃圾，这部分垃圾直接在添加发酵菌剂后进入发酵隧道进行一期发酵。另一部分是由大兴区各乡镇转运来的原生垃圾，这部分垃圾先由滚筒筛进行筛分，80mm 以下部分在添加发酵菌剂后进入发酵隧道进行一期发酵。

适用于堆肥的垃圾密度一般为 $350～650kg/m^3$，有机物含量在 20%～80%，含水率为 40%～60%，垃圾筛分粒径在 15～80mm 之间，不包含建筑垃圾、工业垃圾和有毒有害垃圾。餐厨垃圾经过挤压脱水，与生活垃圾或粗堆肥等加生物菌掺兑后进入隧道堆肥。

② 布料工艺。从转运站运来的中等粒径垃圾经地磅称重记录后，由厂内卸料车将垃圾倾卸到卸料仓内，为了保证输送到中央传送带上的原料的均匀性，在卸料仓的末端设置了一个布料滚筒，原料经爬升皮带机提升后进入中央传送带（图 5-12），再通过两个可自动伸缩的布料机来完成隧道的均匀布料。在这一过程中通过爬升皮带机后端的均匀布料装置向物料上面添加外源菌剂。

(a) 中央传送带

(b) 隧道仓

图 5-12　中央传送带与隧道仓

布料均匀性、布料高度对垃圾的发酵都会有一定的影响，来自转运站的中等粒径的垃圾料高不超过 3.5m。

③ 隧道仓发酵。在填装完发酵隧道后，对发酵过程的控制就开始了。根据不同的发酵过程，开启余热气体利用装置，发酵原料的温度和湿度以及循环空气中氧的含量（13％体积比）等最佳指标的控制是通过调整输入的新鲜空气与循环气体的比例及对物料加湿来实现的。新鲜原料需要经过为期7天的隧道发酵。隧道发酵的前1～2天，是微生物的对数增长期，在这个阶段中应按照要求喷洒渗沥液来达到必需的含水率（含水率达到50％～60％），并进行通风，来保证对氧的需求和升高温度。通过进行强制通风，发酵温度迅速升高至50～60℃。随后的5天是堆肥的卫生化过程，即病菌和植物种子的灭活过程，这一过程是通过调节通风条件（总空气流量/输入新鲜空气的量）使温度大约保持在55～65℃状态来实现的。在此过程中，目标温度被设定成60℃，由于蒸发而引起的水分的损失是由喷洒渗沥液来补偿的。在7天的后1～2天，停止添加渗沥液，通过风干作用使堆肥的含水量小于45％。隧道排出的废气被引到加湿间，并从那里被加湿后送到生物过滤池。

整个生物过程必须严格控制。控制参数是湿度和影响氧消耗速率的温度。排出的空气和堆体的温度可直接测量，而空气流量和湿度是间接测量的。控制的关键因素是用于送入、循环和排出空气的内连接阀开度以及鼓风机的速度。为了保证废气排出管内的正压损失是恒定不变的，空气压力测量在废气排出阀之后进行，并对废气排出阀的开度进行调节。当对隧道进行填装和排空时，关闭隧道内的通风装置，停止送入空气。当隧道内的循环空气达100％时，新鲜空气输入阀和废气排出阀都应保持在关闭状态。如果需补充新鲜空气，则必须开启废气排出。

④ 后熟处理。经过7天的隧道发酵后，隧道垃圾经轮式装载机卸载到安装在中央传送带上的两个卸料斗内，经中央传送带将发酵后的垃圾从中央大厅传送到后熟化平台。在平台上由布料机将出料均匀地堆积成3.0～3.5m高的后熟化堆。

发酵平台由很多带有通风孔的混凝土盖板和风道组成。此种风道可以采用正压或者负压方式进行通风。不同的风道都是由风阀（0～100％）与地下的通风管线相连的。通过调节通风阀可以控制通风强度的大小。在通风平台上，通过人工检测温度，并根据堆肥温度来控制发酵过程中的通风强度。在通风时必须保证发酵温度不低于技术要求的最低值，即在发酵过程中进行通风。

垃圾由轮式装载机转运到安装在后熟化大厅的破碎机桶斗内，经过粉碎后通过螺旋、爬升皮带输送至卸料斗内，然后通过爬升皮带机输送到滚筒筛内进行筛分。滚筒筛［图5-13(a)］的筛孔为25mm。筛上物经各级传送带直接装箱后运往垃圾卫生填埋场进行填埋；筛下物被输送到最终熟化区。在破碎机出现故障时，将垃圾转运到卸料斗内。

(a) 滚筒筛　　　　　　　　　　　　　　　　(b) 弹跳筛

图5-13　后熟和最终熟化处理过程中的筛分装置

⑤ 最终熟化。经滚筒筛筛分后的筛下物由装载机输送到最终熟化区，堆成 3～3.5m 高的发酵堆，强制通风发酵 10 天，在此阶段，垃圾中的有机物得到进一步降解。经 10 天发酵后由装载机运送到弹跳筛［图 5-13（b）］筛分，由弹跳筛筛分成小于 7mm 的细堆肥及 7～25mm 的粗堆肥。粗堆肥运至垃圾卫生填埋场作为覆盖土使用。

5.4.2 槽式工厂堆肥

槽式堆肥是将堆料混合物放置在长槽式的结构中进行发酵的堆肥方法，槽式堆肥的供氧依靠搅拌机完成，搅拌机沿槽的纵轴移行，在移行过程中搅拌堆料。堆肥槽中堆料深度为1.2～1.5m，堆肥发酵时间为 3～5 周。单个发酵槽的容积是根据翻抛机的跨度、发酵周期进行设计。

北京某堆肥处理厂厂址位于昌平区小汤山镇附近，主要处理东城区和西城区产生的城市生活垃圾，处理规模为 1600t/d，处理厂占地面积为 110 亩（1 亩＝666.67m²）。处理厂的构筑物主要包括前处理车间、发酵车间、后处理车间、有机无机复混肥车间、中心实验室和综合楼等。处理厂工艺流程为：进厂生活垃圾先经过前分选分拣出塑料、纸张、金属类可回收物料并去除灰土后进入发酵间（图 5-14）。

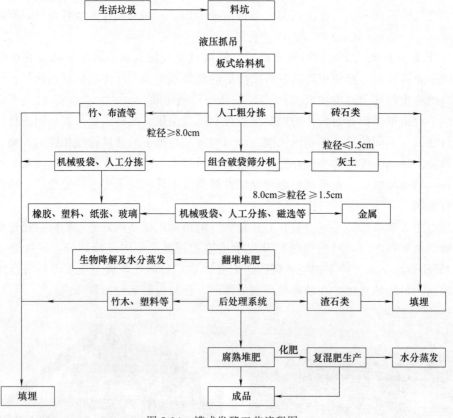

图 5-14 槽式发酵工艺流程图

该厂的槽式发酵采用机械翻堆的方式，发酵时间为 21 天。腐熟堆肥经 25mm 滚筒筛筛分后送至后处理车间通过滚筒筛筛分和重力及密度分选机处理后，部分直接出售，部分深加工成有机无机复混肥出售。处理厂采用 PLC 控制系统，以保证生活垃圾进厂至有机肥料出厂的全过程控制。

① 前处理。前处理工序主要将生活垃圾中的无机物和不可腐物分离出来及将可回收物质分拣出来。进厂垃圾首先经过计量检重，卸入垃圾集料坑，由行车抓吊分别送至上料斗，料斗摆动均匀落料，经板式给料机均料，由皮带机送至人工粗分选平台，由人工首先将粗、大、长（尺寸超过 50cm×50cm）的物料拣出，避免后续输送过程中造成卡滞和对分选设备造成损坏；体积较大的金属物也同时分拣回收。物料送至组合破袋筛分机（由于生活垃圾袋装化收集且其中灰土、石砾占 18.1%，故设置组合破袋筛分机），首先将生活垃圾破袋，然后通过筛分将其分为 3 类物流：粒径小于 1.5cm、粒径大于 1.5cm 小于 8.0cm、粒径大于 8.0cm。粒径小于 1.5cm 的物料主要为灰土，送至填埋场处置；粒径大于 1.5cm 小于 8.0cm 的物料主要为可堆肥物料，经风选、人工分选、磁选后送至发酵滚筒进入初级发酵工序。粒径大于 8.0cm 的物料经风选、人工分拣、磁选，将可回收物质分选回收，残渣送至填埋场处置。

② 发酵工序。发酵车间布置三条条堆，每条条堆宽 24.5m，高 3.0m，长度为 150m。总发酵期 21 天。初级发酵物料由皮带机输送到自动布料机［图 5-15 (a)］，由布料机自动将物料分布在每条条堆前端。

由行车式翻堆机［图 5-15 (c)］进行物料翻动，翻堆频率为 3 天 1 次，翻堆过程中根据含水率进行补水，条堆底部设置通风廊道、渗沥水收集管道，以负压吸风的方式供给发酵过程中需要的氧量。收集的渗沥水汇集到储池，每天进行堆温、氧气含量的监测，检测堆肥物料的耗氧速率，根据氧气需求程度，调节供氧频率，并判断腐熟、稳定程度。

(a) 布料机

(b) 通风廊道(人员行走落脚处)

(c) 翻堆机

图 5-15　发酵车间装置与设备

发酵初始阶段，在中温微生物菌群的作用下，淀粉、糖类、蛋白质等易降解有机物进一步降解。微生物降解、合成有机物过程中，释放出大量的生物能，使堆肥物料逐渐升温，一般经过 3~5 天可升高到 50℃以上，发酵进入高温阶段。此时中温菌群受到抑制，高温菌群开始活跃，纤维类、木质素类有机物被分解。通过翻堆、调节通风量，控制堆温不宜过高，堆温过高微生物菌群大量减少，有机物降解速度缓慢。发酵过程中堆温不断变化，微生物菌群随堆温变化演替，易分解有机物被充分降解，纤维类、木质素类物质部分分解，腐殖质同时合成。发酵后期，可利用有机物底物较少，微生物数量减少，活动能力减弱，释放的生物能不足以维持堆温，堆温逐渐降低，耗氧速率降低并趋于稳定，堆肥物料达到一定腐熟程度，发酵结束。发酵前 12 天含水率控制在 55%左右，后 9 天含水率逐步降至 35%以下，物料腐熟后经 40mm 滚筒筛筛分后筛下物转运至后熟区，继续熟化稳定；筛上物根据需要可作为进料水分调节物回用，并起到微生物接种作用；不需进行水分调节时，外运填埋。

③ 后熟期。发酵物料筛下物称粗堆肥，需要进一步熟化稳定，提高腐熟程度，降低植物毒性，消除、减轻臭味，降低 pH 值、EC 值（电导率），粗堆肥运至熟化区，由装载机堆垛并定期进行翻堆。

腐熟度检测达到北京市《生活垃圾堆肥厂运行管理规范》（DB11/T 272—2014）中腐熟度 4 级以上，后熟期结束。粗堆肥可进入后处理工序进行堆肥精制。

④ 后处理工序。在发酵车间制成的粗堆肥通过装载机送入精制系统的进料斗，然后经皮带输送机送入滚筒筛（筛孔直径 12mm）先筛除较大物料，筛下物送入重力及密度分选设备，分离出其中的玻璃、金属、陶瓷、小石块等重杂质，并通过气流分选分离出其中的塑料膜、塑料片等轻杂质，剩下的粗堆肥再送入细滚筒筛进行筛分（筛孔直径 5mm）。经后处理后产生的肥料主要分为两类：粒度在 5mm 至 12mm 间的肥料及粒度小于 5mm 的肥料。分别入库存放或进行复混肥加工。

⑤ 复混肥生产工序。生产的目的在于进一步提高腐熟堆肥的肥效。具体的氮、磷、钾的配比随施用对象以及施用土地的情况而定。本工程设计暂以腐熟堆肥：化肥约 2.3：1 考虑，为提高有机质，可加入适量草炭等物质，116t/d 的细腐熟堆肥中加入 51t/d 的化肥和 68t/d 草炭等用于制作有机无机复混肥。有机无机复混肥制粒后出售，每天生产 200t 有机无机复混肥。

生产工艺流程为：5mm 以下粒度的堆肥由定量输送机送至混合搅拌机，与按工艺配方确定的 N、P、K 及微量元素、草炭等复配物料混合，搅拌均匀，物料输送至制粒机制成复混肥颗粒，再经过除湿干燥机组进行烘干，并进入冷风系统降温，包装，储存销售。

本章小结

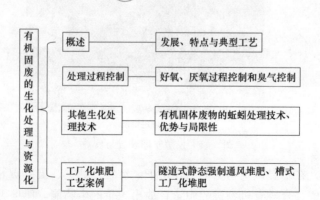

固体废物的生化处理与资源化技术在处理大宗农业固体废物方面具有其他处理方法无法比拟的优势。生化处理方法可以获取有机固体废物中含有的可利用的植物性营养和生物能源。

生化处理从降解动力来源——微生物的生活类型来看，存在着好氧与厌氧处理两类。有机物降解的好氧与厌氧处理过程控制存在明显差异。好氧生化处理以减容减量为主要目的，并最终获取一定量的植物营养物质。在这一过程中有明显的温度变化，影响着有机物降解进程。要采取通风、翻堆等工艺措施对堆肥温度进行间接的动态控制。厌氧生化处理是利用不同菌群的协同代谢作用，转化有机固体废物产生生物能源。生化过程分产酸与产甲烷两段，要控制发酵过程中产酸菌群与产甲烷菌群的生长衔接与功能转换。

其他生化处理技术中的蚯蚓生物反应器，可以利用蚯蚓沙囊中的特殊微环境，利用动物与微生物的联合作用，加速有机固体废物的降解，获得有益的植物生长营养物质。系统运行要求稳定的培养温度和较低的污染物浓度。

工厂化堆肥案例分别列举了生活垃圾日处理量为 600t 的隧道式静态强制通风和日处理量为 1600t 的槽式工厂化堆肥两家大型堆肥工厂，提供了可参考的实际好氧堆肥生产的工艺流程和控制参数。

 复习思考题

1. 简述好氧堆肥的原理及影响因素。
2. 简述好氧堆肥的工艺过程。
3. 何谓堆肥腐熟度？其评价方法有哪几种？
4. 简述厌氧发酵的原理及影响因素。
5. 按发酵温度不同，厌氧发酵工艺有哪几种？
6. 简述高温厌氧发酵的工艺过程。

6

填埋处置与资源化

→ 导读导学

填埋处置与资源化的概念、工艺、过程。
填埋处置过程中污染控制与环境释放。
填埋处置的资源化途径。

知识目标：掌握填埋处置的基本概念、工艺过程。
能力目标：学会填埋气产量预测方法。
职业素养：建立生态修复理念。

填埋是固废处置的一种重要方法，曾经是城市生活垃圾处理的主要方法，随着焚烧处理技术的推广，填埋量相应减少。填埋处置过程的填埋气资源化利用与渗滤液无害化是两个对生态环境保护有重要影响的方面。

6.1 概述

处置是指利用焚烧或其他方法改变固体废物的物理、化学和生物特性，达到减少已产生的固体废物数量、缩小固体废物体积、降低或消除其危险成分的活动，或者将固体废物最终处置于符合环境保护规定要求的场所或设施并不再回取的活动。它是固体废物处置的一种重要方式。

6.1.1 最终处置

巴塞尔公约将处置分为两类：A 类处置，指不能导致资源回收、再循环利用的作业方式，如填埋、生物降解、注井、排海、永久储存等，同时也包括为此而进行的部分预处理过程，如掺混、重新包装、暂存等；B 类处置指可能导致资源回收、再循环利用的作业方式，包括以燃料、溶剂、金属、金属化合物，催化剂等形式回收，以及废物交换等。但 A、B 两类均不包括对固体废物减容、减量、解毒（减少或消除危险成分的处理）等处理手段。

处理（treatment）是指通过物理、化学、生物以及生物化学、物理化学等方法将已产生的固体废物转化成便于运输、贮存、利用和处置的形式，达到减量化、资源化和无害化目的的活动，包括各种预处理和处理技术。因此固体废物处理可以看成是固体废物资源化利用和无害化处置的前处理过程。最终处置是指利用工程措施将固体废物最终置于符合环境保护要求的场所或设施内并不再回取的活动，与《巴塞尔公约》中的 A 类处置定义相近。

6.1.2 土地填埋

土地填埋处置是从传统的堆放和填埋处置发展起来的一项最终处置技术，目前尚无统一的定义。同其他环境技术一样，它是一个涉及多种学科的处置技术。从固体废物全面管理的角度来看，土地填埋处置是为了保护环境，按照工程理论和土工标准，是对固体废物进行有效管理的一种科学工程方法。土地填埋处置，首先需要进行科学选址，在设计规划的基础上对场地进行防护（如防渗）处理，然后按严格的操作程序进行填埋操作和封场，要制定全面的管理制度，定期对场地进行维护和监测。土地填埋处置可以有效地隔离污染物，保护好环境，并能对填埋后的固体废物进行有效管理，此法在国内外应用都很普遍。它的最大优点是工艺简单、成本低，能处置多种类型的固体废物。

填埋处置的问题首先是造价高，其次是渗滤液处理问题。例如，日处理 1000t 垃圾填埋场投资约 5000 万元，配套的转运站投资约 1 亿元，总投资 1.5 亿元；填埋土地占用土地并污染地下水；由于产生可燃气体，时有爆炸起火危险，故有地下"生物炸弹"之称；由于垃圾填埋过程中产生的渗滤液处理难度很大，处理时难达预期目标，一旦处理不当极易造成二次污染。欧美各国已经强调垃圾填埋只能是无机垃圾。目前，我国已有城市规定原生垃圾不得直接进入填埋场，向着原生生活垃圾零填埋的方向努力。

一般可根据所处置的废物种类，以及有害物质释出所需控制水平进行分类。通常把固体废物填埋分为：惰性废物填埋、卫生土地填埋、工业废物土地填埋、安全土地填埋。

① 惰性废物填埋。它是土地填埋处置的一种最简单的方法。实际上是把建筑废石等惰性废物直接埋入地下，埋葬方法分浅埋和深埋两种。

② 卫生土地填埋。卫生土地填埋是处置一般固体废物时不会对公众健康及环境安全造成危害的一种方法，主要用来处置城市垃圾。

③ 工业废物土地填埋。它适于处置工业无害废物，因此场地的设计操作原则不如安全土地填埋那样严格，如场地下部土壤的渗透系数仅要求为 $10^{-5}\,\mathrm{cm/s}$。

④ 安全土地填埋。它是一种改进的卫生土地填埋方法，还称为化学土地填埋或安全化学土地填埋。安全土地填埋主要用来处置有害废物，因此对场地的建造技术要求更为严格。如衬里的渗透系数要小于 $10^{-8}\,\mathrm{cm/s}$，渗出液要加以收集和处理，地表径流要加以控制等。

按照场址地形、水文气象、填埋后生化降解形式、填埋的废物种类分为以下不同的类型。

① 按填埋场地形特征可分为滩涂型填埋场、峡谷填埋场、平地填埋场、废矿坑填埋场（图 6-1）；

② 按填埋场地水文气象条件可分为干式填埋、湿式填埋和干、湿式混合填埋；

③ 按填埋场的状态可分为厌氧性填埋、好氧性填埋、准好氧性填埋和保管型填埋；

④ 按固体废物污染防治法规，可分为一般固体废物填埋和工业固体废物填埋。在日本，工业固体废物填埋又分为遮断型、管理型和安定型三种。

卫生填埋的处理方法具有技术可靠、操作管理简单、不需要进行后续处置、处理量大、对垃圾成分没有严格要求、投资运营成本较低等优点。

(a) 上海老港滩涂型填埋场

(b) 北京阿苏卫平原型填埋场

(c) 深圳下坪山谷型填埋场

图 6-1　典型的生活垃圾卫生填埋场

填埋垃圾的缺点：

① 土地占有量大，垃圾填埋并未使垃圾减量，对于大量的生活垃圾需要巨大的填埋场地，以至于新建填埋场选址困难；

② 填埋场发生环境污染风险大，生活垃圾填埋场并未对污染源进行有效处理，随着堆存量的增加和时间延长，容易造成泄漏而污染土壤及地下水等周边环境；

③ 填埋场容易产生甲烷等气体；

④ 填埋场的生活垃圾经历多年后会变得容易矿化，矿化后的填埋场复垦困难，再次进行处理更困难。

【思考与练习 6.1】

1. 固体废物的填埋通常分为下列哪几种？（　　　）

A. 惰性废物填埋　　　　　　　　　　B. 卫生土地填埋

C. 工业废物土地填埋　　　　　　　　D. 安全土地填埋

2. 垃圾填埋处置有下列哪些缺点？（　　　）

A. 土地占有量大　　　　　　　　　　B. 发生环境污染风险大

C. 易产生甲烷等气体　　　　　　　　D. 矿化后的填埋场复垦困难

3. 按填埋场地形特征可分为下列哪几种？（　　　）

A. 滩涂填埋场　　　　　　　　　　　B. 峡谷填埋场

C. 平地填埋场　　　　　　　　　　　D. 废矿坑填埋场

6.2 填埋作业

填埋作业是指填埋处置的工艺过程，包括传统填埋作业和全密闭作业两种不同方式。传统填埋作业主要是考虑填埋工程的稳定性与安全性，全密闭作业还要解决膜覆盖与水气导排的矛盾。

6.2.1 传统填埋作业

卫生土地填埋通常是每天把运到土地填埋场的废物在限定的区域内铺散成 40～75cm 的薄层，然后压实以减少废物的体积，并在每天操作之后用一层厚 15～30cm 的土壤覆盖、压实。

垃圾填埋采用单元填埋法，将填埋场划分为小单元，分别进行填埋，填埋顺序为垃圾卸料—垃圾铺平—垃圾压实—表面覆盖，日覆盖选择高密度聚乙烯（HDPE）膜进行覆盖，每日填埋作业结束后进行覆膜作业。采用 HDPE 膜可有效减少雨水渗入，减少异味的散发，并且后期加强膜厚度和硬度，减少破损的可能性。最终覆盖选择土壤覆盖，后期进行植被修复等工作（图 6-2 和图 6-3）。

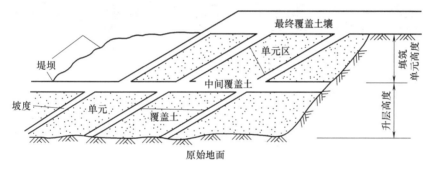

图 6-2 填埋场填筑单元与升层结构

6-1 卫生填埋场

(a) 填埋区准备

(b) 卸料

图 6-3

(c) 摊铺压实

(d) 平整修坡

(e) 最终覆盖

(f) 植被覆盖

图 6-3 填埋作业流程

废物层和土壤覆盖层共同构成一个单元,即填筑单元。具有同样高度的一系列相互衔接的填筑单元构成一个升层。完成的卫生土地填埋场是由一个或多个升层组成的。当土地填埋达到最终的设计高度之后,再在该填埋层之上覆盖一层 90～120cm 的土壤,压实后就得到一个完整的卫生土地填埋场。

卫生土地填埋方法按照堆填的方式可分为三种,分别是沟槽法、地面法和混合法,即通常所说的斜坡法。

6-2 填埋操作

　　① 沟槽法。沟槽法是把废物铺撒在预先挖掘的沟槽内,然后压实,把挖掘的土作为覆盖材料铺撒在废物之上并压实,即构成基础的填筑单元结构。沟槽的大小要根据场地水文地质条件来确定。通常沟的长度为 30～120m,深 1～2m,宽 4.5～7.5m。

　　② 地面法。地面法是把废物直接铺撒在天然的土地表面上,压实后用薄层土壤覆盖,然后再压实。地面法可在坡度平缓的土地上应用,但开始要建筑一个人工土坝,作为初始填筑单元的屏蔽。因此最好是在采石场、露天矿、峡谷、盆地或其他类型的洼地采用。该法适于处置大量的固体废物。它的优点是不需开挖沟槽或基坑,缺点需要另寻覆盖材料。

　　③ 斜坡法。斜坡法(图 6-4)是把废物直接铺撒在斜坡上,压实后用工作面上直接得到的土壤加以覆盖,然后再压实。它实际是沟槽法和地面法的结合。该法的优点是只需进行少量的挖掘工作,即可满足第二天覆盖废物对土壤的需要,由于不需要从场外运进覆盖材料,

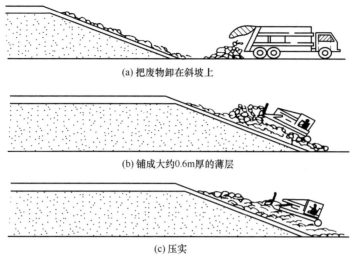

(a) 把废物卸在斜坡上

(b) 铺成大约0.6m厚的薄层

(c) 压实

图 6-4 斜坡法作业

而且废物堆积在初始表面下，因此斜坡法比地面法能更有效地利用处置场地。

把垃圾直接卸到工作面上，沿着自然坡面铺撒压实（图 6-4）。填埋厚度以每层 2m 为宜，过厚不容易压实。太薄又浪费动力。每天操作后以不少于 15cm 厚的土壤进行覆盖、压实，以防止垃圾飞扬和造成火灾。

6.2.2 全密闭填埋作业

以膜覆盖为特点的全密闭作业是一种新型的填埋作业方式，已经在北京市及一些经济发达地区推广实行。全密闭作业是利用膜覆盖手段缩小填埋作业时垃圾体的暴露时间和显露面积的一项技术。与传统填埋技术的主要区别在于堆体表层的膜覆盖及膜下填埋气体的收集技术。

首先要按照分区填埋计划中库区的顺序依次进行填埋作业，这点与传统的填埋工艺相同。每个库区根据库容，设计满足 1 个月左右的填埋量。在作业过程中，每十天形成的新的作业单元按要求实行密闭工程。

分层压实及土覆盖（临时覆盖）按照生活垃圾卫生填埋场技术规程进行，每个填埋区域每填埋 2m 升层要进行压实，即分层压实。按照填埋作业面的推进方向，每日对当日作业面进行 20cm 厚的覆土覆盖。

HDPE 覆盖工程（阶段性密闭）每层作业厚度为 2.5m，每两日利用 1.0mm 厚的 HDPE 膜对形成的作业面进行覆盖，膜的边缘利用膜压块进行固定，防止膜移位，保证作业面不暴露在空气中，减少气体逸散到大气中，造成空气污染。另外，通过膜覆盖也能有效进行雨污分流，减少渗滤液产生量。下一层填埋作业之前，将 1.0mm HDPE 膜揭除，重新进行垃圾卸载、填埋作业。根据填埋场填埋作业工序安排，按照填埋库区的顺序依次进行填埋作业。

全密闭覆盖作业包括环库围堤及分区道路密闭、HDPE 膜覆盖工程、膜下黏土层覆盖、膜锚固及排水沟设置、膜压块五个作业环节。

① 环库围堤及分区道路密闭。基于年填埋规划兴建环库围堤和分区道路。为了方便堆体及道路表面雨水导排，道路内侧设置排水沟。同时进行膜密闭作业，满足臭气整体收集和

渗滤液导排的需要。

② HDPE 膜覆盖工程。随着各区依次达到阶段设计高度，需要按作业工序，采用 1.0mm 厚 HDPE 膜分区完成膜覆盖工程。

③ 膜下黏土层。为防止因为膜破损或局部漏气引起收集管道内氧含量过高，导致火炬无法点燃，在 HDPE 覆盖膜下面设置黏土覆盖层，保证堆体内的气密性，同时避免因膜破损导致的覆盖膜上的水下渗问题。

④ 锚固及排水沟设置。膜宽按照幅宽 30m 进行设计，结合填埋气收集工程，将填埋气收集支管设置在两块覆盖膜接缝处，方便整体焊接和密封。分区道路四周设置锚固沟（兼具道路排水沟作用）（图 6-5）。

6-3　填埋场外观

图 6-5　全密闭填埋工艺（HDPE 膜的锚固、排水沟设置及表层填埋气收集管路）

⑤ 膜压块。为防止膜因风吹或其他原因被掀起，影响封闭效果，膜上压载混凝土预制块。钢筋混凝土预制块直径 300mm（外径），内径 160mm，厚 5cm，间隔 5m 铺设，相邻之间用尼龙绳连接。混凝土预制块之间可结合填埋区域现状，利用原有的废旧轮胎进行压载，适当增加膜压块的数量，提高安全性。

10 天内形成的作业面需及时密闭，由作业区转换为非作业区，按照非作业区密闭措施进行施工。在填埋堆体表层完成膜覆盖工艺同时要对膜下气体收集管路进行铺设作业。

【思考与练习6.2】

1. 传统填埋作业通常分为下列哪些操作步骤？（　　）

A. 垃圾卸料　　　　B. 垃圾铺平　　　　C. 垃圾压实　　　　D. 表面覆盖

2. 全密闭覆盖填埋作业的主要工艺过程包括哪些？（　　）

A. 环库围堤及分区道路密闭　　　　　　B. HDPE 膜覆盖工程

C. 膜下黏土层覆盖　　　　　　　　　　D. 膜锚固及排水沟设置

E. 膜压块

3. 全密闭覆盖填埋作业的工艺时间限定为几天？（　　）

A. 填埋作业当日完成　　　　　　　　　B. 填埋后 5 天完成

C. 填埋后 10 天完成　　　　　　　　　D. 不限定时间

6.3 填埋气导排与资源化

填埋堆体内可降解有机物在分解过程中产生甲烷、二氧化碳等气体。无组织排放会加剧温室效应，同时带来恶臭污染；填埋气经人工收集、净化加工可发电或生产民用天然气。

6.3.1 影响填埋气产量的主要因素

(1) 影响填埋气产生的主要因素

影响垃圾产气的主要因素包括垃圾组分（营养物质）、含水率、微生物量、pH 值和温度等。

① 垃圾的成分和特性。垃圾的成分、垃圾含水率、填埋量、垃圾密度、粒径、垃圾压实情况等因素直接影响着填埋气的产气量和速率，垃圾中有机物降解难易程度不同，产气量和产气持续时间也随之不同。在其他条件一定的情况下，产气量和产气速率与垃圾中可生物降解成分的比例成正比关系。

国内垃圾组分与国外差别较大，国外垃圾的产气参数不能反映我国垃圾产气特性。我国城市生活垃圾所含有机物以食品垃圾组分（淀粉、糖、蛋白质、脂肪）为主，C/N 比约为 20∶1，而国外垃圾 C/N 比典型值为 49∶1。可见，我国垃圾厌氧分解的速度比国外快很多，达到产气高峰的时间也相对较短。不同的地区和季节的垃圾组分有所差别。在同一填埋场中，由于有机质的降解，不同填埋龄期的垃圾组分也有所不同。

垃圾组分不仅影响垃圾的产气规律，而且影响垃圾的持水特性。在堆积填埋前，厨余垃圾含水率高达 86%，纸类和塑料的含水率不高于 7%，填埋后，厨余垃圾的含水率为 57.5%，塑料和橡胶的含水率高达 52.1%，纸类的也有 35.7%。许多研究表明，含水率是产气速率的主要限制因素。当含水率低于垃圾的持水能力时，含水率的提高对产气速率的影响不大；当含水率超过持水能力后，水分在垃圾内运动，促进营养物、微生物的转移，形成良好的产气环境。垃圾的持水能力通常在 0.25～0.50 之间，因而，50%～70% 的含水率对填埋场的微生物生长最适宜。决定含水率的因素包括填埋垃圾的初始含水率、当地降水量、地表水与地下水的入渗以及填埋场对渗滤液的管理方式（如是否回灌等）。填埋场内水分的流动可提高填埋气体中甲烷的含量，增幅可达 25%～70%。

② 微生物的降解作用。填埋场中填埋气的产生与微生物的降解作用紧密相关，为了提高产气速率，可以通过添加污泥或外源菌剂的方法引入大量降解微生物，增加产气细菌数量。通过实践，在填埋垃圾中添加污泥，加快了有机垃圾的降解速度和填埋气的生成。相较于无添加污泥的垃圾，填埋气中甲烷的浓度高达 64%，产气速率提升 30% 以上。

填埋场中与产气有关的微生物主要包括水解微生物、发酵微生物、产乙酸微生物和产甲烷微生物四类，大多为厌氧菌，在氧气存在状态下，产气会受到抑制。微生物的主要来源是填埋垃圾本身、填埋场表层和每日覆盖层的土壤。新鲜垃圾添加厌氧生物处理污泥并混合后进行填埋（9∶1，湿基质量比），能够有效地加速填埋层进入稳定的甲烷化阶段。有研究表明，加入堆肥垃圾也有同样效果。

③ 温度。填埋场中微生物的生长对温度比较敏感，因此，产气速率与温度也有一定关联。大多数产甲烷菌是嗜中温菌，在 15～45℃ 可以生长，最适宜温度范围是 32～35℃，温

度在 10~15℃以下时，产气速率显著降低。

④ 酸碱度。填埋场中对产气起主要作用的产甲烷菌适宜中性或微碱性环境，因此，产气的最佳 pH 值范围为 6.6~7.4。当 pH 值在 6~8 范围以外时，填埋垃圾产气会受到抑制。

另外，如果垃圾中掺杂了重金属工业废物，此类垃圾有害于微生物的生长，对垃圾的产气量和产气速率造成直接影响。

(2) 提高垃圾产气速率和产气量的措施

① 调节垃圾含水率。通过渗滤液回灌法不仅可以对垃圾的含水率进行调节，还提高了垃圾中营养物质的含量，使填埋系统的产气量大大提高。

② 酸碱度控制。在填埋场地的地表喷洒生石灰水或者在填埋垃圾时添加生石灰粉等抑制剂，可调节产填埋气的 pH 值适宜范围。

③ 添加污泥。水处理污泥中含有大量的微生物，将其与城市垃圾共同填埋，使填埋垃圾的生物降解速度加快，明显提高产气量和产气率。操作时，要用土覆盖，以防异味散溢。

④ 保持良好的厌氧环境。为创造良好的厌氧环境，加快产气速度，填埋场地要具有一定深度，分区作业，及时覆盖。在填埋作业过程中加大垃圾的压实密度，加大填埋深度，至少保持 10m 的填埋深度。为避免空气进入，用防透气膜覆盖填埋场外围边坡，并且覆盖一定厚土层。

⑤ 预处理方法。通过破碎填埋垃圾，使其颗粒均匀，增大其表面积，可以加快垃圾的降解速度，提高消化速率，有效增加填埋气产量。

6.3.2 填埋垃圾的产气模型

填埋垃圾的产气模型包括填埋气产量估算模型和填埋气产气速率估算模型两类，其中产气量估算模型计算单位质量垃圾的产气潜力，而产气速率估算模型是填埋垃圾按时间序列生成填埋气的动态叠加结果。

(1) 产气量估算模型

填埋垃圾产气量与垃圾中可生物降解有机物的质量有关，在垃圾组分和质量确定后，填埋气的产气量基本为定值。填埋垃圾的产气量模型包括 IPCC 模型、化学计量式模型和 COD 估算模型等（表 6-1）。

表 6-1 填埋气产量估算模型

模型名称	运算公式	备注
IPCC	$M_{CH_4}=M_{MSW}\times\eta\times DOC\times r\times(16/12)\times0.5$	模型使用的 η、r 推荐值为统计均值，估算时应采用当地实际的参数值进行校核
化学计量式	$C_aH_bO_cN_d+(a-b/4-c/2+3d/4)H_2O\Longrightarrow(a/2+b/8-c/4-3d/8)CH_4+(a/2-b/8+c/4+3d/8)CO_2+dNH_3$	采用垃圾中有机物分解的化学计量方程确定填埋气产量，假设垃圾中的碳均为可降解有机碳，计算结果高于实际产生量
COD 估算	$Y_{CH_4}=0.35\times(1-\omega)\times C_{organic}\times C_{COD}$	假设垃圾中的 COD 值等于产气中甲烷燃烧的耗氧量

① IPCC 模型。该模型由政府间气候变化专门委员会（Intergovernmental Panel on Climate Change，IPCC）提出：

$$M_{CH_4}=M_{MSW}\times\eta\times DOC\times r\times(16/12)\times0.5$$

式中，M_{MSW} 为城市生活垃圾量，t；η 为填埋垃圾占生活垃圾总量的百分比；DOC 为垃圾中可降解有机碳的含量，%，IPCC 推荐对发展中国家取值为 15%，发达国家为 22%；r 为垃圾中可降解有机碳的分解百分率（IPCC 推荐值为 77%）；比值 16/12 为 CH_4 和 C 的摩尔转换系数；数值 0.5 为 CH_4 中的碳与总碳的比率。IPCC 模型属宏观统计模型，用于计算一定数量垃圾的最终产气总量。由于 IPCC 模型使用的 η、r 推荐值为统计均值，估算时应采用当地实际的参数值进行校核。由于没有直接考虑垃圾产气的规律及其影响因素，计算值过于粗略，仅适用于估算较大范围的产气量，如一个国家、一个省或一个城市。

若取垃圾的产甲烷和 CO_2 的体积相同，用 IPCC 模型和推荐参数值估算发展中国家的单位垃圾产气量为 215L/kg。

② 化学计量式模型。垃圾的填埋气产量也可以采用垃圾中有机物分解的化学计量方程式来确定：

$$C_aH_bO_cN_d+(a-b/4-c/2+3d/4)H_2O=(a/2+b/8-c/4-3d/8)CH_4$$
$$+(a/2-b/8+c/4+3d/8)CO_2+dNH_3$$

由上式可知，当城市垃圾的典型化学计量式为 $C_{99}H_{149}O_{59}N$，含水率为 50% 时，则可降解的碳含量占湿垃圾总量的 26%，1kg 湿垃圾具有的 CH_4 生产潜力在常温常压下约为 259L，这说明在填埋场产气期内，约有 18.5%（质量分数）的垃圾将被转化为 CH_4。该模型是假设垃圾中的碳均为可降解有机碳，其计算结果是甲烷最终产量的理论最大值。实际上垃圾中含有大量难降解物质，而且垃圾填埋场在许多情况下并非严格的厌氧条件，该式的计算结果将高于实际产生量。

③ COD 估算模型。COD 估算模型是建立在质量守恒定律基础上，假设垃圾中的 COD 值等于产气中甲烷燃烧的耗氧量。此模型同样也是用于计算一定数量垃圾的最终产气总量。该模型的数学形式为：

$$Y_{CH_4}=0.35\times(1-\omega)\times C_{organic}\times C_{COD}$$

式中，Y_{CH_4} 为 1kg 填埋垃圾的理论产 CH_4 量，m^3/kg；ω 为填埋垃圾的含水率；$C_{organic}$ 为 1kg 填埋垃圾的有机物含量，%；C_{COD} 为填埋垃圾中 1kg 有机物的 COD 值，kg/k；0.35 为 1kg COD 的甲烷理论产量，m^3/kg。该模型与化学计量式模型的计算结果相比实际相同程度偏大。

垃圾产气量的统计模型主要用于计算一定数量垃圾可能产生的甲烷总量，对于评价甲烷对气候变化的贡献和甲烷回收利用有重要参考意义。由于统计模型无法给出在垃圾产气周期中甲烷排放的分布，所以不能直接作为填埋场甲烷利用的计算依据。有研究指出，由于我国特殊的垃圾组分与大量垃圾的简单处置，单位数量垃圾的甲烷排放量及垃圾的产甲烷衰减速率与国外文献报道的数值均有较大的差异。因此，为客观评价我国填埋垃圾产甲烷，有必要研究适合我国垃圾特性和填埋场实际情况的产甲烷动力学模型。在利用垃圾的产气量模型时，对于填埋气体压力问题，应注意填埋垃圾产气，包括甲烷和 CO_2 等气体。

(2) 产气速率模型

填埋气产气速率与填埋垃圾的成分或降解难易程度、垃圾填埋量、含水率、温度、湿度、气压、填埋时的初始压实程度等因素有关。目前，计算垃圾填埋气产生量及产生速率的诸多方法和理论中，均以年为计算单位。包括 Scholl-Canyon 动力学模型、Gardner 动力学模型、Marticorena 动力学模型、Findikakis-Leckie 动力学模型等（表6-2）。

表 6-2　填埋气产气速率估算模型

模型名称	运算公式	备注
Scholl-Canyon	$S = kL_0 e^{-kt}$	假定计算起点时填埋场已处于厌氧条件,产气速率达到最大值,然后按指数规律衰减
Gardner	$P = C_d X \sum\limits_{i=1}^{n} F_i(1 - e^{-k_i t})$	假设可降解有机碳全部转化为 CO_2 和 CH_4,计算结果明显偏高
Marticorena	$F(t) = \sum\limits_{i=1}^{t} Ti \left\{ \dfrac{MP_0}{t_0} \exp\left[-\dfrac{(t-i)}{t_0} \right] \right\}$	填埋场中的垃圾是按年份分层填埋
Findikakis-Leckie	$a(t) = C \sum\limits_{i=1}^{3} A_i \lambda_i e^{-\lambda_i t}$	垃圾是分层填埋的,各层垃圾按三种组分计算产气速率

① Scholl-Canyon 动力学模型。Scholl-Canyon 一阶动力学模型是常用填埋场产气速率模型之一。该模型假定微生物积累并稳定化造成的产气滞后阶段可以忽略,即在计算起点时填埋场已处于厌氧条件,产气速率达到最大值,然后按指数规律衰减。由此,得 Scholl-Canyon 模型为:

$$\frac{dL}{dt} = -kL$$

式中,L 为单位垃圾垃圾在 t 时刻的产 CH_4 潜能,当 $t=0$ 时,$L=L_0$;L_0 为单位填埋垃圾潜在总产气量,且 $L=L_0 e^{-kt}$,dL 为单位填埋垃圾在某段时间的减少量,它与该时段的延续时间 dt 成正比,负号表示 dL 随时间递减。则产气速率可表示为:

$$S = kL_0 e^{-kt}$$

式中,S 为单位填埋垃圾总产气速率,$m^3/(t \cdot a)$;k 为产气速率常数,a^{-1};t 为垃圾填埋年数,a;L_0 为单位填埋垃圾潜在总产气量,m^3/t。产气速率常数 k 可由下式确定:

$$k = \frac{\ln 2}{t_{1/2}}$$

式中,$t_{1/2}$ 是产气量半衰期。根据有关资料,易降解的物质如食品垃圾、草、秸秆和粪便等,半衰期一般为 $1 \sim 3a$;较难降解的物质如纸、木、织物等,半衰期一般为 $20 \sim 35a$。难降解的物质如塑料、橡胶半衰期一般大于 $50a$。根据资料,对某市多个填埋场的产气情况进行测定,确定垃圾持续产气的时间为 $4a$。Scholl-Canyon 模型的优点是模型简单,所需参数少。但是由于该模型忽略了自垃圾填埋至产气速率达最大这段时间的产气量,因此只能大体反映产气速率的变化趋势,不过它仍能为气体收集工艺、项目的经济评价等提供重要参考。也是国内目前常用的一种填埋场填埋气速率估算方法。

② Gardner 动力学模型。Gardner 和 Probert 提出下述公式:

$$P = C_d X \sum_{i=1}^{n} F_i(1 - e^{-k_i t})$$

式中,P 为单位质量垃圾在 t 年内产 CH_4 量,kg/kg;C_d 为垃圾中可降解有机碳的比率,kg/kg;X 为填埋场产气中 CH_4 的份额;n 为垃圾中可降解组分的总数;F_i 为各降解组分中的有机碳占垃圾总有机碳的分数;k_i 为各降解组分的降解系数,a^{-1};t 为填埋时间,a;e 取 2.718。与统计模型相比,该模型引入了描述降解速率的参数 k_i,还考虑了总有机碳中各组分可降解有机碳的含量,提高了计算的准确度。利用该模型可以计算出某垃圾填埋场各年以及累积的 C 的产生量，为填埋场 CH_4 的收集和利用提供设计依据。但由于假设中可降解有机碳全部转化为 CO_2 和 CH_4，所以计算结果仍将会明显偏高。

③ Marticorena 动力学模型。Marticorena 提出了填埋场产甲烷的一阶动态模型，其应用的前提是认为填埋场中的垃圾是按年分层填埋的。该模型的推导过程为：

$$MP = MP_0 \exp\left(-\frac{t}{t_0}\right)$$

$$D(t) = \frac{dMP}{dt} = \frac{MP_0}{t_0} \exp\left(-\frac{t}{t_0}\right)$$

$$F(t) = \sum_{i=1}^{t} T_i D(t-i) = \sum_{i=1}^{t} T_i \left\{\frac{MP_0}{t_0} \exp\left[-\frac{(t-i)}{t_0}\right]\right\}$$

式中，MP 为 t 时间的垃圾产甲烷量，m^3/t；MP_0 为新鲜垃圾的产 CH_4 潜能，m^3/t；t 为时间，a；t_0 为垃圾持续产 CH_4 时间，a；$D(t)$ 为第 t 年的垃圾产 CH_4 速率，$m^3/(t \cdot a)$；$F(t)$ 为第 t 年填埋场的 CH_4 产率，m^3/a；T_i 为第 i 年填埋的垃圾量，t。该模型中增加了描述垃圾产气周期的参数，并且假设垃圾产气量随时间按照指数规律递减。因为产气周期 t_0 值可以利用现场取样测定较为精确地计算，所以其估算结果比较具有针对性和相对接近真值。

④ Findikakis-Leckie 动力学模型。Findikakis 和 Leckie 提出下述公式：

$$a(t) = C \sum_{i=1}^{3} A_i \lambda_i e^{-\lambda_i t}$$

$$t = t_0 + \frac{z}{h} t_f$$

式中，C 为单位体积填埋垃圾潜在总产气量，kg/m；A_i 为垃圾中各组分含量；λ_i 为各垃圾组分的降解速率，a^{-1}；$a(t)$ 为垃圾的总产气速率；t 为从第一层垃圾填埋后开始的时间，a；t_0 为从垃圾填埋场封场后开始的时间，a；t_f 为整个垃圾填埋所花费的时间，a；z 为垃圾所处的填埋深度，m；h 为整个填埋垃圾的厚度。垃圾组分按降解难易程度分为迅速降解、中等降解和慢速降解 3 大类。美国垃圾中的 3 类物质含量分别为 15%、55% 和 30%，降解速率 λ_i 分别为 $0.1386a^{-1}$、$0.0231a^{-1}$ 和 $0.017328a^{-1}$。迅速降解垃圾组分包括食品垃圾；中等降解包括纸类、木材和庭院垃圾；其余有机物为慢速降解。

t_l 时刻的累计产气量为：

$$Q = \int_0^{t_l} a(t) dt = \int_0^{t_l} C \sum_{i=1}^{3} A_i \lambda_i e^{-\lambda_i t} dt = C \sum_{i=1}^{3} A_i (1 - e^{-\lambda_i t_l})$$

从 Findikakis-Leckie 动力学模型中可看出，该模型能反映垃圾各组分的降解速率。考虑到实际填埋垃圾是分层填埋的，有必要分析各层垃圾的产气速率。结合 Findikakis-Leckie 动力学模型，各层垃圾的产气速率定义为：

$$a_n(t_n) = C \sum_{i=1}^{3} A_i \lambda_i e^{-\lambda_i t_n}$$

式中，t_n 为各层垃圾填埋后开始的时间，a。各组分的降解速率（λ_i）要求能反映国内垃圾的迅速降解特性。

6.3.3 填埋气收集工艺

填埋气收集处理与利用系统是填埋场设计过程中需重点考虑的问题之一，对填埋气处理与利用的管理程度直接决定着填埋场是否达到卫生填埋场要求的一个重要标志。

《生活垃圾填埋场污染控制标准》（GB 16889—2008）明确要求生活垃圾填埋场要建立填埋气导排系统，在填埋场的运行期和后期维护与管理期内将填埋层内的气体导出后利用、焚烧或达到排放要求后直接排放。

对生活垃圾填埋过程中垃圾堆体产生的填埋气进行有效收集并进行处理或加以利用，可以减少填埋气体向大气的排放量和在地下的横向迁移，并回收利用甲烷气体。

填埋气收集导排方式一般有主动、被动两种方式。

填埋气的主动收集导排是在填埋场内铺设一些垂直的导气井或水平的盲沟，用管道将这些导气井和盲沟连接至抽气设备，利用抽气设备对导气井和盲沟抽气，将填埋场内产生的气体抽出来。主动收集导排系统主要由抽气井、集气管、冷凝水收集井和泵站、真空源、气体处理站（回收或焚烧）以及检测设备等组成。

主动收集导排系统主要有以下特点：①抽气流量和负压可以随产气速率的变化进行调整，可最大限度地将填埋气导排出来，因此气体导排效果较好；②抽出的气体可以直接利用，因此通常与气体利用系统连用，具有一定的经济效益；③由于利用机械抽气，因此运行成本较大。

填埋气的被动收集导排是不用机械抽气设备，填埋场气体依靠自身的压力沿导排井和盲沟排向填埋场外。被动收集导排适用于小型填埋场和垃圾填埋深度较小的填埋场。被动收集导排系统的特点是：①不使用机械抽气设备，因此无运行费用；②由于无机械抽气设备，只靠气体本身的压力排气，因此排气效率低，有一部分气体仍可能无序迁移；③被动收集导排出的气体无法利用，也不利于火炬排放，只能直接排放，因此对环境的污染较大。

一般而言，在选择填埋场气体收集导排工艺时，应立足于填埋场的实际情况进行综合考虑，确定最佳方案。就我国实际情况而言，在现有较为简单的城市垃圾填埋场、堆放场中，气体大多无组织释放，存在爆炸隐患，并造成环境危害，可以考虑采用被动收集导排系统对气体进行处理。在一些容量较大、堆体较深、垃圾有机物含量高并且操作管理水平较高的填埋场，可以考虑采用主动方式回收利用填埋气。对于新建填埋场，可以在填埋初期选择被动方式控制气体释放，当产气量提高到具有回收利用价值之后，开始对气体进行主动回收利用。

随着世界各国对环境保护、能源回收利用的日益重视，以及我国人民生活水平的普遍提高，尤其是以北京市为代表的我国一线城市垃圾产生量巨大、卫生填埋标准不断提高，填埋气的主动收集导排方式正逐步取代被动收集导排方式。

目前，在填埋气收集导排系统中，收集方式主要有竖井收集方式、横井收集方式、表面收集方式三种。

(1) 竖井收集方式

竖井收集方式（图 6-6）是填埋场普遍采用的填埋气收集方式，通常用于已经封顶的填埋场或已完工的部分，也可以用于仍在运行的填埋场。竖井的作用是在填埋堆体内提供排气空间和通道，将填埋场内渗滤液引至场底部，排到渗滤液调节池和污水处理站，还可以通过它检查场底 HDPE 膜泄漏情况。竖井可以随垃圾填埋过程依次加高，加高时应注意密封和

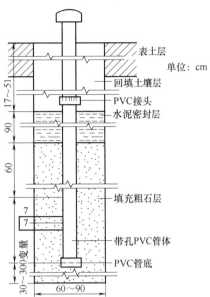

表土层

单位：cm

回填土壤层

PVC接头

水泥密封层

填充粗石层

带孔PVC管体

PVC管底

图 6-6 填埋气收集竖井与结构

井的垂直度。

井深和排布密度是填埋气收集竖井设计中的重要参数。井深应由现场条件确定，美国环保局规定的设计标准中，井深为填埋场深度的 75%，或低于填埋场内的液面高度。排布密度由抽气半径决定。抽气影响半径（radius of influence，Roi）即压力几乎为零处的半径。英国 Garder 等研究认为在影响半径处，压力梯度 $dP/dr=0.5\sim1.2Pa/m$。抽气影响半径与填埋垃圾种类、垃圾压实程度、垃圾填埋深度和覆盖层类型等因素有关，可通过实验并建立预测模型或现场测试确定。在缺少实验数据的情况下，影响半径可以采用 45m。

6-4 填埋场
沼气收集井

采用竖井收集方式，优点在于：①更适用于填埋场封顶后，集中钻井收集气体，集气系统施工不影响填埋作业；②填埋场内垃圾不均匀沉降对竖井收集系统影响较小；③冷凝液自动回落井底；④结构相对简单，材料用量少，一次投资省，基建费用及运行费用低。

缺点在于：①井的有效长度受限制，尤其是对于浅层填埋，不易抽吸高质量的填埋气；②易吸入空气，降低填埋气质量，空气的进入使垃圾进行有氧发酵，增加起火和爆炸的可能性；③井间抽气量变化大，需经常进行调节。

（2）横井收集方式

横井收集方式就是沿着填埋场纵向逐层横向布置水平收集管，直至两端设立的导气井将气体引出地面。水平收集管多用 HDPE［或硬聚氯乙烯（UPVC）］制成的多孔管，其周围铺砾石导气层。该方式可以适应垃圾填埋作业，在垃圾填埋过程直至封顶时使用较方便。

采用横井收集方式，优点在于：①填埋作业与集气同步进行，可减少填埋气的逸出，有效控制臭味；②收集效率高，不易吸入空气。

缺点在于：①管内易形成冷凝液，不易排除；②冷凝液积聚造成压力不稳和管道堵塞，增加抽气困难；③受垃圾不均匀沉降的影响较大，而且经受不住各种重型机械碾压和垂直静压，水平收集管很容易因此遭到破坏；④水平收集管需要布满垃圾填埋场各分层，工程量大，材料用量多，建设投资费用和运行费用较大。

（3）表面收集方式

表面收集方式指填埋场分区建设或封顶后，为防止填埋气透过覆土层从垃圾堆体内无组织逸出进入大气，常选用 HDPE 膜将垃圾堆体加以覆盖封闭，在垃圾堆体表面和 HDPE 膜中间设有一层填埋气水平收集管，水平收集管多用 HDPE（或 UPVC）制成的多孔管。因为 HDPE 膜的封闭作用，既避免了填埋气无组织逸出造成臭味，又避免了主动抽气时会有过量氧气进入垃圾堆体。

采用表面收集方式的优点在于：①适用于分区建设的填埋场，对于已完成填埋的分区进行表面收集，可以有效避免填埋气逸出进入空气；②不会吸入空气，容易获得高质量的填埋气。

采用表面收集方式的缺点在于：①受适用范围限制，填埋场分区运行期间不可采用；②表面收集方式缺少垃圾堆体内部的导气措施，影响填埋气收集效率；③因增加覆盖膜材料，工程投资相对较大。

6.3.4　填埋气的处理与资源化利用

（1）燃烧处理

通过监测，当填埋气体质量较差（甲烷气含量低）时，填埋气不能满足发电设备的要求，此时不能发电利用。但根据监测的甲烷含量的数值范围，可设计燃烧器，主要是燃烧头的设计，按照甲烷含量的大小、流量大小及压力合理设计燃烧头大小，从而确保填埋气能够充分燃烧，此种装置可以在气体达不到利用标准、发电机停机检修时、气体大幅度波动时、供气过剩时，使有害气体通过焚烧达到无害化处理。

根据气体介质本身和行业的特殊性，填埋气火炬必须具备以下特点：

① 安全第一，系统防爆。填埋气属于易燃易爆气体，其中的甲烷在 5%～15% 的体积比时极易发生安全事故，因此，整个系统的设计和制造必须防爆，安全是第一位。

② 自动化程度高，无须人员值守。由于整个系统较为复杂，监控点较多，所以尽可能采用较高的自动化程度。一方面，程序上设定好了，整个系统能够有序安全地运行，避免由于人员误操作或者麻痹大意而引起安全事故；另一方面，减少人员的工作量，自动化程度高就无须人员值守。

③ 火炬的负荷调节比大。火炬必须有较大的负荷调节比，既能满足近两年较大的气量要求，又能满足数年后气量急剧减少后的需求，同时也能满足气量波动时的需求。

④ 火炬的适应能力强。封场后产生的填埋气还有一个特殊的性质。由于没有新的垃圾进场，原有的有机物会越来越少，填埋其中的甲烷含量也会越来越少，会从最初的 55%～60%，逐步降低到 25%～30%。因此，填埋气火炬必须要有较大的适应性，能够满足甲烷含量 25%～60% 的填埋气的稳定、有效、安全燃烧。

⑤火炬的燃尽率高。燃尽率是火炬的一个重要指标，燃尽率越高，说明火炬处理得越有效，对大气的污染越少，安全度越高。并且，燃尽率与 CDM（清洁发展机制，clean development mechanism）的收益息息相关。

⑥ 防腐措施。因为填埋气中含有 H_2S、NH_3 等腐蚀性气体，所以为了保证系统长期、稳定运行，必须对整套系统中与填埋气接触的部分做相应的防腐措施。

根据火炬的外形结构可以分为封闭式火炬和开放式火炬。表 6-3 为两者的优缺点对照。

表 6-3 封闭式火炬与开放式火炬比较

名称	特征	优点	缺点
封闭式火炬	不见明火	安全、可用于 CDM 项目、负荷比大、燃尽率高	占地面积略大、造价较高、采购周期较长
开放式火炬	可见明火	造价较低、占地面积小、采购周期短	无法调节负荷比、燃尽率低、安全性能低、受外界环境影响、稳定性差

(2) 供热

利用方式是用填埋气体作为锅炉燃料，通过改变原锅炉的燃烧系统供热。由于填埋气的甲烷含量与天然气的甲烷含量存在不同，一般填埋气的甲烷含量在 50％ 左右，相当于天然气的一半，所以要根据燃烧的空燃比设计燃烧头，保证锅炉正常燃烧。通过改造锅炉达到利用填埋气供暖和供热水的目的。这是一种比较简单的利用方式，这种利用方式仅需对填埋气体进行简单净化处理，设备简单，投资小，适合于附近有热用户的地方。高安屯填埋场已经在此方面得到很好的开发利用，供暖面积达到 6000 多平方米。

(3) 燃气内燃发电

该种方法主要是以填埋气体作为燃气内燃机的燃料，带动内燃机和发电机发电。这种利用方式设备简单，投资少，不需对填埋气体做深度冷却脱水，适合于发电量为 1～4MW 的小型填埋气体利用工程。燃气发电系统及配套填埋气收集处理工程工艺流程概述如图 6-7 所示。

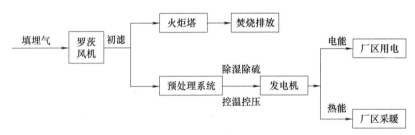

图 6-7 燃气发电系统及配套填埋气收集处理工程工艺流程

抽气系统通过罗茨风机抽取填埋气体，气体经过初效过滤器（主要作用是除尘）之后被分成两支，一部分气体通过脱硫净化、脱水除湿、控温控压等深化处理通往燃气发电机房，另外一部分进入火炬塔进行焚烧。

处理后的气体通过发电机组的调压稳压系统，达到一个稍高于或等于零压的水平，进入燃气发电机组，在内燃机缸内燃烧，通过发电机转化为电能，通过缸套循环水热交换器和烟气热交换器产生热能。电能分别为渗滤液处理系统、机修系统、生活办公区等提供电力。

发电机组余热系统产生的热能，通过地下供热管线为管理中心和填埋场内的办公、生产和生活提供高品质的暖气和生活热水。

发电机工作原理如图 6-8 所示。在抽气及预处理系统施工完成后，只要将系统出口接入发电机组进气口即可发电。通常发电机组生产厂商都配有低压并网柜，发电机出线电压 400V。

一般情况下填埋气体中甲烷含量为 50％～60％，其低位热值大约在 17MJ/m³～23.9MJ/m³ 之间。取低位热值为 17.9MJ/m³，燃气内燃机的发电效率按 35％ 计，则可估算出 1m³ 填埋气（标准状况）可发电约 1.74kW·h。目前技术比较成熟的进口填埋气体发电

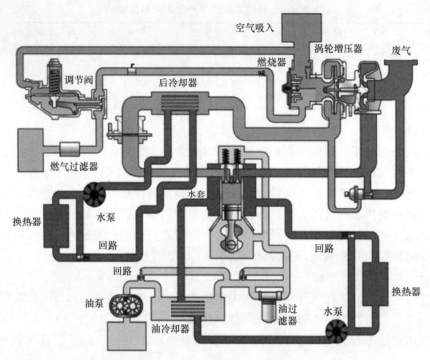

图 6-8　填埋气发电机工作原理

机组为 500kW、1000kW 和 1250kW 几种机组。根据填埋气体收集量预测，可测算出所需发电机组台数。并对发电机组配置、各年的发电功率和各年发电量做预测。

填埋气发电利用图示见图 6-9。

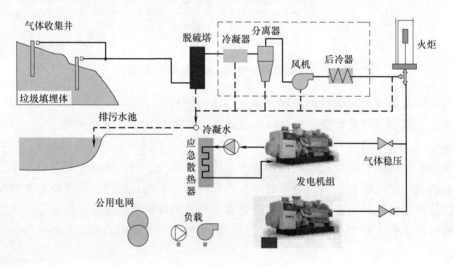

图 6-9　填埋气发电利用

大型填埋气体发电系统主要由填埋气收集预处理部分、增压部分、脱水脱碳部分、火炬系统、放散系统、冷却水循环系统等系统组成。

① 收集预处理单元。填埋气通过罗茨风机的抽吸能力从填埋场收集进来，首先进入填埋气凝液罐，去除游离水，再经过粗过滤器过滤粒径大于 $50\mu m$ 的杂质，再经罗茨风机将填

埋气提升至一定压力，进入预处理部分，依次进入脱硫塔、一级冷干机及吸附塔，去除填埋气中的硫化氢和硅氧烷等 VOC 气体，以满足燃气标准以及后续系统要求。填埋气再经粗过滤器、压缩机缓冲罐后，进入螺杆压缩机增压至 1.4MPa。增压后的填埋气进入脱水脱碳部分。填埋气进入冷干机进行降温脱水处理，使气体压力露点低于 10℃，通过电加热器增温至 45℃，再依次经过多级颗粒过滤器和油过滤器后，进入膜组件，采用二级膜提纯工艺，在膜组件的特性下，使填埋气中的甲烷和二氧化碳分离，产生净化气和渗透气两股气体，其中净化气外输回流至压缩机前端再次进行增压净化，净化后进入外输燃气管网。

② 脱硫单元。采用氧化铁干法脱硫进行精脱硫至 15mg/m。干法脱硫采用立式干法脱硫方式，脱硫塔内装氧化铁脱硫剂完成脱硫。采用双塔流程工艺，一用一备，便于设备连续使用。

脱硫与再生原理如下。

脱硫：
$$Fe_2O_3 \cdot H_2O + 3H_2S \longrightarrow Fe_2S_3 + 4H_2O$$

再生：
$$Fe_2S_3 + \frac{3}{2}O_2 + 3H_2O \longrightarrow Fe_2O_3 \cdot H_2O + 2H_2O + 3S\downarrow$$

③ 脱水单元。此脱水工艺采用冷冻式干燥机，目的是去除脱硫产生的以及填埋气本身自带的大量饱和水气，以保护后续设备能稳定正常工作，保证活性炭的使用寿命，同时降低气体露点。

④ 吸附塔单元。利用活性炭吸附原理，采用吸附方式去除沼气中的 VOC，确保膜组件的分离性能，采用立式双塔结构，交替运行。

⑤ 脱碳单元。采用膜法脱碳工艺对填埋气中的二氧化碳进行脱除，产品气中二氧化碳含量小于 3%。膜法脱碳的原理是利用不同气体在特定介质中传输动力学方面的差异，以及混合气体中各组分气体在透过高分子膜时，其在膜内的溶解度和扩散渗透速率的不同，从而达到分离目的。本工艺装置简单，通过装置模块化可以适应不同处理规模，操作弹性大，运行费用低，且无须使用化学试剂，是一种环境友好型工艺技术。

(4) 生产压缩天然气（CNG，compressed natural gas）**或液化石油气**（LPG，liquefied petroleum gas）

此种方式是将填埋气体净化后，压缩成液态天然气，罐装储存，用作汽车燃料。这种方法需对填埋气体施加高达 20MPa 的压力，需要对填埋气体进行比较细致的处理，包括去除 CO_2、少量有害气体、水蒸气以及颗粒物等。

这一过程工艺设备复杂（图 6-10），从填埋堆体收集的填埋气经升压风机送入脱硫塔脱

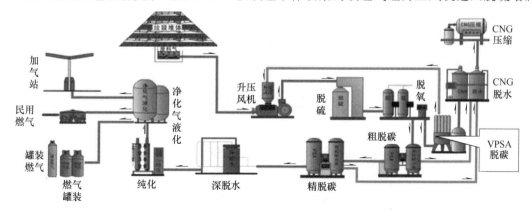

图 6-10 填埋气液化压装工艺

硫处理，再经脱氧处理后送入脱碳装置去除其中含有的 CO_2，然后经 CNG 脱水装置脱水后，进行 CNG 压缩。或是经过初步脱硫脱氧处理后，再经过两次脱碳一次深度脱水，纯化后加压生成高压液化气。

压缩天然气的压力高，带来了很多安全隐患，如火灾危险性更大等问题。相比较而言，液化石油气（LPG）具有燃点较高（自燃温度约为 590℃）、爆炸范围较窄（5％～15％）、轻于空气、易于扩散等优点，安全性更高。CNG 体积能量密度约为汽油的 26％，而 LPG 体积能量密度约为汽油的 72％，是 CNG 的两倍还多。LPG 中的杂质含量远远低于 CNG，作为燃料使用时其排放要满足更加严格的标准。

变压吸附处理技术〔PSA（pressure swing adsorption）脱碳〕是吸附分离技术的一种实现方式。即利用吸附剂对气体混合物各组分吸附强度的不同，以及吸附剂颗粒内外扩散的动力学效应或吸附剂颗粒内微孔对各组分分子的位阻效应差异的原理，以压力的循环变化作为分离推动力，使一种或多种组分得以浓缩或纯化的技术。真空变压吸附〔VPSA（vacuum pressure swing adsorption）脱碳〕是填埋气生产 CNG 过程中的一个重要步骤。它是指在降压至常压解析后，还会进行抽真空脱附操作，以进一步去除吸附剂中吸附的二氧化碳，使得吸附剂的再生更加彻底。在通常的变压吸附过程中，所采用的吸附剂为分子筛、活性炭、硅胶、活性氧化铝、碳分子筛等。目前市面上的技术，通常是采用这几种吸附剂的不同形式的组合，以达到有针对性地去除沼气中的杂质气体的目的。变压吸附法具有运行能耗低、自动化程度高、甲烷纯度高等优点，因其运行压力通常为 0.4～0.8MPa，与管道天然气的输送压力较为接近，因此较为适合应用在管道天然气的使用场景。国外已有成熟的采用旋转阀的 VPSA 技术，可将甲烷损失率降至 3％以内。

【思考与练习6.3】

1. 影响填埋气产量的主要因素有哪些？（　　　）

A. 垃圾组分（营养物质）　　　　　B. 含水率

C. 微生物量　　　　　　　　　　　D. pH 值

E. 温度

2. 在填埋气收集导排系统中主要有哪几种收集方式？（　　　）

A. 竖井收集方式　　　　　B. 横井收集方式　　　　　C. 表面收集方式

3. 预测垃圾填埋气产生量的方法中通常以多长时间段为计算单位？（　　　）

A. 年　　　　　　　　　　　　　　B. 月

C. 小时　　　　　　　　　　　　　D. 不限定时间

4. 填埋气的集中处理与资源化利用包括哪几种方式？（　　　）

A. 燃烧处理　　　　　　　　　　　B. 供热

C. 燃气内燃发电　　　　　　　　　D. 生产压缩天然气或液化气

6.4　渗滤液导排与处理

渗滤液收集系统的主要功能是将填埋库区内产生的渗滤液收集起来，并通过调节池输送至渗滤液处理系统进行处理，同时向填埋堆体供给空气，以利于污泥的稳定化。为了避免由于液位升高、水压变大而增加对库区地下水的污染，要求系统应保证使衬垫或场底以上渗滤液的水头不超过 30cm。

6.4.1　渗滤液导排及布管

设计的收集导出系统层要求能够迅速地将渗滤液从垃圾体中排出，这一点十分重要，其原因是：①污泥长时间淹没在水中，其有害物质浸润出来，从而增加了渗滤液净化处理的难度；②积水会对下部水平衬垫层增加荷载，有使水平防渗系统因超负荷而受到破坏的危险。

渗滤液收集系统通常由导流层、收集沟、多孔收集管、集水池、提升多孔管、潜水泵和调节池等组成，如果渗滤液收集管直接穿过垃圾主坝接入调节池，则集水池、提升多孔管和潜水泵可省略。按照《城市生活垃圾卫生填埋处理工程项目建设标准》的要求，所有这些组成部分要按填埋场多年（一般为 20 年）逐月平均降雨量产生的渗滤液产出量设计，并保证该套系统能在初始运行期较大流量和长期水流作用的情况下运转而功能不受到损坏。

（1）导流层

为了防止渗滤液在填埋库区场底积蓄，填埋场底应形成一系列坡度的阶地，填埋场底的轮廓边界必须能使重力水流始终流向垃圾主坝前的最低点。如果设计不合理，会出现低洼反坡、场底下沉或施工质量得不到有效控制和保证等现象，渗滤液将一直滞留在水平衬垫层的低洼处，并逐渐渗出，对周围环境产生影响。导流层的目的就是将全场的渗滤液顺利地导入收集沟内的渗滤液收集管内（包括主管和支管）。

在导流层建设之前，需要对填埋库区范围进行场底清理。在导流层铺设的范围内将植被清除，并按照设计好的纵横坡度进行平整，根据《城市生活垃圾卫生填埋处理工程项目建设标准》的要求，渗滤液在垂直方向上进入导流层的最小底面坡降应不小于 2%，以利于渗滤液的排放和防止在水平衬垫层上的积蓄。在场底清基的时候因为对表面土地扰动而需要对场地进行机械或人工压实，特别是已经开挖了渗滤液收集沟的位置，通常要求压实度达到 85% 以上。如果在清基时遇到了淤泥区等不良地质情况，需要根据现场的实际情况（淤泥区深度、范围大小等）进行基础处理，如果土方量不大的情况下可直接采取换土的方式解决。

导流层铺设在经过清理后的场基上，厚度不小于 300mm，由粒径 40～60mm 的卵石铺设而成，在卵石来源困难的地区，可考虑用碎石代替，但碎石因表面较粗糙，易使渗滤液中的细颗粒物沉积下来，长时间有可能堵塞碎石之间的空隙，对渗滤液的下渗有不利影响。

（2）收集沟和多孔收集管

收集沟设置于导流层的最低标高处，并贯穿整个场底，断面通常采用等腰梯形或菱形，铺设于场底中轴线上的为主沟，在主沟上依间距 30～50m 设置支沟，支沟与主沟的夹角宜采用 15 的倍数（通常采用 60°），以利于将来渗滤液收集管的弯头加工与安装，同时在设计时应当尽量把收集管道设置成直管段，中间不要出现反弯折点。收集沟中填充卵石或碎石，粒径按照上大下小形成反滤，一般上部卵石粒径采用 40～60mm，下部采用 25～40mm。

多孔收集管（图 6-11）按照埋设位置分为主管和支管，分别埋设在收集主沟和支沟中，管道需要进行水力和静力作用测定或计算以确定管径和材质，其公称直径应不小于 100mm，最小坡度应不小于 2%。选择材质时，考虑到垃圾渗滤液有可能对混凝土产生的侵蚀作用，通常采用高密度聚乙烯（HDPE），预先制孔，孔径通常为 15～20mm，孔距 50～100mm，开孔率 2%～5% 左右，为了使垃圾体内的渗滤液水头尽可能低，管道安装时要使开孔的管道部分朝下，但孔口不能靠近起拱线，否则会降低管身的纵向刚度和强度。

图 6-11　某填埋场渗滤液处理设施施工（多孔收集管安装及焊接）

渗滤液收集系统的各个部分都必须具备足够的强度和刚度来支承其上方的垃圾荷载、后期终场覆盖物荷载以及来自于填埋作业设备的荷载，其中最容易受到挤压损坏的是多孔收集管，收集管可能因荷载过大，导致翘曲失稳而无法使用，为了防止发生破坏，第一次铺放垃圾时，不允许在集水管位置上面直接停放机械设备。

渗滤液收集系统包括位于场底水平铺设的收集管部分，同时还包括垂直收集部分。在填埋区按一定间距设立贯穿垃圾体的垂直立管，管底部通入导流层或通过短横管与水平收集管相接，以形成垂直-水平立体收集系统，通常这种立管同时也用于导出填埋气体，称为排渗导气管。管材采用高密度聚乙烯穿孔花管，在外围利用土工网格形成套管，并在套管上与多孔管之间填入建筑垃圾、卵石或碎石滤料，随着垃圾层的升高，这种设施也逐级加高，直至最终封场高度，底部的垂直多孔管与导流层中的渗滤液收集管网相通，这样垃圾堆体中的渗滤液可通过滤料和垂直多孔管流入底部的排渗管网，提高了整个填埋场的排污能力。排渗导气管的间距要考虑不影响填埋作业和有效导气半径的要求，一般按 50m 间距梅花形交错布置。排渗导气管随着垃圾层的增加而逐段增高，导气管下部要求设立稳定基础。

6.4.2　渗滤液处理

垃圾填埋场的渗滤液污染物浓度高，具体水质特点如下：

① 有机污染物浓度高（COD_{Cr} 2000～40000mg/L，BOD_5 浓度 500～25000mg/L）、难降解的有机污染物浓度高（COD_{Cr} 500～4000mg/L）。

② 氨氮（200～2500mg/L，最高时接近 3500mg/L）、总氮浓度高。

③ 含盐量高（以电导率计为 8000～45000μs/cm，最高时接近 55000μs/cm）；pH 变化范围大（4～9），pH 调节难度大。

目前国内渗滤液一般采用预处理＋生化处理＋膜深度处理＋浓缩液处理的方式进行处理，以下将结合实际案例进行说明。

（1）**生物转盘＋AOOA＋UF（外置管式超滤）＋DTRO**

其中，AOOA 指短程硝化反硝化。

UF 为超滤，它是以压力为推动力的膜分离技术之一。半透膜孔径在 0.005～0.1μm 之间，作为过滤介质。在 0.1～1.0MPa 的压力推动下，溶液中的溶解盐类和水分子透过膜，而各种悬浮颗粒、胶体、蛋白质、微生物和大分子有机物等被截留，以达到净化水目的的一种膜分离技术。中空纤维超滤器（膜）具有单位容器内充填密度高，占地面积小等优点。

DTRO 指碟管式反渗透膜装置。它是由碟片式膜片、导流盘、O 形橡胶垫圈、中心拉杆和耐压套管所组成的膜柱。

以北京市某填埋场渗滤液处理设施处理工艺为例（图 6-12），该工程渗滤液进水通过生物转盘和 AOOA（曝气池）两级处理，能去除 75% 的 COD_{Cr} 和 99% 的氨氮，后续经过超滤、DTRO 处理后主要指标——去除率达到 99% 以上，最终 DTRO 出水满足北京市地方标准《水污染物综合排放标准》（DB11/307—2013）中表 1 规定，各工艺段进出水参数见表 6-4 所示。

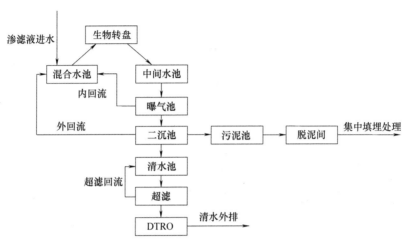

图 6-12 北京市某填埋场渗滤液处理设施工艺流程图

表 6-4 北京市某填埋场渗滤液处理设施各单元处理效果

项目	COD_{Cr}	氨氮	总氮
渗滤液原水/(mg/L)	15000	2700	4000
生物转盘出水/(mg/L)	8500	1400	2300
曝气池出水/(mg/L)	3500	5	240
DTRO 出水/(mg/L)	26.7	0.5	6.5
总去除率/%	99.82	99.98	99.84

该系统优点为：

① 采用了芽孢杆菌作为功能菌种，总氮去除效果较好，同时产泥量与传统厌氧-好氧工艺相比较少，减少了污泥处理负荷；

② 膜过滤处理级数较少，整体清水回收率可以达到 70%～75%；

③ 生化系统采用了内外双回流方式，便于通过内外回流直接调节氨氮、总氮处理效果。

（2）UASB＋两级 A/O＋UF＋NF＋RO＋DTRO

UASB（up-flow anaerobic sludge bed/blanket，UASB）为上流式厌氧污泥床，又叫升流式厌氧污泥床、上流式厌氧污泥床反应器。是一种处理污水的厌氧生物方法。

A/O 是 anaerobic oxic 的缩写，A/O 工艺法也叫厌氧好氧工艺法，A（anaerobic）是厌氧段，用于脱氮除磷；O（oxic）是好氧段，用于除水中的有机物。

NF 是介于超滤和反渗透之间的一种新型分子级的膜分离技术，是适用于分离分子量在 200 以上、分子大小为 1nm 左右溶解组分的膜工艺。

北京市某填埋场渗滤液处理设施处理工艺如图 6-13 所示，该工程渗滤液进水通过 UASB、两级硝化/反硝化对大部分 COD_{Cr}、氨氮进行了去除，后续经过超滤、纳滤、反渗透、碟管式反渗透多级回收，最大限度地减少浓缩液量，最终出水满足北京市地方标准《水污染物综合排放标准》（DB11/307—2013）中表 1 规定，各工艺段进出水参数见表 6-5。

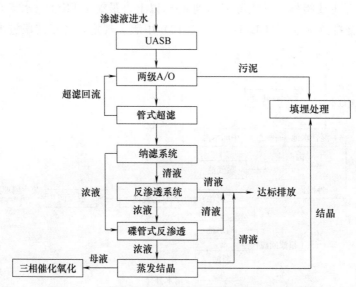

图 6-13　北京市某填埋场渗滤液处理设施工艺流程图

表 6-5　北京市某填埋场渗滤液处理设施各单元处理效果

项目	COD_{Cr}	氨氮	总氮
渗滤液原水/(mg/L)	13000	3000	5000
两级 A/O 出水/(mg/L)	1500	50	350
纳滤出水/(mg/L)	310	5	240
DTRO 出水/(mg/L)	2.5	0.5	3.0
总去除率/%	99.98	99.98	99.94

该系统优点为：

① 厌氧作为前端工艺，抗冲击能力强，具有一定的处理油脂的能力；

② 蒸发结晶作为浓缩液处理方式，浓缩液剩余量大大降低；

③ 多级膜处理设备，膜处理设备运行负荷大大降低，减少了维修维护成本。

(3) 均化池＋两级 A/O＋超滤＋纳滤＋反渗透

西安市某填埋场渗滤液处理设施处理工艺如图 6-14 所示，该工程渗滤液进水通过 UASB、两级硝化/反硝化对大部分 COD_{Cr}、氨氮进行了去除，后续经过超滤、纳滤、反渗透、碟管式反渗透多级回收，最大限度地减少浓缩液量，最终出水水质满足《生活垃圾填埋场污染控制标准》（GB 16889—2008）规定，进出水参数如表 6-6 所示。

该系统优点为：

① 厌氧作为前端工艺，抗冲击能力强，具有一定的处理油脂的能力；

② 蒸发结晶作为浓缩液处理方式，浓缩液剩余量大大降低；

③ 多级膜处理设备，膜处理设备运行负荷大大降低，减少了维修维护成本。

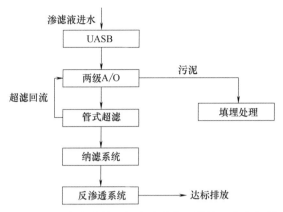

图 6-14　西安市某填埋场渗滤液处理设施工艺流程图

表 6-6　西安市某填埋场渗滤液处理设施各单元处理效果

项目	COD_{Cr}	氨氮	总氮
渗滤液原水/(mg/L)	20000	2500	3000
DTRO 出水/(mg/L)	100	25	40
总去除率/%	99.5	99	98.67

【思考与练习6.4】

1. 设置渗滤液导排系统的主要原因是什么?(　　)

A. 减少有害物质浸润，降低渗滤液净化处理的难度

B. 降低下部水平衬垫层受到破坏的危险

2. 垃圾填埋场的渗滤液污染物浓度高，具体表现在下列哪些方面?(　　)

A. 有机污染物浓度高　　　　B. 氨氮、总氮浓度高　　　　C. 含盐量高

本章小结

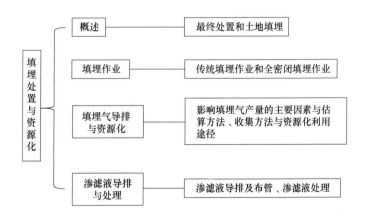

固体废物的填埋处置是一项传统的固体废物最终处置方法，因其工艺简单、成本较低，

适于处置多种类型的废物，曾经是城市生活垃圾处理的主要方法。近年来由于焚烧处理比例的大幅度提高，填埋处置的比率逐年下降。

填埋作业主要以厌氧填埋为主，又可以分为传统作业方式和全密闭作业方式两大类，全密闭作业方式以膜覆盖技术为代表，在作业过程中使固体废物的暴露面积达到最小化，同时结合填埋气体的表面导排技术，减少气态污染物的释放。

填埋处置资源化主要体现在填埋气体的导排与利用方面。必须对填埋气体产生量进行合理估算，根据填埋气的产量采用适当的方法进行收集和处理，生产具有一定经济价值的能源产品。

在填埋处置过程中，渗滤液是可降解有机物，在厌氧条件下降解产生特殊的高浓度液态污染物，只有高效收集和处理才可以避免二次污染危害及其对填埋气体收集的不利影响。渗滤液经过前端厌氧和多级膜过滤处理方法可达标排放。

 复习思考题

1. 简述固体废物处置的基本概念。
2. 卫生填埋有几种填埋方法？试比较其优缺点及适用范围。
3. 什么是全密闭填埋作业？
4. 简述卫生填埋的操作过程。
5. 填埋气导排与资源化有哪些重要内容？
6. 影响填埋气产生的主要因素有哪些？
7. 填埋气有哪三种主要收集方式？各有何特点？
8. 填埋气有几种主要的处理或利用方式？

7 危险废物处理与资源化

导读导学

危险废物的主要来源。
典型危险废物资源化方法。
安全填埋与一般填埋的差异。
等离子体处理技术优势。

知识目标：了解危险废物概念与来源，典型危险废物的资源化方法。

能力目标：掌握电池和日光灯管的资源化方法、安全填埋技术要求以及等离子体处理方法。

职业素养：建立可持续发展理念和风险防范意识。

随着工业的发展，工业生产过程排放的危险废物日益增多。据估计，全世界每年的危险废物产生量为 3.3 亿吨。由于危险废物带来的严重污染和潜在的严重影响，在工业发达国家危险废物已被称为"政治废物"，公众对危险废物问题十分敏感，反对在自己居住的地区设立危险废物处置场，加上危险废物的处置费用高昂，一些公司极力试图向工业不发达国家和地区转移危险废物。

7.1 危险废物概述

危险废物是一类对环境有着严重不良影响难以消除的废弃物。它种类繁多，包括医药、农药、溶剂、防腐剂、工业制造加工过程中产生的废料、废渣，化石能源生产过程中产生的废矿物油和消费产生的最终废弃物等。危险废物破坏生态环境、影响人类健康、阻碍社会经济的可持续发展。

7.1.1 危险废物的概念

对危险废物的定义，不同的国家和组织各有不同的表述，联合国环境署（UNEP）把危险废物定义为："危险废物是指除放射性以外的那些废物（固体、污泥、液体和利用容器的气体），由于它的化学反应性、毒性、易爆性、腐蚀性和其他特性引起或可能引起对人体健康或环境的危害。不管它是单独的或与其他废物混在一起，不管是产生的或是被处置的或正在运输中的，在法律上都称危险废物。"而世界卫生组织（WHO）的定义是："危险废物是一种具有物理、化学或生物特性的废物，需要特殊的管理与处置过程，以免引起健康危害或产生其他有害环境的作用。"美国在其《资源保护和回收法》中将危险废物定义为："危险废物是固体废物，由于不适当的处理、贮存、运输、处置或其他管理方面，它能引起或明显地影响各种疾病和死亡，或对人体健康或环境造成显著的威胁。"日本《废物处理法》将"具有爆炸性、毒性或感染性及可能产生对人体健康或环境的危害的物质"定义为"特别管理废物"，相当于通称的"危险废物"。

根据《中华人民共和国固体废物污染环境防治法》的规定，危险废物是指列入《国家危险废物名录》或者根据国家规定的危险废物鉴别标准和鉴别方法认定的具有危险特性的固体废物。

根据《国家危险废物名录》的定义，危险废物（包括液态废物）为：

① 具有腐蚀性、毒性、易燃性、反应性或者感染性等一种或者几种危险特性的废物；

② 不排除具有危险特性，可能对环境或者人体健康造成有害影响，需要按照危险废物进行管理的废物。

7.1.2　固体危险废物的来源与危害

危险废物包括工业危险废物、医疗废物和其他社会源危险废物，主要来源于化学工业、炼油工业、金属工业、采矿工业、机械工业、医药行业以及日常生活过程中。按产生源的不同，危险废物可以分为工业源和社会源两类。按物质成分，危险废物又可分为无机危险废物、油类危险废物、有机危险废物、其他有害废物等。

固体废物是指人类在生产、消费、生活和其他活动中产生的固态、半固态废弃物质。危险废物即具有腐蚀性、毒性、易燃性、反应性或者感染性等一种或者几种危险特性的物质，其产生的危害主要表现为以下三方面。

(1) 破坏生态环境

随意排放、贮存的危废在雨水地下水的长期渗透、扩散作用下，会污染水体和土壤，降低地区的环境功能等级。

(2) 影响人类健康

危险废物通过摄入、吸入、皮肤吸收、眼接触而引起毒害或引起燃烧、爆炸等危险性事件；长期危害包括重复接触导致的长期中毒、致癌、致畸、致变等。

(3) 制约可持续发展

危险废物不处理或不规范处理处置所带来的大气、水源、土壤等的污染也将会成为制约经济活动的瓶颈。

7.1.3　危险废物的鉴别与风险评价

对不明确是否具有危险特性的固体废物，应当按照国家规定的危险废物鉴别标准和鉴别方法予以认定。经鉴别具有危险特性的，属于危险废物，应当根据其主要有害成分和危险特性确定所属废物类别，并按代码"900-000-××"（××为危险废物类别代码）进行归类管理。经鉴别不具有危险特性的，不属于危险废物。

随着人们对危险废物认识的不断深入，危险废物的风险防控已成为环境风险防控的重要组成部分，危险废物分级分类管理及风险管控的实现也有赖于企业危险废物环境风险评价，通过风险评价将危险废物产生源进行分类分级，针对不同风险特征企业制定相应管理对策，才能在有限资源的前提下，实现危险废物高效管理。因此建立一种在定量或半定量处理的数学基础上的风险评估指标体系与方法十分必要。

要梳理企业危险废物环境风险系统的特征，以此为依据提出评价分级标准及评价方法。评价准则层包括目标层、准则层和指标层三个方面，准则层涵盖风险源、控制机制、风险受体三大类，三类准则层各自包含多项具体评价指标，从而建立危险废物年产生量、危险废物危险特性等细化指标的评价指标体系。通过这种评价方法可以对工业企业危险废物环境风险水平进行评价，确定企业危险废物风险等级，提出企业风险管控的侧重点。有利于避免环境灾害的发生，以及发生危险后的控制。

【思考与练习7.1】

1. 危险废物的特性包括什么？（　　　）

A. 腐蚀性　　　　　B. 毒性　　　　　C. 易燃性

D. 反应性　　　　　E. 感染性

2. 危险废物的危害主要表现为哪几种？（　　　）

A. 破坏生态环境

B. 影响人类健康

C. 制约可持续发展

7.2　危险废物的资源化技术

危险废物处理是指用物理技术、物化技术、化学技术、生物技术等手段使危险废物达到减量化、无害化的目的。

危险废物资源化是指采用工艺技术，从危险废物中回收有用的物质与资源。资源化要求已产生的危险废物应首先考虑回收利用，减少后续处理处置的负荷，回收利用过程应达到国家和地方有关规定的要求，避免二次污染。对生产过程中产生的危险废物，应积极推行生产系统内的回收利用；对生产系统内无法回收利用的危险废物，通过系统外的危险废物交换、物质转化、再加工、能量转化等措施实现回收利用。

国内危险废物的处理方式可分为资源化利用和无害化处置。资源化利用主要有湿法冶炼、火法冶炼提取贵金属，废矿物油及有机溶剂回收等，经过多年发展，供需基本达到平衡。无害化处置的主要技术有安全填埋、回转窑焚烧、水泥窑协同焚烧以及以等离子气化熔融为代表的新兴处置技术等。2022年危废产量预计1.039亿吨，按3500元/吨计算，市场空间约3636亿元。以万吨投资规模6000～8000元计，到2022年危废处理工程建设新增市场规模将达到800亿元。

7.2.1　废电池资源化技术

（1）普通干电池的资源化技术

目前国外对普通干电池的回收处理主要有火法冶金回收法和湿法冶金回收法。火法冶金与湿法冶金相比，难控制、技术复杂，因此湿法冶金在实际工业应用方面更有推广应用价值。

湿法冶金指利用酸溶解粉碎后的废电池，使电池中所含的锌及二氧化锰等析出，生成可溶性盐溶液并对溶液净化、电解回收或生产化工产品，主要包括焙烧-浸出法（日本野村兴产公司）和直接浸出法（德国马德格堡"湿处理装置"）。

火法冶金指将废电池粉碎后，在高温下冶炼，使干电池中的锌、铅和汞以单质形式析出，二氧化锰还原成氧化锰的过程。

常压冶金法（火法）是在高温下使废电池中的金属及其化合物氧化、还原、分解、挥发以及冷凝的过程。方法一：在较低的温度下，加热废干电池，先使汞挥发，然后在较高的温度下回收锌和其他重金属。方法二：先在高温下焙烧，使其中的易挥发金属及其氧化物挥发，残留物作为冶金中间产品或另行处理。

湿法冶金和常压冶金处理废电池，在技术上较为成熟，但都具有流程长、污染源多、投资和消耗高、综合效益低的共同缺点。1996 年，日本 TDK 公司对再生工艺做了大胆的改革，变回收单项金属为回收做磁性材料。这种做法简化了分离工序，使成本大大降低，从而大幅度提高了干电池再生利用的效益。

近年来，人们又开始尝试研究开发一种新的冶金法——真空冶金法：基于废电池各组分在同一温度下具有不同的蒸气压，在真空中通过蒸发与冷凝，使其分别在不同温度下相互分离从而实现综合利用和回收。由于是在真空中进行，大气没有参与作业，故减小了污染。虽然对真空冶金法的研究尚少，且还缺乏相应的经济指标，但它明显克服了湿法冶金法和常压冶金法的一些缺点，因而必将成为一种很有前途的方法。

（2）铅酸蓄电池资源化

铅蓄电池因其性价比高、高低温性能优越、运行安全可靠等优点，广泛应用于交通运输、通信、电力储能等国民经济的重要领域。近年来，随着机动车保有量增加，车用铅蓄电池使用量快速增加。

根据公安部门数据，截至 2018 年底全国汽车保有量高达 2.4 亿辆，比 2017 年的 2.05 亿辆增长 14.0%。铅蓄电池的大量消费必然产生相当数量的废铅蓄电池。废铅蓄电池中含有大量重金属铅和硫酸铅溶液，如不进行有效回收和妥善处理，将对生态环境安全造成严重威胁。研究表明，含铅酸液能够破坏土壤有机质，造成土壤肥力下降，铅则能引起人贫血、腹痛、脉搏减弱，对人体造成伤害。废铅蓄电池除了具有危害性还具有资源回收利用性，铅是一种有色金属，具有重要经济价值。如不对占铅消费总量 80% 的铅蓄电池进行回收利用，将导致铅资源严重紧缺。因此，从生态环境保护和资源循环利用角度，回收利用废铅蓄电池都具有重要意义。

铅蓄电池主要由极板、隔板、电解液、壳体、铅连接条、极柱组成。其中极板分为正极板和负极板，由栅架和活性物质组成。正极板上的活性物质是二氧化铅（PbO_2），呈棕红色；负极板上活性物质是海绵状纯铅（Pb），呈青灰色。电解液由纯硫酸（H_2SO_4）与蒸馏水按一定比例配制而成，其密度一般为 $1.24\sim1.31g/cm^3$。

2018 年，我国金属铅产量 511 万吨，铅消费量约 520 万吨，超过世界铅消费总量的 40%（表 7-1）。规模以上企业铅蓄电池产量 18122.5 万 kVAh（即 181.23GWh），估计全国铅蓄电池总产量约 200GWh，2019 年市场需求量约 220GWh。据此测算，2018 年生产铅蓄电池耗用铅约 354 万吨，约占全国铅消费总量的 68%。目前，我国符合《铅蓄电池行业规范条件》的企业数量 144 家，在生产企业约 300 家，铅蓄电池产能约为 330GWh。2018 年，我国废铅蓄电池处理量约 364 万吨，再生铅产量 225 万吨。至 2019 年 5 月，123 家再生铅企业废铅蓄电池处理环评批复累计产能为 1691 万吨。随着再生铅企业新建扩产，或原生铅企业和铅蓄电池生产企业增加再生铅业务，再生铅产能持续增加，总体上呈明显过剩，但区域分布并不均匀。

表 7-1　铅蓄电池耗铅量测算

年份	电池产量/(万 kVAh)	电池耗铅量估算/(万吨/年)	铅产量/(万吨/年)	有色统计铅产量/万吨	铅消费总量/(万吨/年)	电池耗铅比例
2015 年	21000.00	409.50	470.00	399.53	470.00	82.98%
2016 年	20513.00	400.00	466.50	423.05	467.02	81.89%
2017 年	19922.90	388.50	506.30	506.30	481.65	80.66%
2018 年	18122.50	353.39	511.00	511.00	520.00	67.96%

根据铅蓄电池结构与用途，可大致分为六类：

① 起动用铅蓄电池（SLI）：主要用于汽车、摩托车、拖拉机、柴油机等起动、照明和点火，还包括铁路内燃机车、电力机车、客车起动、照明之电源；

② 动力（motivepower）用铅蓄电池：主要用于低速（轻便型）电动汽车、电动自行车、电动摩托车等的动力电源，电动叉车、铲车的牵引电池；

③ 后备（standby）用铅蓄电池：包括通信基站、计算机系统、电力后备电源，UPS（uninterruptible power supply，不间断电源）应急电源，一般由 2V 或 12V 系列电池组成 48V 电源或 220V 电池组；

④ 储能铅蓄电池：主要用于风力发电、太阳能光伏发电、小型水力发电等系统电能储存；

⑤ 其他类：包括小型阀控密封式铅蓄电池，应急电源电池、矿灯用铅蓄电池等；

⑥ 铅碳电池：作为动力电池或储能电池。

铅蓄电池销售市场主要包括新车或新设备等配套电池；电池出口贸易；社会保有机动车或设备维修更换电池。铅蓄电池主要消费在机动车起动、电动助力自行车、备用储能电源、电动道路车和牵引车等电池市场。从 2018 年蓄电池产量分类看：电动助力车蓄电池产量最大，其次是汽油车发动机起动用蓄电池，第三才是固定蓄电池。电动助力车和汽车用蓄电池两者所占比例达到市场总量的 73.4%（图 7-1）。

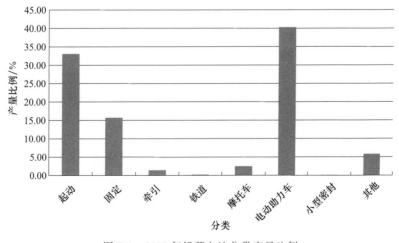

图 7-1　2018 年铅蓄电池分类产量比例

我国蓄电池保有量与汽车保有量直接相关，随着汽车销量的增加有同步增加的明显趋势，更换维护量也对废电池产生量有明显影响（表 7-2）。铅蓄电池销售分为两部分，其一为与原始车辆设备生产企业（OEM）配套电池；其二为车辆社会保有量或设备使用期间维修更换电池，由此产生废铅蓄电池，这两部分为电池需求量或销售总量。

表 7-2　我国汽车保有量与铅蓄电池消费量

项目	2015 年	2016 年	2017 年	2018 年
汽车产量/万辆	2450.33	2811.90	2901.54	2780.90
汽车销售量/万辆	2459.76	2802.80	2887.89	2808.10
汽车保有量/亿辆	1.72	1.94	2.17	2.40
新车电池配套量/万 kVAh	1764.24	2024.57	2089.11	2002.25
电池维护更换量/万 kVAh	3537.66	3983.33	4514.91	5086.06
电池消费量/万 kVAh	5301.90	6007.90	6604.02	7088.30
废电池产生量/万 t	77.83	87.63	99.33	111.89

废旧电池的回收利用工艺流程为废铅酸电池→破碎分选→铅膏脱硫→短窑冶炼→精炼→配制合金→浇铸→铅基合金→包装→入库。

一般情况下，收集、贮存的电池一般均为完好的废铅酸蓄电池。废铅酸蓄电池整齐放置在贮存区，贮存区地面经防渗处理，每个塑料周转箱均放置在托盘上单层放置，保证存放过程不会有污染物产生。破损铅蓄电池采用耐酸密闭专用塑料周转箱收集，箱上加盖。少量破损铅蓄电池中的废电解液稀硫酸可能会从盖上缝隙少量挥发形成硫酸雾；电极上的活性物质暴露在空中会产生铅尘，此外还有废酸液产生。

废铅酸电池由储料运输车倒入漏斗槽体内，再经由变频驱动器激活的振荡进料设备，可根据进料斗减损质量比例送料，再由输送带输送至破碎槽内，废料中的金属碎片由装置于破碎槽上的磁性分离设备监测后筛选分离出来，用以保护破碎槽。如进料中有过多磁性金属或铁屑存在，金属监测仪就会停止进料动作。

所有的废酸（料场、装载机、传送带和破碎机中的）均收集至废酸储槽，然后泵送至过滤机除去固体成分后，再送入电解液储槽。储存硫酸浓度介于 $15\% \sim 20\%$ 之间（凝固点介于 $-10℃$ 至 $-14℃$ 间）。

破碎后的物料进入湿式转鼓筛，将铅膏分离出来，为了保证铅膏沉降彻底，需在此过程中加入专用的絮凝剂。剩余的物料再送去进一步分离，将铅金属、聚氯乙烯（PVC）隔板和聚丙烯（PP）分开。

聚丙烯（PP）从分选槽中取出清洗后进入料仓，而铅金属和 PVC 隔板则进入水力分选器进一步处理。物料经磨细、清洗、水介质输送、旋风收集、加热后送入配料装置，加入助剂、螺杆挤压、塑料改性造粒，产出高等级的聚丙烯（PP）粒。

铅金属从水力分选器底部取出，皮带送至转鼓筛进行二次清洗，纯净的铅屑直接用皮带送到铅屑转炉处理。洗出的铅膏送至铅膏处理系统。PVC 隔板清洗后进入料仓。所有的水均收集在循环池中重复使用。铅膏送入脱硫车间。在此，铅膏泵至脱硫反应槽，在碳酸盐存在的条件下发生以下反应：

$$PbSO_4 + CO_3^{2-} =\!=\!= PbCO_3 + SO_4^{2-}$$

反应后的物料泵至压滤机使铅膏与脱硫液分离，滤饼经水洗后，卸下存放待冶炼。废酸及滤液经小的滤液再滤机处理，纯净的滤液再泵至蒸发装置，硫酸钠被逐步分离出来。经离心处理后，硫酸钠在热气流中干燥并输送至料仓中包装待发运。

铅屑在转炉中熔炼，产出合金铅，浮渣与铅膏一起进入冶炼系统处理。脱硫后的铅膏和浮渣一起进入反射炉中，采用富氧燃烧进行冶炼处理，产出粗铅。合金铅和粗铅进入精铅及合金系统生产铅合金产品和精铅产品。冶炼过程中的烟气经过余热锅炉换热后进入袋式除尘器处理后排放。余热锅炉产生蒸汽用于蒸发结晶和 PP 造粒。

7.2.2 废日光灯资源化技术

据 2010 年联合国环境规划署发布的报告，目前我国已成为世界第二大电子垃圾产生国，每年产生超过 230 万 t 电子垃圾，仅次于美国的 300 万 t。目前，我国手机用户已经达 7 亿到 9 亿户，每年更新淘汰的手机重达数万吨，荧光灯管使用量达到数十亿支，已进入电子产品、家用电器等报废高峰期。但是目前的回收现状并不令人满意，以废旧灯管为例，我国废旧灯管绝大多数均随生活垃圾进入了垃圾填埋场，每年释出的汞及化合物以百吨计，严重污染了土壤和水资源，慢性毒害人体健康。因此，建立完整先进的回收、运输、处理、利用废旧商品体系已刻不容缓。

在 2013 年最新修订的《普通照明用自镇流荧光灯性能要求》中，30W 以下的自镇流荧光灯汞含量需要低于 2.5mg，30W 以上的灯管的汞含量也不会超过 3.5mg。每支荧光灯管按 3mg 计，2021 年我国荧光灯管产量不足 8 亿支，含汞总量不超过 3t。荧光灯管汞污染问题可望从根本上得到改善。

荧光灯产品中的主要有害物质包括汞、铅和非金属物质砷，以及管内大量荧光粉等。这些物质如果处置不当就会污染环境、危害人类健康。人体接触荧光粉皮肤会变粗糙，而吸入荧光粉可能会引起硅沉着病。

管内荧光物质的危害来源就是汞蒸气。据资料显示，汞蒸气达 0.04～3mg 时，会使人在 2～3 月内慢性中毒；达到 1.2～8.5mg 时，会诱发急性汞中毒；达到 20mg，会直接导致动物死亡。汞一旦进入人体内，会很快弥散，并积累到肾、胸等组织和器官中。含汞废水排放到水体中，金属汞和无机汞都能被细菌转化为甲基汞，它的毒性比无机汞强 200 倍，在脂肪中的溶解度要比在水中大 100 倍，能迅速地深入细胞，很容易通过血脑屏障而破坏神经细胞。若回收处置不当，会对生态环境造成巨大危害。

荧光灯灯管在制作过程中用砒霜作澄清剂，其带入的砷是废旧灯管的又一种有害物质。最终残留在灯管中的砷含量一般为千分之几，超过了国际上对产品中砷含量小于 1000×10^{-6} 的规定。过量的砷对人体的神经系统、呼吸系统、生殖系统等都有很大的危害。目前国内一些企业生产的荧光灯玻璃管里的砷含量超过标准，市场上有些荧光灯灯头的绝缘片中被检出含有砒霜，并且其含量较高。由于砷是在玻璃熔制时引入的，熔制玻璃时会向大气排放出大量的 As_2O_3 气体。而且在配料时，As_2O_3 也会掺杂在原料的粉尘中向空气中扩散，严重影响环境。

废旧荧光灯灯管中的稀土、汞及其他金属、玻璃均具有较大的回收价值。市面上常用的荧光灯灯管中的荧光粉是卤磷酸钙荧光粉和稀土三基色荧光粉。卤磷酸钙荧光粉是在氟氯磷灰石基质中掺入少量的激活剂锑（Sb）和锰（Mn）以后制成的荧光粉。这类荧光灯中的锰、氟、锆、锶、锑等稀有元素是宝贵的二次资源。稀土三基色荧光粉中的稀土元素可以用作荧光发光材料的基质成分，也能用作荧光发光材料的激活剂、共激活剂、敏化剂或掺杂剂。稀土金属具有极为重要的用途，是当代高科技新材料的重要组成部分。尽管我国稀土资源较为丰富，但是作为不可再生资源，循环使用意义重大。若按我国每年消耗 15 亿支荧光灯管来计算，每年将可以回收荧光粉上千吨，可以大大减少对稀有金属矿山的开采。

废旧荧光灯灯头中的铜、铝、钨、锡是宝贵的二次资源。将废弃荧光灯头上的金属有效地回收利用，不但可以减少生产需要消耗的能源，还可以减少对矿石的开采，节约资源。

> **【思考与练习 7.2】**
> 1. 废干电池资源化技术主要有哪些？（　　）
> A. 火法冶金　　　　　　　B. 湿法冶金　　　　　　　C. 真空冶金
> 2. 废旧铅酸蓄电池中可回收的资源物质包括哪些？（　　）
> A. 铅金属　　　　　　B. 聚氯乙烯（PVC）隔板　　　C. 聚丙烯（PP）
> 3. 废旧荧光灯灯管中可回收的资源物质包括哪些？（　　）
> A. 稀土　　　　　　　　B. 汞及其他金属　　　　　　C. 玻璃

7.3 危险废物焚烧处理技术

7.3.1 焚烧基本理论

危险废物的来源复杂、种类繁多、形状各异，不同地区、不同行业产生的危险废物成分相差很大。但从燃烧的角度分析，各种成分都是按化学当量比反应的。其完全燃烧反应的方程式可用下式表示：

$$C_xH_yO_zN_uS_vCl_w + \left(x+v+\frac{y-w}{4}-\frac{z}{2}\right)O_2 \longrightarrow xCO_2 + wHCl + \frac{u}{2}N_2 + vSO_2 + \left(\frac{y-w}{2}\right)H_2O$$

式中，$C_xH_yO_zN_uS_vCl_w$ 为危险废物混合物。

当危险废物中有氟、磷存在，则可能会有氟化氢、五氧化二磷生成。与液态和气态危险废物相比，固体危险废物的焚烧过程相对复杂一些。一般来说，常温下的固体危险废物混合物，被加热后先要将危险废物中的溶剂和水蒸发、气化出来，这部分低燃点的溶剂与少量的空气接触后会首先燃烧；继续受热后，废物中的大部分有机物会被热解、干馏，生成各种烃类、固定碳及不完全燃烧物；这些可燃气体，在有充足氧的条件下，进行高温焚烧，产生高温烟气。废渣继续燃烧，以残渣固体的形式排出。图 7-2 为危险废物焚烧处置机理分析。

高温焚烧可以将烟气中的有毒有害物质（如聚合苯环类、多环碳氢化合物等）裂解；废渣的充分燃烧可使其中的可燃物燃尽烧透。焚烧过程中产生的高温烟气主要成分是二氧化碳、水蒸气和氮气，还有少量的二氧化硫、氯化氢，废渣主要是各种金属的氧化物、氢氧化物、碳酸盐、硫酸盐、磷酸盐和硅酸盐等。

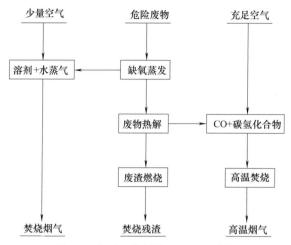

图 7-2 危险废物焚烧处置机理分析

7.3.2 焚烧过程平衡分析

(1) 热值计算

焚烧过程中的热值计算，主要有以下 4 个公式：

① Dulong 公式：

$$HHV = 34000 w_C + 143000 \left(w_H - \frac{1}{8} w_O \right) + 10500 w_S$$

$$LHV = 2.32 \left[14000 x_C + 45000 \left(x_H - \frac{1}{8} x_O \right) - 760 x_{Cl} + 4500 x_S \right]$$

② Steuer 公式：

$$HHV = 34000 \left(w_C - \frac{3}{4} w_O \right) + 143000 w_H + 9400 w_S + 23800 \times \frac{3}{4} w_O$$

③ Scheurer 公式：

$$HHV = 34000 \left(w_C - \frac{3}{8} w_O \right) + 23800 \times \frac{3}{8} w_O + 144200 \left(w_H - \frac{1}{16} w_O \right) + 10500 w_S$$

④ 化学工业便览公式：

$$LHV = 34000 w_C + 143000 \left(w_H - \frac{w_O}{2} \right) + 9300 w_S$$

式中，HHV 为可燃物的高位热值，kJ/kg；LHV 为可燃物的低位热值，kJ/kg；w_C、w_H、w_S、w_O 分别为可燃物质中碳、氢、硫、氧、氯的质量分数。x_C、x_H、x_S、x_O、x_{Cl} 为可燃物质中碳、氢、硫、氧、氯的摩尔分数。

(2) 高位热值与低位热值

燃料热值有高位热值与低位热值两种。高位热值是指每标准立方米燃气完全燃烧后，其烟气被冷却至原始温度，而其中的水蒸气以凝结水状态排出时所放出的热量（也称毛热）。低位热值是指每标准立方米燃气完全燃烧后，其烟气被冷却至原始温度，但烟气中的水蒸气仍为蒸气状态时所放出的热量（也称净热）。高位热值与低位热值的区别，在于燃料燃烧产物中的水呈液态还是气态，水呈液态是高位热值，水呈气态是低位热值。低位热值等于从高位热值中扣除水蒸气的凝结热。

高位热值与低位热值的关系可以用下面公式表示：

$$HHV = LHV + Q_s$$

$$LHV = HHV - 2420\left[w_{H_2O} + 9\left(w_H - \frac{w_{Cl}}{35.5} - \frac{w_F}{19}\right)\right]$$

式中，Q_s 为烟气中水的潜热，kJ/kg；w_{H_2O} 为可燃物中水的质量分数；w_{Cl} 为可燃物中氯的质量分数；w_F 为可燃物中氟的质量分数。

(3) 焚烧过程中的能量转换和能量传递

焚烧过程进行着一系列能量转换和能量传递，是一个热能和化学能的转换过程。固体废物和辅助燃料的热值、燃烧效率、机械热损失及各物料的潜热和显热等，决定了系统的有用热量，最终也决定了焚烧炉的火焰温度和烟气温度。

在整个焚烧系统中，能量是守恒的。即：

$$Q_w + Q_f + Q_a = Q_1 + Q_2 + Q_3 + Q_4 + Q_5$$

式中，Q_w 为固体废物的热量，kJ；Q_f 为辅助燃料的热量，kJ；Q_a 为助燃空气的热量，kJ；Q_1 为有用热量，kJ；Q_2 为不完全燃烧热损失，kJ；Q_3 为机械热损失，kJ；Q_4 为烟气显热，kJ；Q_5 为灰渣显热，kJ。

7.3.3 焚烧烟气产生与净化技术

(1) 焚烧烟气的产生

空气中氧是助燃物质，它与固体废物中可燃成分反应后形成烟气。完成燃烧反应的最少空气量就是理论空气量，即化学计量空气量。先计算理论空气量，然后再通过空气过剩系数计算实际空气量。公式如下：

$$V_{理氧} = 1.866w_C + 5.56w_H + 0.7w_S - 0.7w_O$$

$$V_{理空} = \frac{V_{理氧}}{0.21} = 8.89w_C + 26.5w_H + 3.33w_S - 3.33w_O$$

式中，$V_{理氧}$ 为焚烧理论氧气量，m^3/kg；$V_{理空}$ 为焚烧理论空气（干）量，m^3/kg；w_C、w_H、w_S、w_O 分别为 C、H、S、O 元素在可燃物料中的质量分数。

实际空气量为（λ 为过剩空气系数）：$V_{空} = \lambda \times V_{理空}$

计算焚烧烟气量，首先是利用烟气的成分和经验公式计算理论产量，再通过过剩空气系数计算烟气量。

$$V_{理空} = V_{CO_2} + V_{SO_2} + V_{N_2} + V_{H_2O}$$

其中：$V_{CO_2} = 1.866w_C$

$V_{SO_2} = 0.7w_S$

$V_{N_2} = 0.79V_{理空} + 0.8w_N$

$V_{H_2O} = 11.1w_H + 11.24w_{H_2O} + 0.0161V_{理空}$

式中，V_{CO_2} 为烟气中 CO_2 的理论量，m^3/kg；V_{SO_2} 为烟气中 SO_2 的理论量，m^3/kg；V_{N_2} 为烟气中 N_2 的理论量，m^3/kg；V_{H_2O} 为烟气中 H_2O 的理论量，m^3/kg；w_N、w_H 为烟气中 N、H 元素的质量分数；w_{H_2O} 为烟气中 H_2O 的质量分数。

由理论烟气量和过剩空气系数可求得烟气量：

$$V = (\lambda - 0.21)V_{\text{理空}} + 1.866w_C + 11.1w_H + 0.7w_S + 0.8w_N + 1.24w_{H_2O}$$

（2）烟气的净化

请参阅第 4 章生活垃圾焚烧处理与资源化中 4.2.2 内容。

7.3.4 焚烧飞灰的无害化处理

焚烧飞灰的无害化处理包括螯合固化、水泥窑协同共处置和水热法稳定等方法。具体方法请参阅第 4 章生活垃圾焚烧处理与资源化中 4.3.1 内容。

【思考与练习7.3】

1. 依据元素含量进行热值计算的公式主要有哪些？（　　）

A. Dulong 公式　　　　　　　　　　　B. Steuer 公式

C. Scheurer 公式　　　　　　　　　　D. 化学工业便览公式

2. 高位热值与低位热值的区别在于什么？（　　）

A. 燃料燃烧产物中的水呈液态还是气态

B. 热值大小

C. 低位热值可以直接测量得到

7.4 危险废物安全填埋技术

填埋场可分为隔离型填埋场、控制型填埋场和稳定型填埋场三种基本类型，危废填埋场属于隔离型填埋场。安全填埋场是一种将危险废物放置或贮存在土壤中的处置设施，其目的是埋藏或改变危险废物的特性，适用于填埋处置不能回收利用其有用组分、不能回收利用其能量的危险废物。

7.4.1 概述

安全填埋场的综合目标是要尽可能将危险废物与环境隔离，通常技术要求必须设置防渗层，且其渗透系数不得大于 10^{-8} cm/s。一般要求最底层应高于地下水位；并应设置渗滤液收集、处理和检测系统；一般由若干个填埋单元构成，单元之间采用工程措施相互隔离，通常隔离层由天然黏土构成，能有效地限制有害组分纵向和水平方向等迁移。

安全填埋场用于处置重金属和有毒有机物含量高于限值的固体废物，由多个容积一样的大盒子组成，每个盒子的底部和四周都用混凝土封衬，内壁要进行防腐防渗处理；同时要求底部和外边墙混凝土层的厚度要大于 0.15m，盒子之间的墙壁（混凝土）的厚度要大于 0.1m。危险废物在全封闭的条件下（通常先进行固化）进入危废填埋场，盒子被填满后用厚度为 0.15m 的混凝土板进行密封，因此没有渗滤液产生，也不需要渗滤液集排系统。

7.4.2 安全填埋场的选址

填埋场场址的选择应符合国家及地方城乡建设总体规划要求，场址应处于一个相对稳定的区域，不会因自然或人为的因素而受到破坏。填埋场作为永久性的处置设施，封场后除绿化以外不能做他用。填埋场场址的选择应进行环境影响评价，并经生态环境行政主管部门批准。

填埋场场址不应选在城市工农业发展规划区、农业保护区、自然保护区、风景名胜区、文物（考古）保护区、生活饮用水源保护区、供水远景规划区、矿产资源远景储备区和其他需要特别保护的区域内。填埋场距飞机场、军事基地的距离应在 3000m 以上。填埋场场界应位于居民区 800m 以外，应保证在当地气象条件下对附近居民区大气环境不产生影响。

填埋场场址应位于百年一遇的洪水标高线以上，并在长远规划中的水库等人工蓄水设施淹没区和保护区之外。若确难以选到百年一遇洪水标高线以上场址，则必须在填埋场周围已有或建筑可抵挡百年一遇洪水的防洪工程。填埋场场址距地表水域的距离应大于 150m。

填埋场场址的地质条件应符合下列要求：

① 能充分满足填埋场基础层的要求；

② 现场或其附近有充足的黏土资源以满足构筑防渗层的需要；

③ 位于地下饮用水水源地主要补给区范围之外，且下游无集中供水井；

④ 地下水位应在不透水层 3m 以下，如果小于 3m，则必须提高防渗设计要求，实施人工措施后的地下水水位必须在压实黏土层底部 1m 以下；

⑤ 天然地层岩性相对均匀、面积广、厚度大、渗透率低；

⑥ 地质构造相对简单、稳定，没有活动性断层，非活动性断层应进行工程安全性分析论证，并提出确保工程安全性的处理措施。

填埋场场址选择应避开下列区域：国务院和国务院有关主管部门及省、自治区、直辖市人民政府划定的生态保护红线区域、永久基本农田和其他需要特别保护的区域；破坏性地震及活动构造区；海啸及涌浪影响区；湿地和低洼汇水处；地应力高度集中，地面抬升或沉降速率快的地区；石灰岩溶洞发育带；废弃矿区或塌陷区；崩塌、岩堆、滑坡区；山洪、泥石流地区；活动沙丘区；尚未稳定的冲积扇及冲沟地区；高压缩性淤泥、泥炭及软土区以及其他可能危及填埋场安全的区域。

填埋场场址必须有足够大的可使用容积以保证填埋场建成后具有 10 年或更长的使用期。填埋场场址应选在交通方便、运输距离较短、建造和运行费用低、能保证填埋场正常运行的地区。

在对危险废物填埋场场址进行环境影响评价时，应重点考虑危险废物填埋场渗滤液可能产生的风险、填埋场结构及防渗层长期安全性及其由此造成的渗漏风险等因素，根据其所在地区的环境功能区类别，结合该地区的长期发展规划和填埋场设计寿命期，重点评价其对周围地下水环境、居住人群的身体健康、日常生活和生产活动的长期影响，确定其与常住居民居住场所、农用地、地表水体以及其他敏感对象之间合理的位置关系。

场区的区域稳定性和岩土体稳定性良好，渗透性低，没有泉水出露；填埋场防渗结构底部应与地下水有记录以来的最高水位保持 3m 以上的距离。应避免高压缩性淤泥、泥炭及软土区域，场址天然基础层的饱和渗透系数小于 10×10^{-5} cm/s，且其厚度大于 2m。

7.4.3 安全填埋场的设计

对填埋场接收与贮存设施、分析与鉴别系统、预处理设施、填埋处置设施（其中包括防渗系统、渗滤液收集和导排系统、填埋气体控制设施）、环境监测系统（其中包括人工合成材料衬层渗漏检测、地下水监测、稳定性监测和大气与地表水等的环境检测）、封场覆盖系统（填埋封场阶段）、应急设施及其他公用工程和配套设施进行设计。同时，应根据具体情况选择设置渗滤液和废水处理系统、地下水导排系统。同时，填埋场需要建设封闭性的围墙或栅栏等隔离设施、专人管理的大门、安全防护和监控设施，并且在入口处标识填埋场的主要建设内容和环境管理制度。设计时安排不同的填埋区处置不相容的废物，同时分区设计要有利于以后可能的废物回取操作。根据安全填埋场场底防渗结构的差异分为柔性与刚性两类。

(1) 柔性填埋场

柔性填埋场设置渗滤液收集和导排系统，包括渗滤液导排层、导排管道和集水井。渗滤液导排层的坡度不宜小于2%。渗滤液导排系统的导排效果要保证人工衬层之上的渗滤液深度不大于30cm，并且要求：渗滤液导排层采用卵石，初始渗透系数应不小于0.1cm/s，碳酸钙含量应不大于5%；渗滤液导排层与填埋废物之间设置反滤层，防止导排层淤堵；渗滤液导排管出口设置端头井等反冲洗装置，定期冲洗管道，维持管道通畅；渗滤液收集与导排设施分区设置。

柔性填埋场应采用双人工复合衬层作为防渗层。双人工复合衬层中的人工合成材料采用高密度聚乙烯膜时要满足CJ/T 234—2006规定的技术指标要求，并且厚度大于2.0mm。

双人工复合衬层中的黏土衬层需要满足：主衬层厚度不小于0.3m，且在其被压实、人工改性等措施后的饱和渗透系数小于10×10^{-7}cm/s；次衬层厚度大于0.5m，且在其被压实、人工改性等措施后的饱和渗透系数小于1.0×10^{-7}cm/s。

黏土衬层施工过程应考虑压实度与含水率对其饱和渗透系数的影响，并满足每平方米黏土层高度差不得大于2cm；黏土的细粒含量（粒径小于0.075mm）大于20%，塑性指数大于10%，不含有粒径大于5mm的尖锐颗粒物；并且保证黏土衬层的施工不对渗滤液收集和导排系统、人工合成材料衬层、渗漏检测层造成破坏。

柔性填埋场需要设置两层人工复合衬层之间的渗漏检测层，包括双人工复合衬层之间的导排介质、集排水管道和集水井，并应分区设置。检测层渗透系数应大于0.1cm/s。

(2) 刚性填埋场

刚性填埋场（图7-3）设计应符合：填埋场钢筋混凝土的设计符合GB 50010—2010的相关规定，防水等级符合GB 50108—2008一级防水标准；钢筋混凝土与废物接触面上应覆有防渗、防腐材料；钢筋混凝土抗压强度不低于$25N/mm^2$，厚度不小于35cm；需要设计若干独立对称的填埋单元，每个填埋单元面积不得超过$50m^2$且容积不得超过$250m^3$；填埋结构设置雨棚，杜绝雨水进入；保证在人工目视条件下能观察到填埋单元的破损和渗漏情况，并能及时进行修补。填埋场应合理设置集排气系统。

高密度聚乙烯防渗膜在铺设过程中要对膜下介质进行目视检测，确保平整性，确保没有遗留尖锐物质与材料。对高密度聚乙烯防渗膜进行目视检测，确保没有质量瑕疵。高密度聚乙烯防渗膜焊接过程中，应满足CJJ 113—2009相关技术要求。在填埋区施工完毕后，需要对高密度聚乙烯防渗膜进行完整性检测。

填埋场施工方案包括施工质量保证和施工质量控制内容，明确环保条款和责任，作为项目竣工环境保护验收的依据，同时可作为填埋场建设环境监理的主要内容。施工完毕后需要向当地生态环境主管部门提交施工报告、全套竣工图、所有材料的现场和试验室检测报告，采用高密度聚乙烯膜人工合成材料衬层的填埋场还应提交防渗层完整性检测报告。

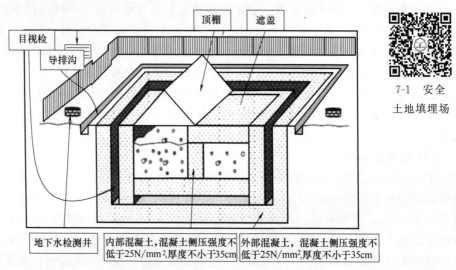

图 7-3　刚性填埋场结构示意图

　　填埋场还需要制定到达设计寿命期后的填埋废物的处置方案，并依据评估结果确定是否启动处置方案。

7.4.4　安全填埋场的运营维护

　　为了保证填埋场的长期安全性，危险废物在进行最终处置之前，其浸出毒性等特性指标必须满足安全填埋场的入场控制标准（GB 18598—2019）。因此，对大部分危险废物来说必须进行相应的预处理。

（1）危险废物入场要求

　　《危险废物填埋污染控制标准》（GB 18598—2019）规定医疗废物、与衬层具有不相容性反应的废物、液态废物不得进入安全填埋场填埋。另外，列举如下：

　　① 禁止可燃性危险废物进入安全填埋场处置。主要包括医疗废物和无法再生利用的废有机溶剂等，对这些废物应考虑采用焚烧处理技术，焚烧残渣送往安全填埋场处置。

　　② 对于非可燃性危险废物，需根据废物的种类选择不同的预处理工艺。根据危险废物的来源及性质，基本上可以将其分为含重金属废物、酸碱性固体废物、重金属废物（含铬废物、含砷废物、含氰废物、含氟废物和石棉废物）等，另外，还有焚烧飞灰、无机废水污泥和冶炼废物等特殊废物。本着安全、适应性广、操作简单、费用低廉、处理效果好、节省填埋场库容和以废治废的原则进行了预处理工艺的选择。

　　③ 焚烧飞灰废物在入场废物中占有一定的比重，采用传统的水泥或石灰固化工艺势必会大大增加处理产物的体积，造成填埋场库容的浪费。因此，采用药剂稳定化处理技术，在不增加处理产物体积的情况下达到入场废物浸出毒性标准的要求。

　　④ 对于酸性固体废物和固态碱，根据其酸碱特性，利用中和技术对其进行稳定化预处理，达到以废治废的目的，中和后废物利用焚烧余热进行脱水处理，以进一步减少安全填埋废物的体积。

　　⑤ 重金属废物、冶炼废物、含铬、含砷、含氰、含氟和石棉类等废物为保证达到填埋场入场控制标准，一般采用水泥固化的办法进行预处理以达到入场控制标准的要求。

⑥无机废水污泥由于其含水率较高，应对其进行脱水处理，降低其含水率，以达到安全填埋入场控制标准的需要。

对于进场危险废物规定了入场的污染物指标限值（表 7-3）。因此，危险废物填埋前必须经过预处理，以减少安全填埋场中的危险废物泄漏事故造成的环境危害。

表 7-3　危险废物允许填埋的控制限值

序号	项目	稳定化控制限值 /（mg/L）	检测方法
1	烷基汞	不得检出	GB/T 14204
2	汞（以总汞计）	0.12	GB/T 15555.1、HJ 702
3	铅（以总铅计）	1.2	HJ 766、HJ 781、HJ 786、HJ 787
4	镉（以总镉计）	0.6	HJ 766、HJ 781、HJ 786、HJ 787
5	总铬	15	GB/T 15555.5、HJ 749、HJ 750
6	六价铬	6	GB/T 15555.4、GB/T 15555.7、HJ 687
7	铜（以总铜计）	120	HJ 751、HJ 752、HJ 766、HJ 781
8	锌（以总锌计）	120	HJ 766、HJ 781、HJ 786
9	铍（以总铍计）	0.2	HJ 752、HJ 766、HJ 781
10	钡（以总钡计）	85	HJ 766、HJ 767、HJ 781
11	镍（以总镍计）	2	GB/T 15555.10、HJ 751、HJ 752、HJ 766、HJ 781
12	砷（以总砷计）	1.2	GB/T 15555.3、HJ 702、HJ 766
13	无机氟化物（不包括氟化钙）	120	GB/T 15555.11、HJ 999
14	氰化物（以 CN⁻ 计）	6	暂时按照 GB 5085.3 附录 G 方法执行，待国家固体废物氰化物监测方法标准发布实施后，应采用国家监测方法标准

（2）预处理技术

预处理技术主要包括压缩减少其体积，回收利用，分离固、液相，解毒，生物处理降解部分有机化合物，固化/稳定化，通过热处理去除有机废物。其中，危险废物的固化/稳定化是相当关键的环节。它是通过化学或物理方法，使有害物质转化成物理或化学特性更加稳定的惰性物质，降低其有害成分的浸出率，或使之具有足够的机械强度，从而满足再生利用或处置要求的过程。目前，根据废弃物的性质、形态和处理目的可供选择的有以下几种固化稳定化方法：

① 水泥固化，适用于重金属、废酸、氧化物；石灰固化，适用于重金属、废酸、氧化物；

② 塑性固化法，属于有机性固化/稳定化处理技术，根据使用的材料的性能不同可以把该技术划分为热固性塑料包容和热塑性包容两种方法；

③ 有机聚合物稳定法，不适于处理酸性及有机废物和强氧化性废物，多数用于体积小的一些无机化学废物；

④ 玻璃固化技术，也称为熔融固化，适用对象为不挥发的高危害性废物及核废料；

⑤ 自胶结固化，利用废物自身的胶结特性来达到固化目的的方法，适用于含有大量硫酸钙和亚硫酸钙的废物；

⑥ 药剂稳定化技术，药剂稳定化技术以处理重金属废物为主。

如前所述，在总处置的危险废物中，重金属类废物占总废物量的 60% 以上，对于这一部分废物可以考虑采用国际上比较常用的药剂稳定化技术，根据废物中所含的重金属种类，可以采用的稳定化药剂有石膏、漂白粉、硫代硫酸钠、硫化钠和高分子有机稳定剂，经药剂处理后的重金属类废物其增容率很小，某些情况下还能小于1，由于重金属类废物占处置废物总量的比例在60%以上，这样能够极大降低由于使用石灰或水泥而增加的处理后体积，能够节省大量的库容，提高该填埋场的使用寿命，而且经药剂稳定化技术处理后的重金属废物比较容易达到填埋控制标准，减少处理后废物二次污染的风险。同时对于非金属类废物，特别是占总处置废物量20%的固体酸和固体碱，可以采用中和技术进行预处理，达到以废治废的目的，在不能满足要求的入场pH值控制标准时，则可以加入一定量的石灰以调节中和处理后的废物。另外，对于其他毒性较大的废物，如含氟废物以及石棉废物等，可以采用水泥固化的方法进行处理，虽然此方法增容率大，但由于这几种废物在总处置废物中所占比例仅为1%左右，因此，对处理后废物的增容率影响不大。

到目前为止，国内外尚未研究出一种适于任何类型危险废物的最佳固化/稳定化技术。目前常用的方法主要包括水泥固化、石灰固化、塑性材料固化、有机聚合物固化、自胶结固化、熔融固化（玻璃固化）和陶瓷固化。其中，水泥和石灰固化/稳定化技术比较经济有效。但是，在用于重金属废物的处理时有局限性，特别是这些技术都受pH值变化的影响，当pH值较低时重金属离子会再溶出，没有达到重金属废物长期稳定化的目的。在废物的最终处置中，将会对环境造成二次污染。针对这些问题，国际上提出了高效的用化学稳定化药剂进行无害化处理技术，并成为危险废物无害化处理的研究热点。近年来，国内外应用合成的重金属螯合剂处理重金属废物，取得了明显的效果。

例如，垃圾焚烧所产生的焚烧飞灰因其含有较高浸出浓度的铅和铬等重金属而属于重金属危险废物，在对其进行最终处置之前必须先经过稳定化处理。在日本，法律明确规定焚烧后飞灰，必须进行填埋或其他方式处理利用。一般的药剂处理采用Na_2S和石灰对灰渣进行稳定化。近年来，利用重金属螯合剂处理飞灰中的重金属技术得到了发展。日本应用合成的高分子螯合剂，处理垃圾燃烧产生的飞灰，该螯合剂与粉尘中金属合成稳定的不溶螯合物。我国已经成功地合成了多胺类和聚乙烯亚胺类重金属螯合剂，实验已证明该重金属螯合剂在处理重金属废物时具有捕集重金属离子的效率高，处理重金属废物的类型广泛，并且稳定化产物不受废物pH变化的影响等优点。重金属螯合剂对焚烧飞灰的处理效果明显优于无机稳定化药剂Na_2S和石灰，相同的投加量情况下，其对飞灰中的重要污染重金属Pb、Cd、Zn和Cr的捕集效果不仅高于Na_2S和石灰，并且其处理后的飞灰达到了重金属废物填埋控制标准。用重金属螯合剂处理危险废物，可以在实现废物无害化的同时，达到废物少增容或不增容，从而提高危险废物处理处置系统的总体效率和经济合理性。同时，还可通过改进螯合剂等的结构和性能，使其与废物中的危险成分之间的化学螯合作用得到强化，进而提高稳定化产物的长期稳定性，减少最终处置过程中稳定化产物对环境的影响。

（3）运营管理要求

为实现危险废物集中填埋处置的科学管理、规范作业、保证安全运行、提高效率、降低运行成本、有效防止二次污染，达到危险废物无害化处置的目的，安全填埋场应具有省级以上人民政府生态环境行政主管部门颁发的危险废物经营许可证；未取得经营许可证的单位不得从事有关危险废物集中处置活动。同时应具有相应数量经过培训的技术人员、管理人员和操作人员。有完备的保障危险废物安全填埋的规章制度和保证安全填埋场正常运行的周转资金和辅助原料。具有合格的废物收集系统和完备的事故应急系统。

危险废物安全填埋场运营机构设置应包括管理职能部门、技术部门、填埋作业部门、后勤保障部门。其中管理职能部门负责日常办公、生产管理、财务管理、动力设备管理、环保管理等。技术部门应负责危险废物的入场接收、贮存、分析与鉴别、预处理、渗滤液处理、监测等。填埋作业部门应负责危险废物的运输中转、废物入场填埋等。后勤保障部门应负责车辆维修保养、物资供给、后勤保障等。安全填埋场劳动定员应按照定岗定量、精简有效的原则，根据填埋场建设规模、年填埋量、填埋工艺特点、技术水平、自动控制水平、投资体制、当地社会化服务水平和经济管理的要求合理确定。

危险废物安全填埋场应对操作人员、技术人员及管理人员进行相关法律法规和专业技术、安全防护、紧急处理等理论知识和操作技能培训。培训内容应包括一般要求和专业要求两方面（表7-4）。

表 7-4 危险废物安全填埋场管理与作业人员培训内容

一般要求	专业要求
①熟悉有关危险废物管理的法律和规章制度	①熟悉危险废物接收、搬运、贮存和填埋的具体操作
②了解危险废物危险性方面的知识	②能够保证设备的正常运行，包括设备的启动和关闭
③明确危险废物安全填埋和环境保护的重要意义	③具有保持设备良好运行的条件
④熟悉危险废物的分类和包装标识	④具有设备运行故障的检查和排除能力
⑤熟悉危险废物填埋操作流程	⑤具有事故或紧急情况下的应急处置，以及安全防护、紧急疏散能力
⑥掌握劳动安全防护设施、设备使用的知识和个人卫生措施	⑥保证设备日常和定期维护；
⑦熟悉处理泄漏和其他事故的应急操作程序	⑦能够及时填写设备运行及维护记录，事故和其他事件的记录及报告
⑧了解人员急性中毒症状，掌握常见的中毒急救知识	⑧技术人员应掌握危险废物填埋处置的相关理论知识和处置设备的基本工作原理

(4) 规章制度与运行记录

① 危险废物接收制度。危险废物接收应认真执行《危险废物转移联单制度》。安全填埋场有责任培训运输单位对危险废物包装发生破裂、泄漏或其他事故进行处理的能力。危险废物运输单位必须具有危险废物运输资质，危险废物运输车必须具备采取相应应急措施的能力。危险废物现场交接时应认真核对危险废物的数量、种类、标识等，并确认与危险废物转移联单是否相符。安全填埋场应对接收的废物及时登记。

② 交接班及运行登记制度。为保证安全填埋场生产活动安全有序进行，必须建立严格的交接班制度，包括：生产设施、设备、工具及生产辅助材料的交接；危险废物的交接；运行记录的交接；上下班交接人员应在现场进行实物交接；运行记录交接前，交接班人员应共同巡视现场；交接班程序未能顺利完成时，应及时向生产管理负责人报告；交接班人员应对实物及运行记录核实确定后签字确认。

③ 每日工作情况记录。安全填埋场应当详细记载每日接收、贮存及填埋的危险废物类别、数量，有无事故或其他异常情况等，并按照危险废物转移联单的有关规定，保管需存档的转移联单。危险废物经营活动记录档案和危险废物经营活动情况报告应与转移联单同期保存。当地环保行政主管部门和其他有关管理部门应依据这些准确信息建立数据库，为管理和处置危险废物提供可靠的依据。

安全填埋场设施运行、维护的主要记录内容见表7-5。

表 7-5　安全填埋场设施运行、维护的主要记录内容

生产运行	安全维护	环境影响
危险废物转移联单记录 危险废物接收登记记录 危险废物进厂运输车车牌号、来源、重量、进场时间、离场时间等记录 设施运行记录 每日按时间顺序记录填埋危险废物的种类、数量	填埋设施维修情况记录 生产事故及处置情况记录	环境监测数据记录

(5) 安全生产与劳动保护

安全填埋场应安装 24h 保安系统。禁止场外无关人员进入。安全填埋场运作场地入口处应设一定数量的光字牌。标明危险字样，牌子必须从 7m 远处清晰可见。安全生产与劳动保护内容见表 7-6。

表 7-6　安全生产与劳动保护内容

安全生产	劳动保护
①安全填埋场生产过程安全管理应符合国家《生产过程安全卫生要求总则》(GB/T 12801—2008)中有关规定	①废物暂存库等应尽量密闭，以减少灰尘和臭气外逸
②各工种、岗位应根据工艺特征和具体要求制定相应的安全操作规程并严格执行	②尽可能采用噪声小的设备，对于噪声较大的设备，应采用减震消音措施，使噪声符合国家规定标准要求
③各岗位操作人员和维修人员必须定期进行岗位培训并持证上岗	③接触有毒有害物质的员工应配备防毒面具、防护手套、防护胶靴及防护工作服
④严禁非本岗位操作管理人员擅自启、闭本岗位设备，管理人员不允许违章指挥	④进入高噪声区域人员必须佩戴性能良好的防噪声护耳器
⑤操作人员应按电工规程进行电器启、闭，维修设备一定要有安全、环保和电气等部门的人员参加，切断电源后方可维修，维修中一定要注意人身与设备的安全	⑤进行有毒、有害物品操作时必须穿戴相应种类专用防护用品，禁止混用；严格遵守操作规程，用毕后物归原处，发现破损及时更换
⑥操作人员不得贴近联轴器等旋转部件	⑥有毒、有害岗位操作完毕，要将防护用品按要求清洁、收管，不得随意丢弃，不得转借他人；做好个人安全卫生(洗手、漱口及必要的沐浴)
⑦建立并严格执行定期和经常的安全检查制度，及时消除事故隐患，严禁违章指挥和违章操作	⑦严禁携带或穿戴使用过的防护用品离开工作区。报废的防护用品应交专人处理，不得自行处置
⑧应对事故隐患或发生的事故进行调查并采取改进措施。重大事故及时向有关部门报告	⑧应配足配齐各作业岗位所需的个人防护用品，并对个人防护用品的购置、发放、回收、报废进行登记。防护用品要由专人管理，并定期检查、更换和处理
⑨凡从事特种设备的安装、维修人员，必须经劳动部门专门培训并取得特种设备安装、维修操作证后才能上岗	⑨工作区及其他设施应符合国家有关劳动保护的规定，各种设施及防护用品(如防毒面具)要由专人维护保养，保证其完好、有效
⑩厂内及车间内运输管理，应符合《工业企业厂内铁路、道路运输安全规程》(GB 4387—2008)中有关规定	⑩对所有从事生产作业的人员应定期进行体检并建立健康档案卡。定期对职工进行职业卫生的教育，加强防范措施

7.4.5　安全填埋场的污染控制要求

自 2020 年 9 月 1 日起，危险废物填埋场废水污染物排放执行表 7-7 规定的限值。

表 7-7 危险废物填埋场废水污染物排放限值（pH 除外）

序号	污染物项目	直接排放/(mg/L)	间接排放[①]/(mg/L)	污染物排放监控位置
1	pH	6~9	6~9	
2	生化需氧量(BOD₅)	4	50	
3	化学需氧量(COD_{Cr})	20	200	
4	总有机碳(TOC)	8	30	
5	悬浮物(SS)	10	100	
6	氨氮	1	30	危险废物填
7	总氮	1	50	埋场废水
8	总铜	0.5	0.5	总排放口
9	总锌	1	1	
10	总钡	1	1	
11	氰化物(以 CN⁻计)	0.2	0.2	
12	总磷(TP,以 P 计)	0.3	3	
13	氟化物(以 F⁻计)	1	1	
14	总汞	0.001		
15	烷基汞	不得检出		
16	总砷	0.05		
17	总镉	0.01		
18	总铬	0.1		渗滤液调节
19	六价铬	0.05		池废水排放口
20	总铅	0.05		
21	总铍	0.002		
22	总镍	0.05		
23	总银	0.5		
24	苯并[a]芘	0.00003		

①工业园区和危险废物集中处置设施内的危险废物填埋场向污水处理系统排放废水时执行间接排放限值。

填埋场有组织气体和无组织气体排放应满足 GB 16297—1996 和 GB 37822—2019 的规定。监测因子由企业根据填埋废物特性从上述两个标准的污染物控制项目中提出，并征得当地生态环境主管部门同意。危险废物填埋场不应对地下水造成污染。地下水监测因子和地下水监测层位由企业根据填埋废物特性和填埋场所处区域水文地质条件提出，必须具有代表性且能表示废物特性的参数，并征得当地生态环境主管部门同意。常规测定项目包括：浑浊度、pH 值、溶解性总固体、氯化物、硝酸盐（以 N 计）、亚硝酸盐（以 N 计）。填埋场地下水质量评价按照 GB/T 14848—2017 执行。

7.4.6 安全填埋场的封场要求

当柔性填埋场填埋作业达到设计容量后，应及时进行封场覆盖。柔性填埋场封场结构自下而上为：

① 导气层：由砂砾组成，渗透系数应大于 0.01cm/s，厚度不小于 30cm；

② 防渗层：厚度 1.5mm 以上的糙面高密度聚乙烯防渗膜或线性低密度聚乙烯防渗膜；采用黏土时，厚度不小于 30cm，饱和渗透系数小于 1.0×10^{-7} cm/s；

③ 排水层：渗透系数不应小于 0.1cm/s，边坡应采用土工复合排水网；排水层应与填埋库区四周的排水沟相连；

④ 植被层：由营养植被层和覆盖支持土层组成；营养植被层厚度应大于 15cm。覆盖支持土层由压实土层构成，厚度应大于 45cm。

刚性填埋单元填满后应及时对该单元进行封场，封场结构应包括 1.5mm 以上高密度聚乙烯防渗膜及抗渗混凝土。

发现渗漏事故及发生不可预见的自然灾害使得填埋场不能继续运行时，填埋场应启动应急预案，实行应急封场。应急封场应包括相应的防渗衬层破损修补、渗漏控制、防止污染扩散，以及必要时的废物挖掘后异位处置等措施。

填埋场封场后，除绿化和场区开挖回取废物进行利用外，禁止在原场地进行开发用作其他用途。

填埋场在封场后到达设计寿命期的期间内必须进行长期维护，包括：维护最终覆盖层的完整性和有效性；继续进行渗滤液的收集和处理；继续监测地下水水质的变化。

【思考与练习7.4】

1. 安全填埋场选址时应保证什么？（　　）

A. 位于百年一遇的洪水标高线以上

B. 位于五十年一遇的洪水标高线以上

C. 位于二十年一遇的洪水标高线以上

2. 安全填埋场在生产运行时需要记录的内容包括哪些？（　　）

A. 危险废物转移联单记录

B. 危险废物接收登记记录

C. 危险废物进厂运输车车牌号、来源、重量、进场时间、离场时间等记录

D. 设施运行记录

E. 每日按时间顺序记录填埋危险废物的种类、数量

3. 柔性填埋场封场时包括下列哪些层次结构？（　　）

A. 植被层　　　　　B. 导气层　　　　　C. 防渗层　　　　　D. 排水层

7.5　等离子体处理

随着环境污染的日益严重，大量传统的废物处理技术已不能适应污染治理的需要，对于复杂的有害混合废料如放射性物质、重金属残渣、污染土壤等，传统的焚烧工艺难以满足环境要求，应用等离子体技术处理环境污染物，尤其是有毒复杂污染物，是近年开发出来的最具有发展前途和引人瞩目的一项环境污染治理的高新技术。等离子焚烧技术可以容易地获得焚烧高温，绝大部分有毒有害废物在其焚烧温度下彻底分解，不会产生二噁英，不会带来二次污染。

7.5.1 等离子体去除污染物的原理

等离子体并非一般物质常见的气、液、固三态，属于物质的第四种状态，由电离的导电气体组成，包括了电子、正负离子、激发态原子或分子、基态原子或分子及光子。虽然等离子体作为高度电离的气体由大量的正负带电离子和中性粒子组成，但等离子体整体表现为电中性。

等离子体根据粒子温度和整体能量状态可分为高温等离子体和低温等离子体，其中低温等离子体又能细分为冷等离子体和热等离子体。详见表 7-8。

表 7-8　等离子体分类

名称		体系温度/℃	属性	例子
高温等离子体		$10^6 \sim 10^8$	热力学平衡等离子体	太阳、核聚变和激光聚变等
低温等离子体	热等离子体	$10^3 \sim 10^5$	非平衡等离子体	电弧等离子体、高频等离子体等
	冷等离子体	$20 \sim 120$	准平衡等离子体	直流辉光等离子、微波、电晕等

冷等离子体的特征是它的能量密度较低，重粒子温度接近室温而电子温度却很高，电子与离子有很高的反应活性。相对地，热等离子体的能量密度很高，重粒子温度与电子温度相近，通常为 10000K 至 20000K 的数量级，各种粒子的反应活性都很高。

热等离子体技术处理危废与焚烧的方式相比有较大的区别。首先，原理不同，焚烧是一种富氧燃烧过程，需要源源不断地加入空气，炉内温度一般低于 900℃，而等离子体技术是缺氧气化的过程，并不需要额外的氧气，炉内温度可达 1600℃ 以上；其次，区别于主要产物，焚烧的产物是烟气、炉渣以及飞灰，等离子体技术的产物通常是低热值合成气和玻璃体热熔渣。

根据等离子体处理固体废物过程中的不同特征，等离子体处理技术可分为等离子体热解、等离子体气化及等离子体熔融 3 种类型。

① 等离子体热解，指在无氧或缺氧的条件下，易分解的有机废物发生热解断裂，生成小分子化合物，等离子体热解所使用的载气通常为惰性气体（如氮气、氩气等）。

② 等离子体气化，指在有氧条件下，利用等离子体处理有机物固体废物，废物中有机组分不完全氧化并产生可燃气体（主要是氢气和一氧化碳），等离子体气化过程中载气通常为氧化性气体，如空气、氧气、水蒸气等。

③ 等离子体熔融玻璃化，指无机废物在高温等离子体条件下发生熔融和压实，生成玻璃化物质，有害金属则封闭在玻璃化固体中。

④ 也可以通过等离子体热解和等离子体气化或等离子体气化和等离子体熔融组合形成等离子体热解气化、等离子体热解熔融或等离子体气化熔融，适用于混合类型的废物（既含有有机成分又含有无机成分）。

通过以上反应过程，废物中大部分有机质变为气体物质，不能气化和裂解的物质熔融为高密度的玻璃化物质，从而达到消除废物的目的。

热等离子体技术拥有特有的优势，第一，废物的减量化，灰渣体积大约为焚烧产生灰渣体积的五分之一，最大限度地做到了减量化；第二，废物的无害化，热等离子体技术使得有机物（包括二噁英、呋喃等有毒有害物质）能够迅速脱水、热解和裂解；第三，废物的资源化，等离子体气化会产生可燃性气体（包括 H_2、CO 等气体），虽然热值相对降低，但由于产量较大仍可回收再利用。

等离子体的能量密度很高，离子温度和电子温度相近，整个体系的表观温度高达上万摄氏度，而且各种离子的反应活性被大大激发，在如此之高的反应温度和反应活性粒子的作用下，各种超高温化学反应得以进行，污染物被彻底分解。若有氧气存在，可发生氧化（燃烧）反应，使污染物转变为 CO_2、H_2O 等简单化合物，从而达到去除污染物的目的，尤其是对难处理和有特殊要求的污染物，其先进性和优越性更加明显。

7.5.2 等离子体处理主要工艺

国外相对成熟的等离子体危废处理技术以产生等离子高温的形式区分，可分为等离子枪和电弧两大类。按工艺流程特点又可分为直接等离子体处置和热解后等离子体处置。

等离子体分为射频等离子体、微波等离子体、直流等离子体和交流等离子体等。其中用于处理危险废物的产生热等离子体的等离子体主要是直流等离子体和射频电感耦合等离子体，现今大多商业示范或运行的等离子体处理固体废物项目基本都是采用直流等离子体，现已成功商业化运用于处理城市垃圾、废弃生物质、医疗废物、多氯联苯、焚烧飞灰、污泥、电子垃圾和废石棉等。这些等离子系统的处理规模从 1t/d 到 100t/d 不等，大多在 5~30t/d 的范围内，等离子体的功率大小由系统所需要的处理能力而定，并受到独立的过程变量控制，从 5kW 到 10MW 不等，通常能达到几兆瓦。美国西屋等离子体公司利用等离子体熔融气化系统处理了 220t/d 的生活垃圾，已成功商业化运行。

目前能够稳定产生连续等离子流并提供高温的装置是电弧等离子体，该装置适合连续生产。一般来说，等离子体发生装置功率在 5~300kW，温度可达 5000~6000℃，射流速度超过 200m/s，工作气体为氮气、空气、氢气等。目前在研究或者已经商业化应用的设备多为直流电弧等离子体发生器，根据阴阳极的分布规律分为两种结构，即转移式和非转移式。非转移式阴阳极都在发生器内部，而转移式通常将工件作为其中一个电极，所以转移式的电极寿命比非转移式更长。

(1) 等离子体高温无氧热解

等离子体高温无氧热解装置（图 7-4）主要部件包括等离子体反应釜系统、废物馈入系统、电极驱动及冷却密封系统、熔融金属及玻璃体排出高温热阀，通过 150kW 的高效电弧在等离子高温无氧状态下，将危险废弃物在炉内分解成气体、玻璃体和金属 3 种物质，然后从各自的排放通道有效分离。

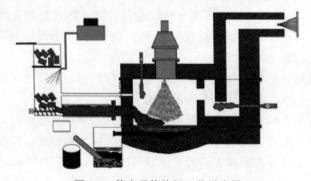

图 7-4 等离子体热解工艺示意图

由于整个处理过程和处理环境实现了"全封闭"，因此不会造成对空气的污染，同时排放出的玻璃体可用做建材，金属可回收使用，从而基本上实现了真正意义上的污染物"零排放"，具有巨大的社会效益。

(2) 等离子体气化熔融

等离子气化熔融处置技术是利用等离子体炬使惰性气体发生电离，形成 4726.85℃ 的等离子体电弧，在超高温、缺氧环境及反应活性粒子的作用下，危废中的有机物被分解成含氢气、一氧化碳、水等气体的合成气，可用作燃料或化工原料；无机物被熔融形成玻璃体炉渣（主要成分为硅酸盐和金属），可用于回收金属和制作建筑材料。

在等离子体直接气化熔融焚烧炉内，炉膛下部的等离子体炬鼓入的为高温等离子体，辅助物料如焦炭、助熔剂等伴随物料同时供入，通过等离子体炬电离的高温等离子体气体送到炉膛底部的高温燃烧熔融区，完全燃烧危废中的残留可燃成分，熔融危废中的无机灰渣，温度控制在 1400~1600℃ 以上，完全熔融的灰渣和金属溶液混合沉入下部的熔渣和金属分离区域，因熔渣和金属密度的差异，实现了分层，便于金属的回收和利用。危险废物进入等离子体气化炉后，在炉内高温条件下（炉内上部干馏区可达 1100~1300℃，中部气化燃烧区 1300~1500℃，炉内下部熔渣区可达 1400~1600℃），其中的有机成分发生部分氧化反应而生成可利用的合成气（含有 CO、H_2 等成分的低热值燃气），二噁英和呋喃等有害物质基本被彻底摧毁。而危险废物中的无机成分则在炉底部被熔融，形成熔浆，熔浆积累到一定量后通过出浆通道引出等离子体气化炉。采用直接水淬法出渣，得到玻璃体状的固体熔渣。在炉内反应过程中，需要添加适量辅料，如焦炭、石灰石、碎玻璃等。焦炭的作用是在气化炉内形成一个有空隙的炉床，熔融的无机物通过空隙落入反应炉底的熔浆池，同时焦炭也提供了熔化无机物的一部分热能，焦炭床对炉内耐火材料有一定的保护作用；石灰石的作用是增加熔浆的流动性，并起到一定的酸碱中和作用；而当物料中硅的成分较少时，需要添加一些碎玻璃以便得到较好质量的固体熔渣。

等离子体气化熔融的缺陷为：①能耗高：电力作为能源，热效率为 70%。②运行成本高：等离子体炬电极在氧化氛围中易腐蚀，寿命短，需要定期更换。③制造成本高：运行温度非常高，装置使用大量耐高温、耐腐蚀的材料。④自动化控制要求高：处理过程需要控制的参数多，控制系统较为复杂。⑤运行维护风险高：对于国内危废处理行业来说，等离子气化熔融处置技术是一种新的技术类型，可借鉴经验少。

在等离子体热处理系统中，主要设备是两台等离子体火炬，即第一气化室和第二气化室。在处理废物时，垃圾首先被切碎并注入第一气化室（如图 7-5 所示等离子体处理系统）。工作温度在 1800~1900K，功率 300kW。减容比高（90% 甚至 95% 以上）。产生的等离子体火炬可以很快地使有机物分解成一氧化碳和氢，无机物则变为玻璃状的硅石。

第二气化室（图 7-5 中的加力燃烧室）等离子体火炬可对第一气化室合成气体中的一些残留微粒和一些碳氢化合物再进一步分解处理。

通过第二气化室处理后的混合气体经过净化系统后，成为只含 H_2 和 CO 的混合气体，加力燃烧室在 1000℃ 温度环境下对 H_2 和 CO 的混合气体进一步进行处理，以确保无有害的混合物产生，比如二噁英和呋喃等，最后排放到空气中。当然也可以取消加力燃烧室而利用这些混合气体去驱动汽轮机发电。

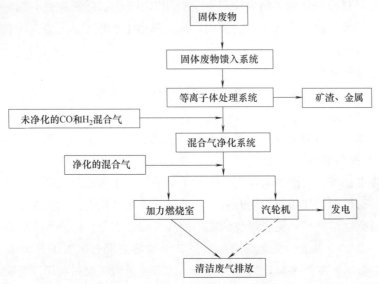

图 7-5　等离子体处理废物的系统框图

在第一气化室中垃圾的无机物部分熔化成玻璃状的无污染的炉渣，可安全用于建筑材料。

7.5.3　等离子体法处理工业危险固废

(1) 石化含油污泥处理

在石油化工行业的危险废物中，石化含油污泥就是较为常见且量大的危险废物，如图 7-6 所示。含油污泥中包括落地原油、泥土、砂石、水等，其成分较多，且十分复杂，属于一种稳定的悬浮乳液体系。含油污泥不仅有大量的老化原油，其中还包括沥青质、腐蚀产物、凝聚剂、杀菌剂等杂质，所以在处理方面也具有一定的复杂性。

在应用热等离子体技术处理前，需要对含油污泥进行脱水处理，以达到减少体积的目的。由于含油污泥中各类污染有机物和烃类有机物比较多，所以可利用的热值也比较大，通过应用热等离子体技术，可以将含油污泥分解为可燃的小分子气体，然后实现回收利用。含油污泥中固体颗粒多为无机物，利用等离子焰流可以在短时间内将固体颗粒转化为玻璃态熔渣，且该熔渣在密度结构方面十分紧密，有毒物质基本不会浸出，所以可以满足安全处理的要求。

图 7-6　石油化工产生的含油污泥

（2）冶金危险废物处理

随着化工行业的快速发展，冶金危险废物产生量也越来越高，如焦化废水、不锈钢渣等都属于危险废物，这些危险废物量大，且处理难度大，所以对处理技术也提出了更高的要求。如果采用传统的填埋处理，不仅用地较大，且容易对土壤、地表水造成污染。如果采用传统的焚烧处理，也容易在焚烧过程中产生各种有毒有害物质。而通过应用热等离子体技术就可以实现安全、有效处理。对于焦化废水污泥来说，利用热等离子体技术就可以实现无害化处理。这是因为通过应用热等离子体技术处理后，可以产生大量的可燃气体回收利用。并使 Pb、Cd、Cu 等重金属元素得到固化，进而降低有毒物质的浸出率，实现安全填埋。

（3）土壤洗涤等有毒废液处理

土地受到化工危险废物污染时，土壤会受到严重的影响，且很多土壤已经没有修复的必要，那么就需要挖掘土壤再进行处理，而利用热等离子体技术就可以对污染土壤进行玻璃化处理。采用 1600～2000℃高温将土壤以及其中的污染物进行融化，有机污染物在高温下可以被热解，而无机污染物则可以被固化，产生的水蒸气和可燃气体收集后进行统一处理，熔融的土壤在冷却后就可以形成玻璃体，使得土壤重新恢复健康。热等离子体技术在处理污染土壤时，具有处理速度快、污染物去除率高的特点，所以值得推广与应用。但是该方法只适合高位污染土壤处理。

（3）铬渣危险废物处理

铬渣属于工业危险废物中一种常见的工业废渣，具有有毒有害的特点，如铬渣流入地下水或河流中，那么就会以各种方式威胁人类健康。而通过应用热等离子体技术就可以实现对铬渣的安全、有效处理。在利用热等离子体技术处理的过程中，将铬渣经高温烧制为铸石，在此过程中，不仅可以实现对铬渣的解毒，还可以实现对铬渣的综合利用。例如可以将铸石应用到冶金、建筑、煤炭等各个行业中。

（4）等离子法处理危险固废的优缺点

危险废物等离子体处置与焚烧相比，产生极少的处置气体、具有极低的处置排放环境风险；与填埋相比，可明显地实现废物减容、完全消除废物的危害特性并可使熔渣实现资源化利用。在实际应用中，由于废物特性的差别，综合考虑技术经济等各相关因素，等离子体技术不可能用于处置全部的危险废物。但对于适宜的处置对象，等离子体处置技术具有焚烧、填埋不可比拟的特殊优势。

投资和运行费用偏高是等离子体技术装备各种类型共有的弱势。作为一项新兴技术，在国外市场应用条件下的技术工艺相对复杂、装备制造费用和运行成本偏高是不可否认的现实。而目前国内处置市场在考虑投资和运营条件时，已经基本接受了焚烧、填埋的相应水平。对于新技术来说，必须实现工艺优化，解决装备制造成本和综合运行费用偏高的问题，等离子体技术的综合优势才能充分显现出来，得到用户的普遍接受。

7.5.4 等离子体处理医疗垃圾

采用等离子体热解工艺处理医疗垃圾（图 7-7），等离子体炬通电后产生高温的热等离子体，将热量传递给医疗垃圾，使有机组分迅速得到脱水、热解、裂解，最后产生以 H_2、CO、CH_4 和部分低碳烃等为主要成分的混合可燃性气体，再经过二次燃烧使之达到减容减量化的目的。在这个过程中，传染性病毒及其他病毒将会被全部分解，病原菌和各种微生物得到彻底消灭，最终达到无毒或无害化。

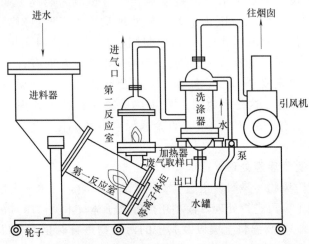

图 7-7　等离子体热解医疗垃圾系统图

医疗废物的熔融程度对熔渣的浸出毒性有较大的影响。医疗垃圾的熔融产物中绝大部分重金属以高熔点的氧化物形式存在于熔渣中，可有效杀死病菌并防止二噁英产生。Huang 等利用水蒸气等离子体热解医疗废物，处理温度为 $1000 \sim 4100K$，结果显示气体成分主要为 CO 和 H_2，与空气等离子体相比，若原材料中不含氮元素，则蒸汽等离子体处理不会产生氮氧化合物。然而，若原料中氮元素较多，等离子体系统可能会产生高 NO_x 含量的尾气，此时尾气往往需要脱氮流程。

等离子体处理医疗垃圾的转化反应式见表 7-9。

表 7-9　等离子体处理医疗垃圾的转化反应式

作用对象	反应式
纤维素	$C_6H_{10}O_5 + 热量 \longrightarrow CH_4 + 2CO + 3H_2O + 3C$
聚乙烯	$[-CH_2-CH_2-]_n + H_2O + 热量 \longrightarrow xCH_4 + yH_2 + zCO$
水蒸气限制烟尘的形成	$3C + 2H_2O \longrightarrow CH_4 + 2CO$
二次燃烧室反应	$2CO + O_2（空气） \longrightarrow 2CO_2$ $2H_2 + O_2（空气） \longrightarrow 2H_2O$

【思考与练习 7.5】

1. 根据等离子体处理固体废物过程中的不同特征可将其分为哪几种类型？（　　）

A. 等离子体熔融玻璃化　　　　　B. 等离子体气化　　　　　C. 等离子体热解

2. 等离子体处理危险废物拥有特有的优势包括哪些方面？（　　）

A. 减量化明显，灰渣体积大约为焚烧产生灰渣体积的五分之一

B. 有机物（包括二噁英、呋喃等有毒有害物质）能够迅速脱水、热解和裂解，实现无害化

C. 等离子体气化会产生可燃性气体，具有利用价值

3. 等离子法可以处理的工业危险固废有哪些？（　　）

A. 石化含油污泥　　　　　B. 冶金危险废物　　　　　C. 土壤洗涤等有毒废液

本章小结

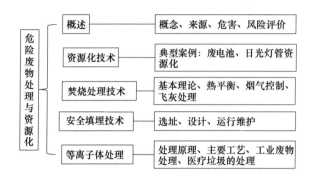

危险废物是一类对环境有着严重不良持久影响、种类繁多、难以消除的废弃物。它破坏生态环境、影响人类健康、阻碍社会经济的可持续发展。

危险废物经过专业的回收处理可以实现资源化，同时减少环境污染。例如从废电池中可回收有色金属、塑料、化学溶剂等，从废旧日光灯管中可以回收稀土元素和金属汞。

焚烧是处理危险废物的一种方式，在处理过程中要考虑焚烧的热平衡与烟气净化及飞灰的无害化处理。水泥窑协同处置方式对焚烧飞灰进行处理效果较好，最终得到水泥熟料。因工艺和产品质量要求对废物的含氯量严格限制。

安全填埋技术是一种将危险废物放置或贮存在土壤中的处置方法，其目的是埋藏或改变危险废物的特性，它在选址、设计、运行维护上比一般填埋场要严格得多。在选址上充分考虑地质条件的稳定性，设计充分考虑污染物与环境的隔离，在运行上保证污染物性质的稳定化，同时要进行污染指标的环境监测。

等离子体处理技术是一项新兴的固体废物处理技术，目前采用直流电弧产生的热等离子体处理危险废物，具有减排效果明显、产生二次污染物量少的特点，具有良好的发展前景。等离子体处理最终产物为金属合金、低热值燃气和玻璃化的熔渣。产物对环境危害小，同时可以有效资源化。技术缺陷是能耗较高，控制复杂。

复习思考题

1. 请描述下何为危险废物，以及其来源与分类？

2. 危险废物有哪些种类，各自对环境有哪些危害？

3. 请上网查阅相关资料，并列举一种典型危险废物的资源化方法。

4. 采用焚烧方式处理危险废物需要注意哪些环节？

5. 请比较安全填埋场与一般填埋场有什么区别，为什么？

6. 采用等离子技术处理危险废物有什么特点？分析其产业应用前景，并说明理由。

8

污泥的处理与资源化

导读导学

什么是市政污泥？
市政污泥有哪些特性？
市政污泥对环境有哪些影响？
市政污泥的处理处置技术有哪些？

知识目标： 掌握市政污泥概念、来源。了解市政污泥的危害。
能力目标： 学会市政污泥处理处置方法、能够对固体废物进行处理处置。
职业素养： 加强环境保护意识，树立固体废物资源化理念。

本章中将对污泥的特性及处理和处置方式进行学习，污泥的处理和处置目的就是要通过适当的技术措施，使污泥得到再利用或以某种不损害环境的形式重新返回到自然环境中。

8.1　市政污泥的特性

本节中主要介绍市政污泥的特性，从市政污泥的种类、性质和环境影响三方面来展开介绍。

8.1.1　市政污泥的种类

市政污泥又称生活污泥，是指城镇生活污水处理厂在污水净化过程中产生的含水率不同的半固态或固态物（不包括栅渣、浮渣和沉砂），是一种由含大量容易腐化发臭的有机物微粒为主的悬浮物与水相混合形成的呈胶体悬浊液状态的水合物，具胶体特性，组成极其复杂，含水率高，体积庞大，常含病原菌、寄生卵、重金属等有害物质。它主要是由亲水性超胶体颗粒（$\phi 1 \sim 100 \mu m$）和大颗粒（亲水性胶体聚集而成大颗粒）组成的凝聚体。因此可以说对市政污泥的研究在很大程度上是对污泥中胶体的研究，在探讨污泥脱水机理时必然涉及胶体化学理论与胶体界面理论。

市政污泥的种类根据生活污水处理过程的来源不同而分为初沉污泥、二沉污泥、混合污泥、化学污泥、消化污泥。

初沉污泥是指来自沉砂池和初沉池中沉降下来的悬浮物质和底泥，而沉砂池的沉渣与格栅池的栅渣一道外运清除。初沉池的污泥含固率在 2%～4%，即初沉污泥含水率达 96%～98%。

二沉污泥又称生物处理污泥，由二沉池沉淀析出的是污水中的胶体和溶解性有机污染物经微生物代谢降解的产物，称"剩余活性污泥"，或称"二沉污泥"。是指污水中有机胶体和溶解性有机污染物经微生物降解作用而形成的悬浮固体，其中又分为如下两类：

① 剩余污泥。这是指二沉池中采用活性污泥法处理产生的污泥，含固率仅 0.5%～1.0%，即含水率为 99%～99.5%。

② 腐败污泥。这是指二沉池中由生物膜法处理产生的污泥，含固率达 1.0%～3.0%，即含水率为 97%～99%。

化学污泥是指采用混凝沉淀工艺等化学处理法产生的污泥，其性质取决于选用的混凝剂种类，如选用聚丙烯酰胺（PAM）、硫酸铝（MC）等，选用的混凝剂不同，所产生的污泥性质便有所不同。

混合污泥是污水处理厂浓缩后外排的由初沉污泥和剩余活性污泥相混合的污泥，是生活污水经二级处理后产生的各种污泥所混合的产物，即上述各种污泥混合的产物，含固率达 2.5%～7.0%。

消化污泥是指初沉污泥和剩余污泥经消化处理后（主要是厌氧消化工艺）产出的污泥。由于消化处理使原污泥中大部分有机物被消化分解而不易腐败；又由于原污泥中的病原菌和寄生虫卵被杀灭而无害化，因此消化污泥已成为稳定化、无害化的污泥，其中厌氧消化污泥含固率一般为 2.5%～7.0%；好氧消化污泥含固率一般为 1.5%～4.0%。

8.1.2　市政污泥的性质

城镇生活污水处理厂排出的污泥具有特殊的性质，它是以亲水性有机物微粒为主的呈胶状结构的悬浊液，是一个复杂的、不均匀的分散体系，其中 90% 是由亲水性超胶体颗粒和大颗粒的凝聚体组成的，因此具高含水率，且脱水难，同时含有高含量的有机质和植物所需的氮、磷等组分，常含病原菌和寄生虫卵以及重金属和有机污染物等有毒有害污染物，所含易降解有机物容易腐败发臭。市政污泥的特性包括污泥含水率、脱水性能、化学成分和热值；市政污泥的这些特性是污泥处理处置和再生利用决策的重要依据，只有把握市政污泥性质的指标，方可选择实用有效的处理工艺及其设备选型，也才能正确把握污泥处置技术和再生利用的资源化目标。

(1) 市政污泥的含水率

污泥含水率是指污泥中水含量的百分数，也可以说是单位质量的污泥所含水分的质量分数。污泥含水率与污水处理工艺以及污泥成分和非溶解性颗粒大小有关。

污泥含水率是制约污泥处理处置工艺技术选择的关键；污泥脱水是污泥"四化"（减容化、稳定化、无害化和资源化）的首要环节，是污泥减容、减量的首要手段。

市政污泥含水率特别高，而且因污水处理工艺不同以及污泥产生位置的差异，它的含水率也不相同，详见表 8-1。

(2) 市政污泥的脱水性能

所谓"污泥脱水"，是指流态状的污泥脱除其水分，转化为半固态或固态污泥的过程。城镇生活污水处理厂排出的污泥都要经过浓缩、脱水，而污泥浓缩、脱水能力取决于污泥脱水性能，污泥脱水性能又与污泥中水分的存在形式、污泥的比阻值及压缩系数等特性密切相关。不同性质的污泥，其脱水性能差别很大，脱水的难易程度也大不相同。

表 8-1　不同污水处理工艺的各种污泥含水率

污水处理工艺	污泥名称	浓缩污泥含水率/%
好氧消化法	剩余活性污泥	97.5~99.25
	空气曝气污泥	98~99
	纯氧曝气污泥	96~98
厌氧消化法	初沉污泥	92~98
	剩余活性污泥	97.5~99.9
	混合污泥	93~97.5
生物滴滤法	快速污泥	97
	慢速污泥	93

注：由格栅池和沉砂池拦截和沉淀的栅渣及泥沙直接外运。

市政污泥中所含水分按其存在形式可分为自由水和结合水两大类，其中结合水又可分为间隙水、毛细结合水、表面吸附（黏附）水以及细胞内部水等四种亚类。污泥中各种水分的结合力强度取决于单位水化合力和颗粒的大小，而污泥结构中含细小絮体或胶体颗粒越多，污泥脱水越难。下面简单介绍污泥中各种水分的脱水性能。

① 自由水。市政污泥中自由水是指不直接与污泥结合，也不受污泥颗粒影响的水分，它仅占整个污泥水分的 10% 左右，这部分水可通过沉淀、浓缩去除。

② 结合水。市政污泥中结合水是指与污泥直接结合的水，它占整个污泥水分的 90% 左右，是污泥机械脱水的对象，它包括间隙水（孔隙水）、毛细结合水、表面吸附水和细胞内部水。

③ 间隙水（孔隙水）。指存在于污泥中絮体或胶体颗粒空隙之间的那一部分水，它与颗粒之间不直接结合，与污泥颗粒的结合力较弱，一旦存在条件变化（如絮体破坏），这部分水可变成自由水。市政污泥中的这类水分约占整个污泥水分的 65%，较易分离，可用机械脱水手段将其分离出来。

④ 毛细结合水。是指存在于污泥颗粒毛细管（毛细孔）中的那部分水，包括充满固体颗粒之间或固体裂隙中的水分，它呈结合紧密的多层水分子，与污泥颗粒结合力较强，这部分水约占污泥整个水分的 15%，要分离这部分水，必须采用与毛细水表面张力合力相反方向的力（如离心机的离心力、真空过滤机的负压力、电渗力或者热渗力）方可去除。工程上采用机械脱水或热处理干化等强化技术手段去除毛细水。

⑤ 表面吸附水。是指黏附在污泥中的小颗粒（尤其胶体颗粒）表面的那部分水，由于胶体颗粒比表面积大，在表面张力作用下能吸附较多水分，这类水分约占污泥整个水分的 7%，去除较难，需采用加热法去除。

⑥ 细胞内部水。也称水合水，它是存在于微生物细胞内的那部分水，去除它相当难，使用机械脱水方法难以奏效，必须设法破坏微生物细胞膜，将其转变为外部水，方可使用机械脱水技术将其去除。破坏细胞膜的方法有高温加热或冷冻等技术，亦可通过生物分解手段（如好氧发酵或厌氧消化）予以去除。细胞内部水约占污泥整个水分的 3%。

(3) 市政污泥的化学成分

① 市政污泥中的挥发性固体（VS）。挥发性固体是指 600℃ 时污泥中能被热解并以气体逸出的那部分固体，它是市政污泥最重要的化学组成，通常在初沉污泥中的含量为 50%~70%，在剩余活性污泥中为 60%~85%，而在厌氧消化后的污泥中仅为 30%~50%。

② 植物营养成分。市政污泥中含有大量有机质、氮、磷以及钙、镁、铁、钼、硼等植物必需的营养成分，而且氮、磷以有机态为主，其中有机质含量占干基质量的 50% 左右，

一般在44%～59%，有的高达65%～70%，这使市政污泥具备了制肥料和作为燃料的物源。

③ 市政污泥中的重金属种类及含量。市政污泥中有害的重金属元素是指砷、镉、汞、铅等重金属元素；而铜、锌、镍是生物必需的元素，是生物体代谢过程不可缺少的元素，如铜适量则其在植物内参与植物细胞内的生化过程，参与生长激素合成，促进植物生长以及生物体内碳水化合物、蛋白质、脂肪的合成与代谢。但是若铜过量则毒性较强，抑制植物对微量营养元素的吸收，锌、镍也具有相同效应，适量有益，过量有害，也就是说当铜、锌、镍含量超过人体所需阈值时，也属于有害重金属之列。这里所谓微量元素阈值，是指微量元素含量为生物所能适应的临界浓度值，即生物生存和正常生长发育的最适浓度范围。表8-2为我国城镇生活污水处理厂污泥中重金属含量。

表8-2 我国140个城镇生活污水处理厂污泥中重金属含量

元素	As	Cd	Cr	Hg	Pb	Cu	Zn	Ni
最小值	0.78	0.01	20	0.04	3.6	51	217	16.4
最大值	269	999	6.365	17.5	1022	9592	30098	6206
平均值	20.2	2.01	93.1	2.13	72.3	219	1058	48.7

(4) 污泥的热值

污泥热值是污泥焚烧处理最重要的参数之一，所谓污泥热值，是指单位质量的干化污泥完全燃烧时产生的热量，它是用自动氧弹热量计（简称自动量热仪）测定的。分为高位热值（HHV）和低位热值（LHV）两种，其中高位热值是指干化污泥完全燃烧时，不扣除其中水分汽化吸收热量所放出的热量；而低位热值是扣除干污泥中水分汽化吸收热量后放出的热量。这里所谓"污泥的热值"是专指其低位热值，单位是MJ/kg。

干化处理消耗的热量主要为物料温度升高吸热和水由液相变为气相时的吸热。假设每吨含水率55%的脱水污泥在环境温度为20℃条件下进行干化处理，按下面4个步骤进行干基产热计算：

① 计算每吨脱水污泥干化需要去除的水量。

脱水污泥：1000kg，含水率55%，含固率45%。其中：干固体450kg，水550kg。

由于干化后污泥含水率20%，含固率80%。其中：干固体450kg，水为112.5kg。

即1t脱水污泥最终干化后污泥（含水率20%）质量为：450＋112.5＝562.5（kg）

蒸发水分：550－112.5＝437.5（kg）或1000－562.5＝437.5（kg）

② 按公式计算污泥干化加热时所需热量。

$$Q = wc\Delta t$$

式中　Q——热量，kJ；

　　　w——水（蒸汽）质量，kg或m^3；

　　　c——比热容，kJ/kg·℃；

　　　Δt——温度差。

a. 水从20℃加热到100℃的需热量。水的比热容为：4.187kJ/kg·℃。

水的质量×水的比热容×温度差＝550×4.187×（100－20）＝184228（kJ）

b. 干固体从20℃加热到100℃的需热量。

干固体质量×干固体比热×温度差＝450×1.05×（100－20）＝37800（kJ）

③ 水由液态向气态发生相变时吸收热量，即100℃水的汽化热量。水在一个大气压（0.1MPa）100℃时的汽化潜热为2257.2kJ/kg。因此水相变所需的热量为：

蒸发水量×蒸发潜热＝437.5kg×2257.2kJ/kg＝987525kJ

④ 污泥燃烧产热量，即干固体发热量减去干化过程消耗的热量。

a. 干固体发热量。一般市政污泥干基热值为 11～16MJ/kg，设每千克干基污泥热值为 12.11MJ，其热效率设为 70%，每吨污泥中干固体量为 450kg，则每吨含水率 55% 的脱水污泥燃烧可利用热值为：

$$12.11MJ/kg×450kg（干基）×70\%＝3814.65MJ$$

b. 干化处理所消耗的热量。干化消耗热量包括：水从 20℃ 加热到 100℃ 的需热量；干固体从 20℃ 加热到 100℃ 的需热量；100℃ 水的汽化热量。即：

$$184228kJ＋37800kJ＋987525kJ＝1209553kJ≈1209.55MJ$$

c. 则每吨市政污泥（干基）可利用热值为 3814.65MJ－1209.55MJ＝2605.1MJ。

因计算过程未考虑污泥干化过程中蒸汽过热（超过 100℃）及干化器热耗散带来的热量损失，因此实际污泥的干基发热量低于计算结果。

市政污泥的种类有初沉污泥、剩余活性污泥及混合污泥，它们之间的热值是不相同的。我国城镇生活污水处理厂污泥干基热值一般为 5.0～18.0MJ/kg。而发达国家（如欧盟各国、日本等）市政污泥的热值为 16～21MJ/kg。

据研究，物料低位热值小于 3360kJ/kg 是不宜燃烧的，等于 3360kJ/kg 仅基本可燃，只有物料低位热值大于（等于）4217kJ/kg 时方确保可燃，而市政污泥含水率达 55% 时低位热值达 4305.1kJ/kg，表明市政污泥通过脱水，使其含水率低于（等于）55%，作为燃料的潜力是不可低估的。

根据污泥焚烧试验，干态污泥在物理性质、元素分析和工业分析等方面的资料都表明与褐煤较相似，可作燃料使用。

8.1.3　市政污泥的环境影响

污泥有机物含量高，易腐烂，有强烈的臭味，并且含有寄生虫卵、病原微生物和铜、锌、铬、汞等重金属以及盐类、多氯联苯、二噁英、放射性核素等难降解的有毒有害物质，如不加以妥善处理，任意排放，将会造成二次污染。

污泥中主要污染物质包括有机污染物、病原微生物、重金属等，简单介绍如下。

污泥中有机污染物主要有苯、氯酚、多氯联苯（PCBs）、多氯二苯并呋喃和多氯二苯并二噁英（PCDD/PCDF）等。污泥中含有的有机污染物不易降解、毒性残留长，这些有毒有害物质进入水体与土壤中将造成环境污染。

污水中的病原微生物和寄生虫卵经过处理会进入污泥，污泥中病原体对人类或动物的污染途径包括：①直接与污泥接触；②通过食物链与污泥直接接触；③水源被病原体污染；④病原体首先污染了土壤，然后污染水体。

在污水处理过程中，70%～90% 的重金属元素会通过吸附或沉淀而转移到污泥中。一部分重金属元素主要来源于工业排放的废水，如镉、铬；另一部分重金属来源于家庭生活的管道系统，如铜、锌等。

污泥对环境的二次污染还包括污泥盐分的污染和氮、磷等养分的污染。污泥含盐量较高时，会明显提高土壤电导率，破坏植物养分平衡，抑制植物对养分的吸收，甚至对植物根系造成直接的伤害。在降雨量较大，且土质疏松的地区大量施用富含氮、磷等的污泥之后，当有机物的分解速度大于植物对氮、磷的吸收速度时，氮、磷等养分就有可能随水流失而进入地表水体造成水体的富营养化，或进入地下引起地下水的污染。

【思考与练习 8.1】
1. 污泥脱水性能与哪些特性密切相关？（　　　）
A. 污泥中水分的存在形式　　　B. 污泥的比阻值　　　C. 污泥的压缩系数
2. 市政污泥中结合水是污泥机械脱水的对象，它有哪些种类？（　　　）
A. 间隙水（孔隙水）　　　　　　　　　　　B. 毛细结合水
C. 表面吸附水　　　　　　　　　　　　　　D. 细胞内部水
3. 污泥中主要污染物质有哪些？（　　　）
A. 有机污染物　　　　　　　　　　　　　　B. 病原微生物
C. 重金属　　　　　　　　　　　　　　　　D. 无机盐分

8.2　污泥处理工艺

　　污泥处理与其他固体废物的处理一样，都应遵循减量化、稳定化、无害化的原则。

　　减量化主要针对初沉池污泥。因为初沉污泥的含水率一般都很高，达 95% 左右，因而体积也很大，不利于贮存、运输和消纳，因而进行减量化处理十分重要。

　　稳定化主要是对污泥中含有的微生物进行抑制。污泥中有机物含量一般达 60%～70%，会发生厌氧降解，产生腐烂及恶臭，因此需要采用生物好氧或厌氧消化工艺，使污泥中的有机组分转化成稳定的最终产物；也可通过添加化学药剂，终止污泥中微生物的活性来稳定污泥，如加石灰提高碱性等可实现对微生物的抑制。pH 值在 11.0～12.2 时可使污泥稳定，同时还能杀灭污泥中的病原体微生物。

　　无害化主要针对污泥中含有的重金属、生物类病原体和有毒的化合物。初沉污泥中，含有大量的病原菌、寄生虫卵和病毒。实验研究表明，活性污泥中的病毒多达 10^6 个/g。病毒与活性污泥絮体的结合符合 Freundlich 吸附等温式，表明污泥絮体去除病毒是一种吸附现象。污泥中还含有有毒有害、难以降解的有机物和多种重金属离子，因此污泥处理处置过程必须充分考虑无害化原则。

8.2.1　污泥预处理工艺

　　典型的污泥预处理工艺流程一般包括污泥调理、污泥浓缩、污泥脱水、污泥固化和稳定化四个阶段。因而，污泥预处理，主要是指为了污泥处理过程中后一个处理环节正常进行而进行的处理。一般而言，污泥调质（调理）是污泥浓缩、污泥脱水或污泥消化的预处理；污泥浓缩是污泥脱水的预处理；污泥脱水是污泥最终处理与处置的预处理。

　　(1) 污泥调理

　　为了提高污泥浓缩与污泥脱水性能，污泥在处理之前需进行调理，污泥调理主要是指通过各种方法与手段，改变污泥的结构，改善污泥的理化性质，如沉降性能、脱水性能以及污泥活性等，为后续处理提供有利条件。现代污泥调理技术，按照原理可分为物理调理、化学调理（药剂调理）、联合调理等。

① 物理调理：利用物理作用改善污泥理化性质的方法。主要物理调理方法包括机械法、超声波法、热预处理法、微波法、冷冻法、辐射法等。

② 化学调理：利用化学反应的作用改善污泥理化性质的方法。最常用的化学调理方法是在污泥中加入化学混凝药剂，使污泥颗粒，包括细小的颗粒及胶体颗粒凝聚、絮凝，以改善其脱水性能。另外，还有臭氧法、氯气法和酸碱法等。

③ 联合调理：因污泥的种类与性质多种多样，采用几种技术的组合以改善污泥的理化性质的方法。主要包括药剂联用、物理调理和化学调理联用技术以及污泥联合调理技术等。

目前，在众多调理方法中，应用最广的还是化学调理中的药剂调理。

（2）污泥浓缩

污泥浓缩的目的是去除污泥中的间隙水，缩小污泥的体积，为污泥的输送、消化、脱水、利用与处理处置创造条件。污泥浓缩包括重力浓缩法、气浮浓缩法和离心浓缩法三种。

① 重力浓缩法。图 8-1 是目前国内一些污水处理厂采用的间歇式浓缩池。

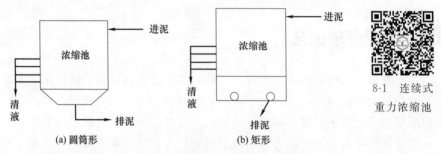

8-1 连续式重力浓缩池

图 8-1 不带中心筒间歇式浓缩池

由图 8-1 可知，污泥是间歇给入，在给入污泥前需先放空上清液。为此，在浓缩池的不同高度设有上清液排放管。

② 气浮浓缩法。污泥气浮浓缩就是使大量的微小气泡附着在污泥颗粒的表面，从而使污泥颗粒的密度降低而上浮，实现泥水的分离。因此，气浮法适用于浓缩活性污泥和生物滤池污泥等颗粒密度较小的污泥。通过气浮浓缩，可以使活性污泥的含水率从 99.5% 浓缩为 94%～96%。气浮浓缩法所得的出流污泥含水率低于采用重力浓缩所能达到的含水率，可达到较高的固体含量，但运行费用相对较高。污泥气浮浓缩多采用出水部分回流加压溶气的流程（如图 8-2 所示）。

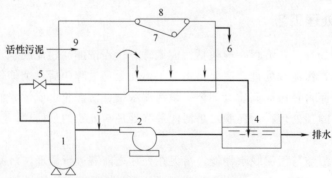

图 8-2 出水部分回流加压溶气的流程

1—溶气罐；2—加压泵；3—压缩空气；4—出流污泥；5—减压阀；

6—浮渣排除；7—气浮浓缩池；8—刮渣机械；9—进水室

进水室的作用是使减压后的溶气水大量释放出微细气泡，并迅速附着在污泥颗粒上。气浮法的作用是为污泥颗粒上浮浓缩提供时间和空间，在该池表面形成的浓缩污泥层由刮泥机刮出池外。不能上浮的颗粒沉至池底，随设在池底的清液排水管一起排出。部分清液回流加压，并在溶气罐中压入压缩空气，使空气大量地溶解在水中。减压阀的作用是使加压容器水减压至常压，使之进入进水室能释放微细气泡，起气浮作用。

③ 离心浓缩法。污泥离心浓缩是利用污泥中固体颗粒和水的密度差异进行的，在高速旋转的离心机中，固体颗粒和水分别受到大小不同的离心力作用而导致固液分离，从而达到污泥浓缩的目的。此法可以连续运行，占地面积小，工作场所环境条件好，造价低，但运行费用和机械维修费用较高，且存在噪声问题。

目前用于污泥浓缩的离心分离设备主要是倒锥分离板式离心机（图8-3）。它是由许多层分离板组成，污泥浆在分离板间进行离心分离，澄清液沿着中心轴向上流动，并从顶部排出；浓缩污泥从集中于离心机转筒的底部边缘排放口排出。

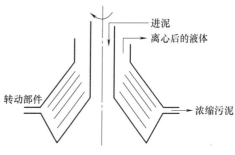

图8-3 倒锥分离板式离心机

(3) 污泥脱水

污泥脱水是将流态的原生、浓缩或消化污泥转化为半固态或固态污泥的一种处理方法，其基本原理是依靠过滤介质两面的压力差，使污泥水分强制通过过滤介质，实现泥水分离。其目的是使污泥进一步减容。脱水后污泥含水率可降至55%～80%。污泥脱水的方法主要包括：自然干化法、机械脱水法和造粒法。

① 自然干化。污泥自然干化脱水主要依靠渗透、蒸发与撇除。渗透过程为2～3天，可使含水率降至约85%。此后主要依靠蒸发，数周后可降至约75%。主要构筑物是污泥干化场，污泥干化场的脱水效果，受当地气候影响较大。一般适宜于在干燥、少雨、沙质土壤地区采用。

② 机械脱水。机械脱水主要有压滤、离心脱水、叠螺污泥脱水等几种方法。

a. 压滤是将污泥用过滤介质（如滤布）过滤，使水分通过滤层，脱水污泥被截留在滤层上。压滤法用的设备包括真空过滤机、板框压滤机和带式压滤脱水机等。

带式压滤脱水机的脱水机理是：上下两条滤带夹带着污泥层，在按规律排列的辊压筒中呈S形运行，依靠滤带张力形成的挤压力和剪切力，把污泥层中的水分挤压出来，实现污泥脱水。目前，国内污水处理厂采用带式压滤脱水机的较多。

板框压滤机，通过压力固定一定数量的表面包有滤布的滤板，在压力的作用下形成一连串相邻的泥室，污泥进入泥室后，在压力的作用下使污泥内的水通过滤布排出，固体物被滤布阻挡在泥室内，形成含水率很低的泥饼，达到脱水目的。它主要由凹入式滤板、框架、自动-气动闭合系统、侧板悬挂系统、滤板振动系统、空气压缩装置、滤布高压冲洗装置及机身一侧光电保护装置等构成。

8-2 板框式压滤机

真空过滤机在滤液出口处形成负压作为过滤的推动力，分为转鼓真空过滤机、内滤面转鼓真空过滤机、圆盘真空过滤机、翻斗真空过滤机和带式真空过滤机等多种类型。转鼓真空过滤机过滤面下的空间分成多个隔开的扇形滤室，各滤室由导管与分配阀相通，以吸出滤室内的滤液、洗液，或送入压缩空气。每个滤室回转一圈顺序完成过滤、洗渣、吸干、卸渣和过滤介质

8-3 滤饼结构的变化

（滤布）再生等操作。多个滤室的操作衔接起来形成连续过滤。

b. 离心脱水是借污泥中固、液密度差所产生的不同离心倾向达到泥水分离。离心脱水机主要由转毂和带空心转轴的螺旋输送器、差速器等组成。污泥由空心转轴送入转筒后，在高速旋转产生的离心力作用下，立即被甩入转毂腔内。根据两者离心力的不同而将泥水分离，进而排出脱水机。离心脱水设备主要有卧式离心脱水机和螺旋离心式脱水机。

c. 叠螺污泥脱水机是一种新型脱水设备。其脱水原理是：污泥在浓缩部经重力浓缩，随后被运输到脱水部，在前进的过程中滤缝及螺距逐渐变小，在背压板的阻挡作用下，产生的内压不断缩小污泥容积，达到脱水目的。

③ 造粒脱水法。造粒脱水机是一种新设备，主体是钢板制成的卧式筒体，分为造粒部、脱水部和压密部，筒体绕水平轴缓慢转动。其过程如下：经絮凝后的污泥先进入造粒部，在污泥自重的作用下，絮凝压缩，分层滚成泥丸；随后泥丸和水进入脱水部，水从环向泄水斜缝中排出；最后进入压密部，泥丸在自重作用下进一步压缩脱水，形成密实的大颗粒泥丸，推出筒体。

脱水机械主要性能比较如表 8-3 所示。

表 8-3　脱水机械主要性能比较

序号	比较项目	带式压滤脱水机	离心脱水机	板框压滤脱水机	叠螺污泥脱水机
1	脱水设备部分配置	进泥泵、带式压滤机、滤带清洗系统（包括泵）、卸料系统、控制系统	进泥螺杆泵、离心脱水机、卸料系统、控制系统	进泥泵、板框压滤机、冲洗水泵、空压系统、卸料系统、控制系统	进泥泵、叠螺污泥脱水机、冲洗水泵、空压系统、卸料系统、控制系统
2	进泥含固率要求/%	3～5	2～3	1.5～3	0.8～5
3	脱水污泥含固浓度/%	20	25	30	25
4	运行状态	可连续运行	可连续运行	间歇式运行	可连续运行
5	操作环境	开放式	封闭式	开放式	封闭式
6	脱水设备布置占地	大	紧凑	大	紧凑
7	冲洗水量	大	少	大	很少
8	实际设备运行需换磨损件	滤布	基本无	滤布	基本无
9	噪声	小	较大	较大	基本无
10	机械脱水设备部分设备费用	低	较贵	贵	较贵
11	单位质量干固体能耗/(kW·h·L)	5～20	30～60	15～40	3～15

（4）污泥固化和稳定化

8-4　电镀污泥水泥固化处理工艺流程

污泥固化和稳定化技术是通过向脱水污泥（含水率为 75%～85%）中添加固化和稳定化材料，通过化学反应使污泥的物理性质、化学性质趋于稳定的方法。固化是指通过提高污泥的强度和降低透水性来改变污泥的物理性质的过程。稳定化是指转化污泥中含有的重金属污染物的形态，构建内封闭系统而改变污泥化学性质的过程。因而，固化和稳定化后的产物具有较高的强度以及较低的透水性，能够满足卫生填埋的要求，也可以直接安全填埋在低洼地方。同时，也可以作为不同资源化利用的预处理手段，而且固化和稳定化后能够对诸如重金属、有机污染物以及病原菌等污染物形成封闭效应并对其生物化学条件进行控制。

8.2.2 污泥处理工艺

(1) 污泥卫生填埋方法

污泥填埋是指采取工程措施将处理后的污泥集中堆、填、埋于场地内的安全处置方式。由于污泥填埋渗滤液对地下水的潜在污染和造成城市用地减少等因素的影响，世界各国对于污泥填埋处理技术标准要求越来越高。例如，所有欧盟国家在 2005 年以后，有机物含量大于 5% 的污泥都将被禁止进行填埋，这也就意味着，污泥必须经过热处理（焚烧）才能满足填埋要求，而这显然违背了污泥填埋工艺简单、成本低廉的初衷。在这样的形势下，全世界污泥填埋的比例正在逐步下降，美国和德国的许多地区甚至已经禁止了污泥的土地填埋。根据我国国情，考虑到污泥的卫生学指标、重金属指标难以满足农用标准，而且限于我国的经济实力，目前还不可能投入大量的资金用于污泥焚烧，因此，污泥填埋是一种折中的选择，它投资少，容量大，见效快，通过将污泥与周围环境的隔绝，可以最大限度地避免污泥对公众健康和环境安全造成的威胁，既解决了污泥的出路，又可以增加城市建设用地，是目前比较适合中国国情的处置途径。可以预测，在未来一段时期内，填埋仍然是我国主要的污泥处置方式。

目前，我国的污泥填埋形式一般采用污泥与城市生活垃圾混合卫生填埋的方式，例如北京高碑店污水处理厂，将脱水污泥拉到生活填埋场与垃圾混合填埋，但由于污泥的含水率较高，给填埋作业带来很多困难。污泥单独卫生填埋在国内应用不是很多，1991 年上海在桃浦地区建成了第一座污泥卫生试验填埋场，将曹杨污水处理厂污泥脱水后运至桃浦填埋场填埋处置，该填埋场占地 $3500m^2$。2004 年上海白龙港污水处理厂建成污泥专用填埋场，占

8-5 卫生填埋场

地 $43hm^2$（$1hm^2 = 10^4 m^2$）。天津咸阳路污水处理厂也拟建污泥专用填埋场，占地 $13.2hm^2$，日处理规模为 $720m^2/d$。

一般认为，在混合填埋场中，污泥的比例不超过 5%～10%，对垃圾填埋场正常运行的影响很小。而且，据有些资料报道，在混合填埋场中，当生物污泥与城市生活垃圾混合比例达到 1:10 时，填埋垃圾的物理、化学稳定过程将明显加快。

在技术方面，由于脱水后污泥含水率一般在 75% 以上，这一含水量通常不能满足填埋场的要求，垃圾填埋厂不愿意接受污水处理厂的污泥。在德国，当脱水后的污泥和垃圾混合填埋时，要求污泥的含固率不小于 35%，抗剪强度大于 $25kN/m^2$，有时为了达到这一强度，必须投加石灰进行后续处理，这种处理增加了污泥处置的成本。

另外，加入填充剂才能达到污泥填埋所需的力学指标，但添加剂的加入缩短了填埋场的寿命。如果采用高干度脱水填埋工艺，脱水后污泥含水率在 65% 左右，一般可以直接填埋。在国内，污水处理厂脱水污泥含水率一般在 80% 左右，由于脱水污泥含水率高、强度小，如采用传统的卫生填埋作业工艺，实践证明将对填埋场形成诸多困难，主要问题如下：

① 填埋场一般是一层垃圾一层覆土，然后进行碾压，以确保更好的空间利用率。污泥的高含水率、高黏度经常使得碾压机械打滑甚至深陷其中，给填埋操作带来困难。

② 污泥的流变性使得填埋体易变形和滑坡，成为人为的"沼泽地"，给填埋场带来极大安全隐患。

③ 污泥的高含水率大大增加了填埋场渗滤液处理量，由于污泥细小，经常堵塞渗滤液收集系统和排水管，加重了垃圾坝的承载负荷，给填埋场安全和管理带来困难。清理收集系统的费用极为昂贵。

污泥卫生填埋分为混合填埋和单一填埋，在欧洲，脱水污泥与城市垃圾混合填埋比较多，而在美国，多数采用单独填埋。

污泥在生活垃圾卫生填埋场中与生活垃圾混合填埋既可采用先混合、后填埋的形式，如图 8-4 所示，也可采用污泥与生活垃圾分层填埋、分层推铺压实的形式，如图 8-5 所示。

图 8-4　污泥在生活垃圾填埋场混合填埋工艺流程一

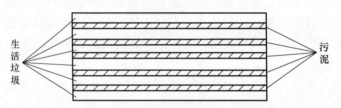

图 8-5　污泥在生活垃圾填埋场混合填埋工艺流程二

混合填埋有两种常用模式：污泥/垃圾和污泥/土壤。

在污泥/垃圾混合填埋方法中，污泥的含固率应高于 20%，使用的机械设备同生活垃圾填埋使用的设备相同。污泥（湿污泥）和生活垃圾的混合比例为 1∶4。该方法污泥的处置率约为 $900 \sim 7900 m^2/hm^2$。

在污泥/土壤方法中，污泥和土壤混合作为覆盖用土。与前一种方法相比，它可以减少填埋场操作过程中机械设备陷入污泥中、车辆打滑、污泥带出场外等缺陷。不足之处在于它需要较多的人力物力，同时产生较多的臭味。该方法污泥处置率约为 $3000 m^2/hm^2$。

实际操作一般因地制宜选择混合填埋方式，污泥还可以和含水率较低的一般工业固体废物、建筑垃圾和矿化垃圾等掺和物混合填埋。

污泥单独填埋分为两种基本类型：挖沟式和地面式。

① 挖沟式。地下水位及岩床应有一定的深度，且应满足挖掘的要求及保证在污泥底部与地下水、岩床有一定的缓冲土壤。土壤通常仅用于覆盖而不用作掺加剂，污泥直接倾倒于沟中。现场的机械设备主要用于挖掘及覆盖。

挖沟式有窄沟和宽沟两种基本形式。宽度大于 3m 的为宽沟填埋，小于 3m 的为窄沟填埋。两者在操作上有所不同，沟槽的长度和深度根据填埋场地的具体情况，如地下水的深度、边墙的稳定性和挖沟机械的能力决定。

② 地面式填埋。适用于地下水位及岩床较高的情况。由于地面式填埋不像挖沟式那样有边坡的支撑，因此，污泥的含固率应高于 20%。同时，作业机械要在污泥上行使，为保证有足够的稳定性及抗剪切的能力，往往要在污泥中添加一定比例的土壤。需要的土壤量较多，这应从场外运进。

地面式填埋有三种基本形式：堆垛法、层铺法、围堤法。

a. 堆垛法：污泥必须和土壤混合以形成更大的剪切力和承载力，掺加比例为 0.5：1～2：1，然后在填埋区域内土壤/污泥混合物可堆置到 1.8m 高度。在堆垛上覆盖厚度为 0.9m 左右的土。

b. 层铺法：处理场地应较为平坦。当污泥含固率小于 32％时，必须和土壤混合以形成更大的剪切力和承载力，掺加比例为 0.25：1～2：1。混合物料先均匀摊铺成 0.15～0.9m 厚的一层，再碾压后覆土。填埋场中通常可以有几个层，层间覆土为 0.15～0.3m，终层覆土为 0.6～1.2m。

c. 围堤法：污泥完全放置于地面上，四周用堤围住；或者当填埋场地是在陡峭的山脚之下时，污泥放置在由堤及天然斜坡围成的场地内。污泥直接由堤上倒入填埋场地内，中间覆土可在填埋到一定时候进行，填埋结束后需进行终场覆土。

围堤法填埋区域通常较大，宽 15～30m，长 30～60m，高 3～9m。该法的优点之一在于污泥的处置率较高。

(2) 污泥生物处理方法

污泥生物处理法是利用生物的代谢作用，使污泥中呈溶解和胶体状态的有机污染物转化为稳定的无害物质的方法。

对于污水处理厂污泥，按照污泥生物处理的前后，可将生物处理分为前置处理和后置处理两种方法。污泥前置生物处理是指通过微生物自身的新陈代谢和微生物种群之间的捕食作用，以及对工艺和反应器的改良来实现污泥减量。例如膜生物反应器，延长生物滤池曝气过程，在好氧生物处理系统中利用原生动物和后生动物的捕食作用，减少污泥量，以及实施新的工艺，例如 OSA、Cannibal 工艺等。污泥后置生物处理是指在剩余污泥产生后运用生物手段对污泥实行的减量化、稳定化、资源化。对于污泥后置生物处理，按照污泥减量过程中起作用的微生物及所维持的环境（厌氧/好氧），可以将污泥的生物减量方式分为：污泥厌氧消化、污泥好氧消化、污泥好氧堆肥以及利用微型动物摄食对污泥进行减量。

① 污泥厌氧消化。污泥厌氧消化是指污泥在无氧的条件下，由兼性菌及专性厌氧细菌将污泥中可生物降解的有机物分解为二氧化碳和甲烷，使污泥得到稳定。

污泥厌氧消化过程非常复杂，目前，较为公认的是三阶段模型。三阶段消化的模式如图 8-6 所示。

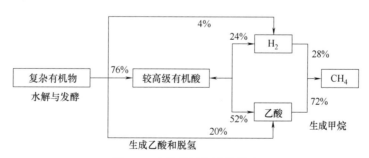

图 8-6　有机物厌氧消化模式

第一阶段，在水解与发酵细菌作用下，碳水化合物、蛋白质及脂肪水解与发酵转化成单糖、氨基酸、脂肪酸、甘油、二氧化碳及氢等。

第二阶段，在产氢产酸菌的作用下，把第一阶段的产物转化成氢、二氧化碳和乙酸，参与的微生物是产氢产乙酸菌以及同型乙酸菌。

第三阶段，通过两组生理上不同的产甲烷菌的作用，一组把氢和二氧化碳转化成甲烷，另一组将乙酸脱羧产生甲烷，参与的微生物是甲烷菌，属于绝对的厌氧菌，主要代谢产物是甲烷。

影响厌氧消化的因素主要包括：温度、污泥龄与负荷、搅拌和混合、碳氮摩尔比、有毒物质以及酸碱度、pH 值和消化液的缓冲作用。

根据消化温度、运行方式、微生物和营养物质的接触方式差异，污泥厌氧消化可以分为不同的类型。

按照污泥消化温度，可分为高温（50～55℃）消化和中温（33～35℃）消化，高温消化比中温消化的产气率高，消化池体积较小，但是能耗相对较高，控制困难。

按运行方式，可分为一级消化和两级消化。一级消化指污泥消化在单池内完成；二级消化根据污泥消化的运行经验，在两个消化池内完成。一级消化池设有加热、搅拌装置及集气罩，二级消化池不进行加热和搅拌，利用一级消化的余热继续消化。此外，还有所谓的两相厌氧消化，即根据厌氧消化机理，水解和酸化在一个池内进行，甲烷转化阶段在另一个池内进行，可以使各阶段微生物在最佳环境条件下消化，但是，此方法会增加基建和操作费用。

厌氧消化法有传统消化法和高效消化法。传统消化法的缺点是：分层现象明显，使细菌和营养物得不到充分接触，因而负荷小，产气量低，操作困难。高效消化法克服了传统消化法的缺点，增加了负荷和产气量。厌氧接触法是在连续搅拌厌氧消化池的基础上加一个沉淀池收集污泥，并将厌氧污泥回流到消化池中，增大了反应器中厌氧污泥的浓度，处理效率和负荷也显著提高。

消化池的基本形状有圆柱形和卵形等，包括污泥投配、排泥及溢流系统，消化气排出、收集与贮气设备，搅拌设备以及加温设备等。

② 污泥好氧消化。污泥好氧消化是指污泥在有氧的条件下，由好氧细菌将污泥中可生物降解的有机物分解为二氧化碳、水及氨气等，使污泥得到稳定。

污泥好氧消化的机理是使微生物处于呼吸阶段，以其自身生物体作为代谢底物获得和进行再合成。由于代谢过程存在能量和物质损失，细胞物质分解的量远大于合成的量，强化这一过程可达到污泥减量的目的。污泥好氧消化时间可长达 15～20 天，有利于世代时间较长的硝化细菌生长，因而存在硝化反应，这些都是在微生物酶催化作用下进行的，其反应速率以及有机体降解规律可以通过参与的微生物活性反映。

影响好氧消化的因素主要包括：污泥浓度、溶解氧、温度、搅拌等。

好氧消化种类有传统好氧消化（CAD）、缺氧/好氧消化（A/AD）、自热高温好氧消化（ATAD）、两段高温好氧/中温厌氧消化工艺等。

好氧消化池构造类似于完全混合活性污泥法的曝气池，包括好氧消化室、泥液分离室、消化污泥排除管和曝气系统。好氧消化法的操作较灵活，可以间歇运行操作，也可连续运行。

与污泥厌氧消化相比，好氧消化处理的基建设施占地小，基建费用低，运行安全，管理方便简单；污泥中可生物降解有机物的降解程度高；处理后的产物无臭味、肥效较高，易被植物吸收；特别适合于中小污水处理厂的污泥处理。但是，好氧消化也有其自身的缺点：供氧需要动力，能耗大，运行费用高；无沼气回收；因好氧消化不加热，污泥有机物降解受温度影响较大；好氧消化污泥进行重力浓缩后，上清液固体浓度高。

③ 污泥好氧堆肥。污泥堆肥化是指在人为控制的条件下，依靠自然界中的细菌、放线菌、真菌等微生物，促进污泥中可生物降解有机物转化为稳定的腐殖质的生化过程。根据堆肥化过程氧气的供应情况，可分为好氧堆肥和厌氧堆肥。

污泥好氧堆肥是在通风条件好、有氧的条件下，利用嗜温菌、嗜热菌等好氧微生物的生命活动对污泥进行吸收、氧化、分解的过程。微生物通过自身的代谢活动，把一部分吸收自污泥的有机物氧化成简单的 CO_2 和水等无机物，并释放出供微生物生长活动所需的能量；把另一部分有机物转化合成为新的细胞质，使微生物不断繁殖。污泥厌氧堆肥是在无氧条件下，利用厌氧微生物的作用，将污泥发酵分解，制成有机肥料，使污泥无害化的过程，其最终产物除 CO 和水外，还有氨气、甲烷、硫化氢以及其他还原性产物。目前污泥堆肥化基本上采用的是好氧堆肥。

④ 生物捕食的污泥减量化。减量剩余污泥的另一个方法是通过食物链发展高级生物的食物链，如细菌→原生动物→后生动物，其中原生动物有纤毛虫等，后生动物有寡毛纲蠕虫，如仙女虫、红斑体虫和颤蚓等。在这种食物链中，能量从低级的细菌传递到高级的原生动物和后生动物，通过生物间的不完全转化，能量不断减少。通过优化条件，使原生动物和后生动物捕食细菌，有机物转化为能量、二氧化碳和水，总能量损失达到最大，生物量减少达到最大。

(3) 污泥干化焚烧方法

① 污泥干化方法。污泥干化就是以人工或自然能源为热源，在工业化设备中，基于干燥原理而实现去除湿污泥中水分的目的的技术，即：将一定数量的热能传给物料，物料所含湿分受热后汽化，与物料分离，失去湿分的物料与汽化的水分被分别收集起来。其基础机理是水分的蒸发过程和扩散过程，这两个过程持续、交替进行。蒸发过程：物料表面的水分汽化，由于物料表面的水的蒸气压低于介质（气体）中的水蒸气分压，水分从物料表面移入介质。扩散过程是与汽化密切相关的传质过程，当物料表面水分被蒸发掉以后，物料表面的湿度低于物料内部湿度，此时，需要热量推动力将水分从内部转移到表面，继而进行蒸发过程。

污泥干化意味着水的蒸发。水分从环境温度（假设 20℃）升温至沸点（约 100℃），每升水需要吸收大约 334.72kJ 的热量，之后从液相转变为气相，需要吸收大量的热量，每升水大约 2255.176kJ（标准大气压力下，1atm＝101325Pa），因此蒸发每升水最少需要约 2594.08kJ 的热能。

在常用的污泥干化工艺中，为了安全，常将工作温度控制在 85℃左右，每升水从 20℃升温至 85℃需吸热 271.96K，在 85℃时，汽化需耗热量相差不大，因此，常以 2594.08kJ/L 的水蒸发量作为干化系统的"基本热能"。

输入干化系统的全部热能有四个用途：加热空气、蒸发水分、加热物料和弥补热损失。蒸发水分耗热量和输入热能之比为干化系统的热效率，通过尽量利用废气中的热量（例如用废气预热冷空气或湿物料，或将废气循环使用）将有助于热效率的提高。

污泥干化是依靠热量来完成的，热量一般都是由能源燃烧产生的。热量的利用形式有直接加热和间接加热两类：

直接加热是将高温烟气直接引入干化器，通过高温烟气与湿物料的接触和对流进行换热。该方式的特点是热量利用效率高，但是会因为被干化的物料具有污染物性质，而带来废气排放问题。

间接加热是将热量通过热交换器，传给某种介质，这些介质可能是导热油、蒸汽或者空气。介质在一个封闭的回路中循环，与被干化的物料没有接触。如以导热介质为热油的间接干化工艺为例：热源与污泥无接触，换热是通过导热油进行的，相应设备为导热油锅炉。

导热油锅炉在我国是一种成熟的化工设备，其标准工作温度为280℃。这是一种有机质为主要成分的流体，在一个密闭的回路中循环，将燃烧所产生的热量转移到导热油中，再从导热油传给介质（气体）或污泥本身。导热油获得热量和将热量给出的过程会产生一定的热量损失。一般而言，含废热利用的导热油锅炉的热效率介于85%～92%之间。

根据污泥干化的形式，污泥干化主要可分为自然干化和机械干化。自然干化由于占用较多土地，而且受气候条件影响大、臭味散发较大，在污水处理厂污泥处理中已极少采用。机械干化主要是利用热能进一步去除脱水污泥中的水分，是污泥与热介质之间的传热过程。机械干化分为全干化和半干化。污泥干化中所谓的全干化和半干化的区别在于干化产品的含水率不同。这一提法是相对的，全干化指较高含固率的类型，如含固率在85%以上；而半干化则主要指含固率在60%左右的类型。

根据污泥与热介质之间的传热方式，污泥干化可分为对流干化、传导干化和热辐射干化。目前，在污泥干化行业主要采用对流和传导两种方式，或者两者相结合的方式。对流干化也称直接热干化，即热空气、燃气或蒸汽与污泥直接接触，进行热交换，以去除污泥中的水分。这种技术热效率较高，且干化速度较快，但由于热介质与蒸发出的水汽、副产气一同排出干化机，排出气体量大，后续处理负担加重。传导干化又称间接热干化，即将产生的热量通过热介质加热湿污泥，使污泥中的水分蒸发以达到干化的目的。热介质不限于气体，也可以用导热油等液体。这种技术避免了污泥和介质的直接接触，减少了分离两者所需的费用，但由于是间接传热，其热效率不如直接热干化。热辐射干化目前还处于研究阶段，红外辐射干化被认为是较为可行的一种干化方法。即利用气体燃烧或通电产生红外辐射，放出热量对污泥进行加热的一种技术。相比其他方式，红外线具有较强的穿透能力，不易被大气吸收，可以使厚度较薄的污泥从内到外加热，其传热强度可以达到传统热风干燥的300倍。

② 污泥焚烧方法。污泥中含有大量的有机质，所以污泥具有一定的热值，污泥焚烧就是利用焚烧炉在有氧条件下高温氧化污泥中的有机物，使污泥完全矿化为灰烬的处理方式。污泥焚烧后会产生约1/10固体质量的无菌、无臭的灰渣。近年来，焚烧法由于采用了合适的预处理工艺和焚烧手段，达到了污泥热能的自持，并能满足越来越严格的环境要求。以焚烧为核心的处理处置方法是最彻底的污泥处理处置方法，它能使有机物全部碳化，杀死病原体，最大限度地减少污泥体积。其产物为无菌、无臭的无机残渣，含水率为零。而且占地面积小，自动化水平高，几乎不受外界影响，在恶劣的天气条件下不需存储设备。污泥焚烧产生的焚烧灰具有吸水性、凝固性，因而，可用来改良土壤、筑路等。

从国内外污泥焚烧技术的发展现状和上海这几年的工程实践来看，污泥焚烧在技术上是比较可靠的，而且能最大限度地实现污泥的减量化、稳定化和无害化。随着土地资源的日益紧缺，进入填埋场的污泥含水率要求和有机物含量要求不断提高，污泥填埋的比例可能逐步减少。污泥焚烧是一条比较完全的污泥处理处置途径。焚烧法的主要缺点是：处理设施一次性投资大，处理费用较高；焚烧过程可能会产生一定量的有害气体，污泥中的重金属会随着烟尘的扩散而污染空气，需要配置完备的烟气净化处理设施。

从污泥焚烧方式来说，主要可分为两大类：直接焚烧和干化焚烧。直接焚烧是将脱水污泥直接送焚烧炉焚烧，这类污泥焚烧时，由于水分过多将难以点燃，其热量平衡为负数，即必须添加燃料才能维持燃烧。干化焚烧是将脱水污泥干化后再焚烧。污泥在焚烧前必须进行干化或半干化处理，在引燃时添加少量辅助燃料，之后可以达到自燃。采用先进的热交换系统或热干化工艺，可以依靠污泥焚烧所产生的热能进行热干化，其热量可以满足大部分甚至全部干化的需要。

从污泥实际应用情况来说，污泥焚烧可以分为利用垃圾焚烧炉焚烧、利用工业用炉焚烧、利用火力烧煤发电厂焚烧和单独焚烧等多种方法。垃圾焚烧炉焚烧大都采用先进的技术，配有完善的烟气处理装置，可以在垃圾中混入一定比例污泥一起焚烧，一般混入比例可达 30% 左右。利用工业用炉焚烧主要利用沥青或水泥的工业焚烧炉焚烧干化后的污泥，污泥的无机部分（灰渣）可以完全地被利用于产品之中。通过高温焚烧至 1200℃，污泥中有机有害物质被完全分解，同时在焚烧中产生的细小水泥悬浮颗粒，会高效吸附有毒物质，而污泥灰粉也一并熔融入水泥产品之中。利用火力烧煤发电厂焚烧，经过国外发电厂焚烧污泥研究证明，污泥投入量为耗煤总量的 10% 以内时，对于烟气净化和发电站的正常运转没有不利影响。污泥单独焚烧设备有多段炉、回转炉、流化床炉、喷射式焚烧炉、热分解燃烧炉等。

焚烧处理污泥速度快，不需要长期储存，可以回收能量，但是，其较高的造价和烟气处理问题也是制约污泥焚烧工艺的主要因素。当用地紧张，污泥中有毒有害物质含量较高，无法采用其他处置方式时，可以考虑污泥的干化焚烧。上海市桃浦污水处理厂和石洞口污水处理厂，由于污泥不适合土地利用，分别采用直接焚烧和干化焚烧工艺，并成功运行多年，取得较好的效果，表明焚烧处理是一种有效的污泥处理处置技术。

对应于不同的焚烧工艺，有不同的焚烧设备。国内外污泥焚烧厂目前所采用的焚烧设备主要有机械炉排炉、立式多段炉（多段竖炉）、流化床焚烧炉及回转窑焚烧炉四种。目前，常用流化床焚烧炉，如图 8-7 所示。

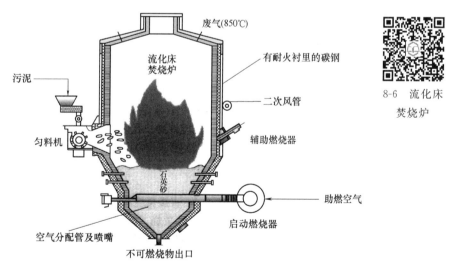

8-6 流化床焚烧炉

图 8-7 流化床焚烧炉示意图

流化床焚烧炉是借助不起反应的惰性介质（如石英砂）的均匀传热和蓄热效果，使污泥达到完全燃烧。因为砂粒尺寸较小，污泥饼必须先破碎成小颗粒，以便燃烧反应能顺利进行。

流化床焚烧炉的工艺流程可简单描述为：污泥经适当的预处理后，由给料系统送入循环流化床焚烧炉，调节进入燃烧室的一次风（燃烧空气多由底部送入），使其处于流化燃烧状态，由于循环流化床中的介质处于悬浮状态，气、固能充分混合接触，整个炉床燃烧段的温度相对较为均匀；细小物料由烟气携带进入高温分离器，收集后返回燃烧室，烟气经尾部烟道进入净化装置，净化后排入大气。如果在进料时同时加入石灰粉末，则在焚烧过程中可以去除部分酸性气体。

流化床焚烧炉的流动层根据污泥颗粒的运动和风速可分为固定层、沸腾流动层和循环流动层。利用流化床焚烧处置污泥，与其他焚烧法相比具有如下优点：对废料适应性特别好，其良好的焚烧特性表明其更适合燃烧低热值、高水分，在其他焚烧装置中难以稳定燃烧的废弃物；流化床焚烧炉内无活动部件，炉墙结构比较简单，整个设备结构紧凑，运行故障较少；流化床焚烧炉采用分级燃烧技术，温度一般控制在850℃左右，属低温燃烧。低温燃烧有许多优点，如实现 NO_x 的低排放，不易结渣等。此外，流化床焚烧过程中其他有毒气体（氯化氢、氯气等）以及重金属的含量也可以得到有效控制；流化床炉内优良的燃尽条件使得灰渣含碳量低，属于低温烧透，易于实现灰渣的综合利用，同时，也有利于灰渣中稀有金属的提取。

【思考与练习8.2】

1. 污泥预处理工艺包括下列哪些步骤？（　　　）

A. 污泥调理　　　　B. 污泥浓缩　　　　C. 污泥脱水　　　　D. 污泥固化和稳定化

2. 污泥处理工艺包括哪些？（　　　）

A. 卫生填埋　　　　B. 生物处理　　　　C. 干化焚烧

8.3　污泥资源化方法

污泥产生源头的减量化与污泥处理处置过程的再循环（资源化）应该相互结合。立足污泥产生源头的减量化是基础，稳定化和减量化是资源化利用的前提，资源化利用是污泥的出路和循环经济发展的需要。

污泥资源化利用的基本原理是利用污泥热值、污泥成分、营养元素等特性，进行资源化利用。

污水处理厂污泥中含有丰富的有机物，使其具有一定的热值，通过一定的手段回收其中的热值，也是资源化利用的一种。污泥中还含有 P、N、K 等营养元素及植物生长所必需的各种微量元素（Ca、Mg、Cu、Zn、Fe 等），它能改良土壤结构，增加土壤肥力，促进植物的生长。同时，污泥中含有大量的灰分、铝、铁等成分，可应用于制砖、水泥、陶粒、活性炭、熔融轻质材料以及生化纤维板的制作。

8.3.1　土地利用

污泥的土地利用是将污泥作为肥料或土壤改良材料，用于园林、绿化、林业、农业或贫瘠地等的受损土壤的修复及改良等场合的处置方式。污泥中含有丰富的有机质、营养元素以及植物生长所必需的各种微量元素，是一种很好的肥料和土壤改良剂，所以土地利用越来越被认为是一种积极、有效、有前途的污泥处置方式。根据最终用途，土地利用主要分为农用、园林绿化和土地改良等。土地利用的污泥处理方式主要是堆肥化处理。

但污泥土地利用需要具备的一个重要的条件是其所含的有害成分不超过环境所能承受的容量范围。污泥由于来源于各种不同成分和性质的污水，不可避免地含有一些有害成分，如各种病原菌、重金属和有机污染物等，这都在一定程度上限制了污泥在土地利用方面的发展。因此，污泥土地利用需要充分考虑污泥的类型及质量、施用地的选择，并且一般需要经过一定的处理，来降低污泥中易腐化发臭的有机物，减少污泥的体积和数量，杀死病原体，降低有害成分的危险性。

污泥土地利用可能会造成土壤、植物系统重金属污染，这是污泥土地利用中最主要的环境问题。一般城市污水含有 20%～40% 的工业废水，重金属含量或有机污染物超标概率高，所以，污泥的土地利用带有一定风险性。污泥中还存在相当数量的病原微生物和寄生虫卵，也能在一定程度上加速植物病害的传播。

污泥天天排放，而土地利用却是有季节性的，这种矛盾使得污泥必须找地方贮存，这既增加了管理与场地费用，同时又使污泥得不到及时处置。

污泥用于土地利用时必须经过稳定化、减量化、无害化处理，即使如此，污泥的产生量也无法与土地所需要的污泥量在时间上匹配，通过土地利用途径能够消耗的污泥量是非常有限的。因此，污泥土地利用处置不适合大型项目，且目前没有大型项目在成功运行的实例。

8.3.2　建材利用

污泥建材利用是指将污泥作为建筑材料的部分原料的处置方式。研究表明，污泥制成建材后，污泥中的一部分重金属等有毒有害物质会随灰渣进入建材而被固化其中，重金属失去游离性，因此，通常不会随浸出液渗透到环境中，从而不会对环境造成较大的危害。污泥中含有大量的灰分、铝、铁等成分，可应用于制砖、水泥、陶粒、活性炭、熔融轻质材料以及生化纤维板的制作。

根据最终用途，建材利用主要分为做水泥添加料、制砖、制轻质骨料和制其他建筑材料。此外，将污泥焚烧灰压缩成形，再在 1050℃ 高温下烧结，制备地砖等建筑材料的方法也已开发成功。

目前应用较多的是制砖。污泥制砖的方法有两种，一种是用干化污泥直接制砖，另一种是用污泥焚烧灰渣制砖。污泥灰及黏土的主要成分均为 SiO_2，这一特性成为污泥可做制砖材料的基础。

污泥焚烧灰的基本成分为 SiO_2、Al_2O_3、Fe_2O_3 和 CaO，在制造水泥时，污泥焚烧灰加入一定量的石灰或石灰石，经煅烧即可制成灰渣硅酸盐水泥。以污泥焚烧灰为原料生产的水泥，与普通硅酸盐水泥相比，在颗粒度、相对密度、反应性能等方面基本相似，而在稳固性、膨胀密度、固化时间方面较好。

污泥制造纤维板是由污泥中的蛋白质经变性作用和一系列物化性质的改变后，与预处理过的废纤维一起压制而成。在日本已经有许多这方面的工程实例。

污泥除了可以用来生产砖块、水泥外，还可用来生产陶瓷、轻质骨料等。从经济角度看，污泥建材利用不但具有实用价值，还具有经济效益。近些年来，一些工业发达国家将污泥制作建材作为污泥处理和资源化的手段之一，不仅解决了城市污水处理厂污泥的处理和处置问题，还取得了很好的效益。

然而，污泥建材利用最大的缺点是需要大力开拓市场，而且需要建设复杂昂贵的建材生产系统。

8.3.3 能量回收

污泥中含有的大量有机物，成为污泥热值的主要来源。因此，能量回收就是通过一定的处理方法，将污泥转化为可燃的物质，如沼气等。常见的能量回收手段有污泥消化、热解和碳化等。

污泥消化通常是作为污泥的稳定化手段，在污泥消化的过程中，会产生部分的沼气，在国际上，通常被认为是较为经济的污泥处理方法。污泥消化分为厌氧消化和好氧消化。厌氧消化是在无氧条件下，污泥中的有机物由厌氧微生物进行降解和稳定的过程，最终产物为甲烷和 CO_2。它是目前国际上最为常用的污泥生物处理技术，也是大型污水处理厂最为经济的污泥处理方法。在污泥厌氧消化工艺中，以中温消化（33～35℃）最为常用。国外近几年的技术发展表明，厌氧消化在一定的工艺下，运转稳定，不但可以满足自身中温消化的能量需求，还可以输出大量的热量用于后续的污泥干化和厂内热水需求，甚至可以供给附近居民热水和小规模发电输出。

在欧洲和北美洲的污水处理厂，污泥厌氧消化的成功案例较多。在我国，杭州四堡污水处理厂、北京高碑店污水处理厂、天津东郊污水处理厂采用了中温厌氧消化。

污泥好氧消化的基本原理就是对污泥进行长时间曝气，污泥中的微生物处于内源呼吸而自身氧化阶段，此时，细胞质被氧化成 CO_2、H_2O、NO_3^-，从而达到稳定。好氧消化虽然也能达到污泥稳定的目标，但能源消耗较高，不符合我国国情和节能减排的原则，仅适用于小型污水处理厂。

8-7 污泥
热解流程

污泥热解是一种新兴的污泥热处理工艺，即污泥在无氧或缺氧的条件下，在催化剂的作用下，加热到一定的温度（高温或低温），最后将污泥中的部分有机物转化为碳氢化合物。污泥热解的主要可燃产物有不凝性气体、油和碳氢化合物三种。这三种可燃产物具体组成和含量则由污泥本身的特性决定，当然也和热解的条件有关。

污泥的高温热解需要耗费大量的能量，目前，研究较多的是低温热解。同时，由于热解过程中会产生大量臭气，需要进行尾气处理，目前还处于实验室研究阶段。

污泥碳化是近年来新兴的污泥热处理工艺，是指污泥在缺氧条件下被加热，由于水分的蒸发和其他挥发分的分解，在污泥表面形成了众多的小孔，在进一步升温后，有机成分持续减少，碳化缓慢进行，并最终形成了富含固定碳的碳化产物。国外成熟的碳化技术可以在较短的时间内，大幅度减少污泥的体积和质量，减量化约为十分之一，且碳化后的产物被证明是安全无污染的有用原料，甚至还可以作为普通肥料用于农业。碳化技术在国外（如日本、韩国等国家）有一定的发展，在国内也已有一些企业引进了污泥碳化技术，但目前还处于实验阶段，暂没有应用实例。

【思考与练习8.3】

1. 污泥资源化方法有哪些？（   ）

A. 土地利用　　　　B. 制造建材　　　　C. 能量回收

8.4 工程案例

随着全球经济的不断发展及人口剧增，市政污水处理厂的建设规模与处理程度也在不断扩大和提高，从而导致污泥的产量与日俱增。在全球普遍倡导的可持续发展战略的影响下，污泥作为一种可以回收利用的资源与能源的载体，对它们的处理处置正朝着无害化、减量化、稳定化、资源化的方向发展。

不同地区、不同国家的经济发展水平和环境保护法规各不相同，因此，对污泥处理、处置的方法和管理办法也不尽相同。但唯一能获得的共识是：应终止污泥粗放或简单地任意排放，以避免对环境和人体健康造成不利影响；应将污泥有效回用，以达到可持续发展的目的。

8.4.1 国外典型污泥处理工程

(1) 德国斯图加特污泥焚烧厂

斯图加特市在 1992 年建造了一期污泥半干化-焚烧处理厂，使用了 3 台转盘式干燥机，每台干燥机平均处理量（按干泥计）为 2000kg/h，进泥含固率为 22%，出泥含固率为 45%。2005 年又建造二期工程（如图 8-8 所示），增加 2 台转盘式干燥机，每台干燥机平均处理量（按干泥计）为 2000kg/h，进泥含固率为 22%，出泥含固率为 45%。

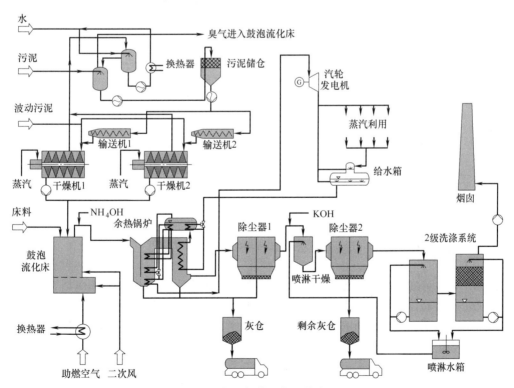

图 8-8　斯图加特二期工艺流程

在二期工程里，经过半干化的污泥被送进鼓泡式流化床焚烧炉，作为唯一的燃料燃烧。

焚烧炉产生的高温烟气经过余热锅炉放出热量，得到高温干蒸汽，这些蒸汽用来推动汽轮机发电，发电量约 1MW。从蒸汽轮机排出的、已做功的较低温度的蒸汽，仍带有大量热能，被用于焚烧前的污泥半干化，并足够半干化使用。

提供给转盘式干燥机的饱和蒸气压约为 0.26MPa，温度为 140℃。总换热面积为 432m²，平均水蒸发量为 4646kg/h。

(2) 英国 Beckton 污泥焚烧厂

Beckton 污泥焚烧厂每天处理能力为 94000t 干固体，污水处理厂污泥经过板框压滤机脱水，进入 3 条独立的焚烧线进行热利用。焚烧采用流化床焚烧，每条焚烧线处理规模（按DS 计）为 4.5Uh，供热量为 3×16MW，涡轮发电机供电量为 1×8.5MW，燃气量为 3×49000m²/h。

8.4.2 国内典型污泥处理工程

近年来，国内陆续建成运行了一部分有特色的污水污泥处理处置工程，这些工程具有探索性、前瞻性和典型性的特点，这些工程的实施和运行，为国内开展类似工程提供了有效借鉴和运行数据，对国内进一步开展类似工程具有开拓性的重要意义。下面就这些典型污泥处理工程做简单介绍。

(1) 上海市石洞口城市污水处理厂污泥焚烧

上海市石洞口城市污水处理厂总处理水量为 $40×10^4 m^3/d$，日产干基污泥量（按 DS计）为 64t。污泥脱水后含水率约为 75%～80%。污泥的干基灰分含量设计为 34.37%，干基可燃分含量设计为 65.63%，污泥低位干基热值设计为 14859kJ/kg。

石洞口污泥处理采用的污泥处理工艺流程如下：

污泥调蓄→螺压浓缩→脱水→干化→流化床焚烧→烟气处理及灰渣外运填埋，配置 1 台流化床干化机和 3 台流化床焚烧炉，2004 年 7 月开始运行。其中，干化＋焚烧处理工艺流程如图 8-9 所示。

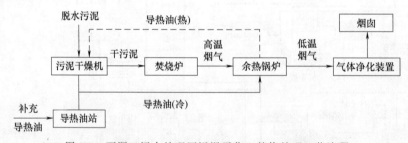

图 8-9　石洞口污水处理厂污泥干化＋焚烧处理工艺流程

污泥干化＋焚烧处理的工艺流程：脱水污泥经干化机干化，将含水率降低到约 10% 后进入焚烧炉焚烧。污泥焚烧产生的热量通过余热锅炉加热导热油并作为污泥干燥机的加热介质用于干化脱水污泥。导热油通过污泥干燥机内的热交换器将热量传递给污泥，并被冷却，然后送回余热锅炉内加热循环利用。污泥焚烧产生的高温烟气经过导热油余热锅炉冷却后再经过烟气净化装置和烟囱排入大气。

(2) 奥林匹克森林公园化粪池污泥与绿化废物共堆肥示范工程

北京奥林匹克森林公园投入运营后公园粪渣（含水率为 80%）年产生量约为 295t；绿色废物总量为 2313t，包括树木约 1242t，草地约 685t，湿地植物约 386t。如果直接填埋，不但是一种资源浪费，而且增加环境污染。鉴于此，奥林匹克森林公园绿化废物处理中心决定以园内树叶、树枝、芦苇等绿化废物作为骨料，与园内化粪池污泥进行共堆肥，以期解决园内废物的污染问题，实现粪渣零排放，同时部分解决公园肥料来源问题，减少市政绿化的化肥施用量。并据此对污泥与绿化废物共堆肥示范工程进行了初步设计，设计方案会根据实际情况有所变化。

该示范工程设在北京奥林匹克森林公园内，位于公园北区的东北角，远离公园中央区域和公园的休闲娱乐区域。工程占地面积约 $3000m^2$。服务范围主要为奥林匹克公园内产生的园林废物，主要来自湿地收割的水生植物、林地的枯枝落叶、草地修剪物，还有少量的人为产生的有机废物。主要生产用构筑物包括：原料堆放场、预处理车间、一次发酵车间、二次发酵车间、复合肥车间、成品仓库和菌种车间。堆肥产品主要用于奥林匹克森林公园的园林绿化。

奥林匹克森林公园化粪池污泥与绿化废物共堆肥示范工程基本工艺流程如图 8-10 所示，具体包括预处理、堆肥、复合肥生产和除臭四大系统。

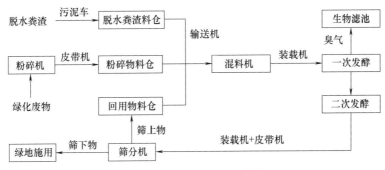

图 8-10　绿化废物处理工艺流程

其中预处理系统对物料进行检查、过磅、堆放、晾晒、人工分拣、破碎、混合等处理。堆肥系统：将污泥与绿化废物混合物料运至一次发酵车间进行封闭式强制通风发酵 15 天左右，然后将一次发酵后混合物料运至二次发酵车间进行自然通风二次发酵 30～50 天。复合肥生产系统：将二次发酵产物粉碎和筛分，未腐熟物回流到一次发酵车间继续发酵，腐熟物可加入化肥或微生物菌剂，混合后形成复合肥，装袋贮存，用于奥林匹克森林公园园林绿化。除臭系统：堆肥气体通过管道从一次发酵车间抽出，导入除臭过滤器进行处理。

具体工程设计包括原料堆放场、预处理车间、一次发酵车间、二次发酵车间、堆肥气体处理系统。

① 原料堆放场。原料堆放场用于堆放奥林匹克森林公园的绿化废物，设计处理规模为 30t/d。每天堆放物料占地按 $150m^2$ 计算，满足 4 天内的存放量的场地面积是 $600m^2$。考虑到物料分隔存放及场内道路占地，最终确定堆料场的面积：长×宽＝45m×15m＝$675m^2$。

8-8　发酵系统流程

② 预处理车间。设计预处理车间一座，面积为长×宽＝15m×9m＝$135m^2$。装配破碎机一台，处理能力为 2～4t/h，可将物料破碎至 2～8cm。

③ 一次发酵车间。一次发酵车间包括仓体、通风系统、渗出水收集处理系统和堆肥气体收集处理系统。通风系统由高压鼓风机、通风管道、通风沟组成。初步确定单个发酵车间的尺寸为长×宽＝7.7m×4.5m，根据需要确定发酵车间个数为 8 个，总面积为 $277.2m^2$。

一次发酵主要设计参数：发酵周期约 15 天；体积减容 40% 以上；含水率为 55%～65%；堆体温度达到 50～55℃ 以上，并持续 5～7 天。

④ 二次发酵车间。依据二次发酵所需体积取面积上限为 600m²，设定堆高为 1.5m 左右，所需堆料面积为 400m²。二次发酵车间宽为 16.8m。根据铲车操作空间为水平方向 4m，垂直方向 2.9m。同时考虑其他作业需要，确定二次发酵车间面积为长×宽＝36m×16.8m＝604.8m²。二次发酵主要设计参数：二次发酵周期 50 天，条跺式发酵方式，机械翻堆。

⑤ 堆肥气体处理系统。生物过滤器采用双层过滤结构，占地 200m²，过滤材料采用有机无机复合填料和吸附材料。

⑥ 复合肥生产车间。复合肥生产车间面积为长×宽＝16.8m×12m＝201.6m²。

⑦ 仓库。仓库用于贮存肥料产品，面积为长×宽＝16.8m×30m＝504m²。

本章小结

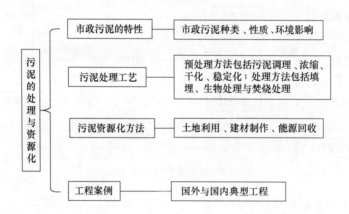

在本章中，介绍了市政污泥的种类与性质、污泥的含水率、脱水性能、化学成分以及对环境的影响等特性，针对市政污泥的特点，介绍了污泥的常规处理工艺，包括污泥调理、污泥浓缩、污泥脱水、污泥固化和稳定化等预处理工艺，还对污泥卫生填埋、生物处理及干化焚烧等处理工艺进行了介绍；在污泥资源化方法上介绍了土地利用、建材利用及能量回收等工艺；最后列举了几项国内外典型污泥处理工程。

复习思考题

1. 市政污泥有哪些种类？并分析其主要来源。

2. 市政污泥中污染物有哪些种类，各自对环境有哪些危害？

3. 市政污泥的预处理方法有哪几种，有什么作用？

4. 市政污泥的处理方法有哪几种，与预处理存在什么区别？

5. 你认为哪种市政污泥的资源化方法最具有产业应用前景？并说明理由。

思考与练习参考答案

1. 绪论
思考与练习 1.1　　　1. ABCD；2. B
思考与练习 1.2　　　1. ABC ；2. B；3. ABCD
思考与练习 1.3　　　1. ABC；2. ABCD

2. 固体废物的收集与运输
思考与练习 2.1　　　1. ABCD ；2. ABCD；3. ABCD
思考与练习 2.2　　　1. ABCD；2. ABCD
思考与练习 2.3　　　1. ABCD

3. 固体废物的预处理
思考与练习 3.1　　　1. ABC；2. ABC；3. ABC
思考与练习 3.2　　　1. ABCD；2. ABCD；3. ABCDEF
思考与练习 3.3　　　1. ABCD；2. ABCD；3. ABC
思考与练习 3.4　　　1. ABCD；2. ABC；3. ABCD

4. 生活垃圾焚烧处理与资源化
思考与练习 4.1　　　1. ABC；2. ABC；3. ABCD
思考与练习 4.2　　　1. ABCD；2. ABCD；3. ABCD
思考与练习 4.3　　　1. ABCD；2. ABC；3. ABC

5. 有机固废的生化处理与资源化
思考与练习 5.1　　　1. ABCDE；2. ABCD
思考与练习 5.2　　　1. ABCDEF；2. ABC

6. 填埋处置与资源化
思考与练习 6.1　　　1. ABCD；2. ABCD 3. ABCD
思考与练习 6.2　　　1. ABCD；2. ABCDE；3. C
思考与练习 6.3　　　1. ABCDE；2. ABC；3. A；4. ABCD
思考与练习 6.4　　　1. AB；2. ABC

7. 危险废物处理与资源化

思考与练习 7.1　　1. ABCDE；2. ABC

思考与练习 7.2　　1. ABC；2. ABC；3. ABC

思考与练习 7.3　　1. ABCD；2. AB

思考与练习 7.4　　1. A ；2. ABCDE；3. ABCD

思考与练习 7.5　　1. ABC；2. ABC；3. ABC

8. 污泥的处理与资源化

思考与练习 8.1　　1. ABC；2. ABCD；3. ABCD

思考与练习 8.2　　1. ABCD；2. ABC

思考与练习 8.3　　1. ABC

参 考 文 献

[1] 付小娟，乔利英. 固体废物污染对环境的危害与防治 [J]. 山西化工，2021，41：200-202.

[2] 聂永丰. 固体废物处理工程技术手册 [M]. 北京：化学工业出版社，2013.

[3] 刘宪敏. 我国工业固废综合利用现状及进展分析 [J]. 资源节约与环保，2021：95-96.

[4] 中华人民共和国生态环境部. 2020 年全国大、中城市固体废物污染环境防治年报 [N]. 2020.

[5] 解强. 城市固体废弃物能源化利用技术 [M]. 北京：化学工业出版社，2019.

[6] 胡华锋，介晓磊. 农业固体废物处理与处置技术 [M]. 北京：中国农业大学出版社，2009.

[7] 钟真宜，兰永辉. 固体废物处理处置 [M]. 北京：化学工业出版社，2020.

[8] 曾木祥，金维续，佘永年，等. 北京市垃圾堆肥对土壤物理性状的影响 [J]. 农业环境科学学报，1985：26-29.

[9] 陈益民. 尾矿综合利用现状和存在的问题 [J]. 有色冶金设计与研究，2018，39：123-125.

[10] 秦玲玲，杨海舟，陈建平. 尾矿综合利用充填采空区现状及展望 [J]. 广东化工，2018，45：130-131.

[11] 张建平. 冶金固废资源化利用现状及发展 [J]. 有色冶金设计与研究，2020，41：39-42.

[12] 张凌燕. 固体废物处理与资源化利用 [J]. 山西化工，2020，40：198-200.

[13] 赵由才，牛冬杰，柴晓利. 固体废物处理与资源化 [M]. 3 版. 北京：化学工业出版社，2019.

[14] 李富民，黄荣，李明，等. 工业固废资源综合利用标准现状研究 [J]. 中国质量与标准导报，2021：23-25.

[15] 王毅，孟小燕，程多威. 关于固体废物污染环境防治法修改的研究思考 [J]. 中国环境管理，2019，11：90-94.

[16] 李楠. 城市固体废弃物的处理问题及治理途径 [J]. 化工设计通讯，2021，47：176-178.

[17] 谢文理，傅大放，邹路易. 分类收集对城市生活垃圾收运效率的影响分析 [J]. 环境卫生工程，2008：41-43.

[18] 宁平. 固体废物处理与处置 [M]. 北京：高等教育出版社，2014.

[19] 王芳芳，秦侠，刘伟. 城市生活垃圾收集与运输路线的优化 [J]. 四川环境，2010，29：115-119.

[20] 盛金良，杨云. 我国城市生活垃圾收集模式综述与展望 [J]. 科技资讯，2008：145-146.

[21] 韩丹. 城市生活垃圾处理 [M]. 北京：化学工业出版社，2020.

[22] 文一波. 中国生活垃圾收运处置新模式 [M]. 北京：化学工业出版社，2016.

[23] 洪慧兰，赵虹，刘泽军，等. 我国城市生活垃圾收集和运输模式的研究 [C]. 中国环境科学学会学术年会论文集，2012.

[24] 张晓兵. 我国城市生活垃圾分类回收的问题及建议——基于德国经验启示 [J]. 安阳师范学院学报，2021：77-80.

[25] 赵由才. 固体废物处理与资源化技术 [M]. 上海：同济大学出版社，2015.

[26] 宇鹏，赵树青，黄魁. 固体废物处理与处置 [M]. 北京：北京大学出版社，2016.

[27] 江晶. 固体废物处理处置技术与设备 [M]. 北京：冶金工业出版社，2016.

[28] 马丽萍. 固体废物资源化工程原理 [M]. 北京：化学工业出版社，2016.

[29] 何品晶 邵立明. 固体废物管理 [M]. 北京：高等教育出版社，2013.

[30] 徐建平 盛广宏. 固体废物处理与处置 [M]. 安徽：合肥工业大学出版社，2013.

[31] 张小平. 固体废物污染控制工程. 第 2 版 [M]. 北京：化学工业出版社，2010.

[32] 牛晓庆 郑莹，王汉林. 固体废物处理与处置 [M]. 北京：科学出版社，2014.

[33] 唐爽，李鸣晓，侯佳奇，等. 我国生活垃圾处置技术现状及发展趋势分析 [J]. 再生资源与循环经济，2020，13：19-24.

[34] 陈国华. 生活垃圾焚烧处理控制技术 [J]. 中国环保产业，2013：45-47.

[35] 夏发发，赵由才，张瑞娜，等. 生活垃圾焚烧飞灰压制过程分析与熔融处置研究 [J]. 山东化工，2018，47：186-189.

[36] 綦懿，李天如，王宝民，等. 生活垃圾焚烧飞灰固化稳定化安全处置及建材资源化利用进展 [J]. 建材技术与应用，2021，16-22.

[37] 郑帅飞，吉飞，何如民，等. 危废焚烧飞灰制备免烧砖的研究 [J]. 非金属矿，2020，43：87-89.

[38] 罗小勇，王艳明，龚习炜，等. 垃圾焚烧固化稳定化飞灰填埋处置面临的问题与对策 [J]. 环境工程学报，2018，12：2717-2724.

[39] Liu J, Luo W, Cao H, et al. Understanding the immobilization mechanisms of hazardous heavy metal ions in the cage of sodalite at molecular level: A DFT study [J]. Microporous and Mesoporous Materials, 2020, 306: 110409.

[40] Qiu Q CQ, Jiang X, Lv G, et al. Improving microwave-assisted hydrothermal degradation of PCDD/Fs in fly ash with added $Na_2 HPO_4$ and water-washing pretreatment [J]. chemosphere, 2019, 220: 1118-1125.

[41] 邱琪丽. 垃圾焚烧飞灰的微波水热法无害化处置及产物吸附性能研究 [D]. 杭州：浙江大学，2019.

[42] 蒋旭光，陈钱，赵晓利，等. 水热法稳定垃圾焚烧飞灰中重金属研究进展 [J]. 化工进展，2021，40：4473-4485.

[43] 张冬冬，王朝雄，方明. 水泥窑协同处置垃圾焚烧飞灰的技术途径 [J]. 水泥技术，2020：17-22.

[44] 李国学，张福锁. 固体废物堆肥化与有机复混肥生产 [M]. 北京：化学工业出版社，2000.

[45] 任南琪，马放，杨基先. 污染控制微生物学 [M]. 4 版. 哈尔滨：哈尔滨工业大学出版社，2007.

[46] 郭小品，羌宁，裴冰，等. 城市生活垃圾堆肥厂臭气的产生及防控技术进展 [J]. 环境科学与技术，2007，30：107-112.

[47] 李秀金. "生物反应器型" 垃圾填埋技术特点和应用前景 [J]. 农业工程学报，2002，18：111-115.

[48] 赵由才. 城市垃圾卫生填埋场技术与管理手册 [M]. 北京：化学工业出版社，1999.

[49] 石磊. 恶臭污染测试与控制技术 [M]. 北京：化学工业出版社，2004.

[50] 孙立明，王克虹. 高效复合微生物菌剂对垃圾填埋场恶臭物的抑制 [J]. 上海建设科技，2004：60-62.

[51] Dincer F, Muezzinoglu A. Chemical characterization of odors due to some industrial and urban facilities in Izmir, Turkey [J]. Atmospheric Environment, 2006, 40: 4210-4219.

[52] Dincer F, Odabasi M, Muezzinoglu A. Chemical characterization of odorous gases at a landfill site by gas chromatography-mass spectrometry [J]. Journal of Chromatography A, 2006, 1122: 222-229.

[53] Muezzinoglu A. A study of volatile organic sulfur emissions causing urban odors [J]. Chemosphere, 2003, 51: 245-252.

[54] 刘全新，沈志刚. 沧州炼油厂恶臭污染与防治浅析 [J]. 石油化工环境保护，2001：25-28.

[55] 宋凤敏. 蚯蚓在环境污染治理及其资源化应用中的研究进展 [J]. 广东农业科学，2013；40：164-168.

[56] 柴志强，朱彦光. 黑水虻在餐厨垃圾处理中的应用 [J]. 科技展望，2016，26：321.

[57] 任立斌，杨军，白圆. 以黑水虻为核心的新型餐厨垃圾处理系统的构建 [J]. 甘肃科技，2020，36：54-57.

[58] 熊彩虹，刘清笑，雷鸣，等. 黑水虻协同厌氧发酵处理餐厨垃圾的可行性分析 [J]. 广东化工，2020，47：98-100.

[59] 陈家军，王红旗，王金生，等. 填埋场释放气体运移数值模型及应用 [J]. 环境科学学报，2000，20：327-331.

[60] 王罗春，赵由才，陆雍. 垃圾填埋场稳定化及其研究现状 [J]. 城市环境与城市生态，2000，13：36-39.

[61] 魏海云. 城市生活垃圾填埋场气体运移规律研究 [D]. 杭州：浙江大学，2007.

[62] 陈泽智，刘涛，唐秋萍，等. 垃圾填埋气产量的估算与测试 [J]. 太阳能学报，2006，27：255-258.

[63] 王伟，韩飞，袁光钰，等. 垃圾填埋场气体产量的预测 [J]. 中国沼气，2001：18-22.

[64] 匡胜利. 北京市海淀区生活垃圾堆放场污染调查与对策分析 [D]. 北京：清华大学，1997.

[65] 侍倩，柳利霞. 生活垃圾卫生填埋场产气规律及污染 [J]. 环境科学与技术，2005，28：24-26.

[66] Gardner N，Probert S D. Forecasting landfill-gas yields [J]. Applied Energy，1993，44：131-163.

[67] Marticorena B，Attal A，Camacho P，et al. Prediction Rules for Biogas Valorisation in Municipal Solid Waste Landfills [J]. Water Science & Technology，1993，27：235-241.

[68] Findikakis N，Leckie J O. Numerical Simulation of Gas Flow in Sanitary Landfills [J]. Journal of the Environmental Engineering Division，1979，105：927-945.

[69] 聂永丰. 三废处理工程技术手册 [M]. 北京：化学工业出版社，2000.

[70] 黄浚东. 江门旗杆石生活垃圾卫生填埋场填埋气产量估算及资源化利用 [J]. 环境与发展，2020，32：69-70.

[71] 包海军. 我国沼气提纯技术及生物天然气产业发展情况 [J]. 中国沼气，2021，39：54-58.

[72] 张美兰，黄皇，徐勤. 大型固废基地垃圾渗沥液处理与运营管理 300 问 [M]. 北京：化学工业出版社，2020.

[73] 中国生态环境部. 城市生活垃圾卫生填埋处理工程项目建设标准 [S]. 2008.

[74] 张兴兴. 西安市垃圾渗沥液处理工艺设计及运行中的关键问题 [C]. 2020 年第七届垃圾渗沥液处理论坛会刊，2020.

[75] 程虎，韦耿，李维成，等. 等离子气化熔融技术在危险废物处理中的应用 [J]. 中国资源综合利用，2021，39：23-25.

[76] 马壮，王伟云，杨佳瑶，等. 不同方法回收废电池中锌、铁、铜的对比研究 [J]. 电源技术，2017，41：1165-1167.

[77] JunminNan，DongmeiHan，MingCui，et al. Recycling spent zinc manganese dioxide batteries through synthesizing Zn-Mn ferrite magnetic materials [J]. Journal of Hazardous Materials，2006，133：257-261.

[78] Sayilgana E，Kukrera T，Civelekoglua G，et al. A review of technologies for the recovery of metals from spent alkaline and zinc-carbon batteries [J]. Hydrometallurgy，2009，97：158-163.

[79] 袁凯燕. 废铅酸蓄电池回收转运站项目环境影响评价过程中的关注点 [J]. 区域治理，2020：60-62.

[80] 李金惠. 废电池管理与回收 [M]. 北京：化学工业出版社，2005.

[81] 何艺，郑洋，何叶，等. 中国废铅蓄电池产生及利用处置现状分析 [J]. 电池工业，2020，24：216-224.

[82] 生态环境部. GB 18598—2019 危险废物填埋污染控制标准 [S]. 北京：中国环境出版集团，2019.

[83] 聂永丰，李金惠. 国内外危险废物处理处置技术发展趋势 [C]. 环保产业国际研讨会，2003：96-104.

[84] 黄革，杨华雷，雷金林，等. 等离子体技术在危险废物处理中的运用 [J]. 环境科技，2010，23：40-42.

[85] 李伟，李水清，崔瑞祯，等. 等离子体处理危险废物技术 [C]. 中国环境保护优秀论文集（2005）（下册）：5.

[86] 杜长明. 等离子体处理固体废弃物技术 [M]. 北京：化学工业出版社，2017.

[87] 杜长明，蔡晓伟，余振棠，等. 热等离子体处理危险废物近零排放技术 [J]. 高电压技术，2019，45：2999-3012.

[88] 陈辉. 危险废物等离子体处置技术装备的国产化研究与开发 [J]. 环境保护科学，2009，35：26-28.

[89] 金兆荣，徐宏，侯峰，等. 热等离子体技术处理危险废物的应用探讨 [J]. 现代化工. 2018，38：

6-10.

［90］ 李铭书. 污泥处理用热等离子体基本特性及污泥处理产物特性研究 ［D］. 武汉：华中科技大学，2018.

［91］ 陈剑峰. 等离子体炉在危险废物资源化利用中的技术探索 ［J］. 化学工程与装备. 2018：280-282.

［92］ 彭亚环. 热等离子体技术处理危险废物的应用 ［J］. 中国新技术新产品，2020：135-136.

［93］ Park H S LBJ，Kim S J. Medical waste treatment using plasma ［J］. Journal of Industrial and Engineering Chemistry，2005，11：353-360.

［94］ Huang J J Gwk，Xu P. Thermodynamic study of water-steam plasma pyrolysis of medical waste for recovery of CO and H_2 ［J］. Plasma Science and Technology，2005，7：3148.

［95］ Nema S，Ganeshprasad K. Plasma pyrolysis of medical waste ［J］. Current Science，2002：271-278.

［96］ 朱开金，马忠亮. 污泥处理技术及资源化利用 ［M］. 北京：化学工业出版社，2006.

［97］ 曹伟华，孙晓杰，赵由才. 污泥处理与资源化应用实例 ［M］. 北京：冶金工业出版社，2010.

［98］ 冯逸凡. 市政污泥和工业污泥处置利用技术 ［J］. 资源节约与环保，2020：107-108.

［99］ 吕军辉. 市政污泥和工业污泥资源化处置利用技术 ［J］. 环境与发展，2018，30：92-93.

［100］ 孙海勇. 市政污泥资源化利用技术研究进展 ［J］. 洁净煤技术，2015，21：91-94.

［101］ 易龙生，康路良，王三海，等. 市政污泥资源化利用的新进展及前景 ［J］. 环境工程，2014，32：992-997.

［102］ 周天水，崔荣煜，王东田，等. 市政污泥和工业污泥资源化处置利用技术 ［J］. 环境科学与技术，2016，39：251-255.